LA
GEOMETRIE
ET
PRATIQVE
GENERALE
D'ICELLE.

Par I. ERRARD, de Bar-le Duc, Ingenieur ordinaire
de sa Majesté.

Reueuë, corrigée, & beaucoup augmentée.

Par D. H. P. E. M.

A PARIS,

M. DC. XXI.

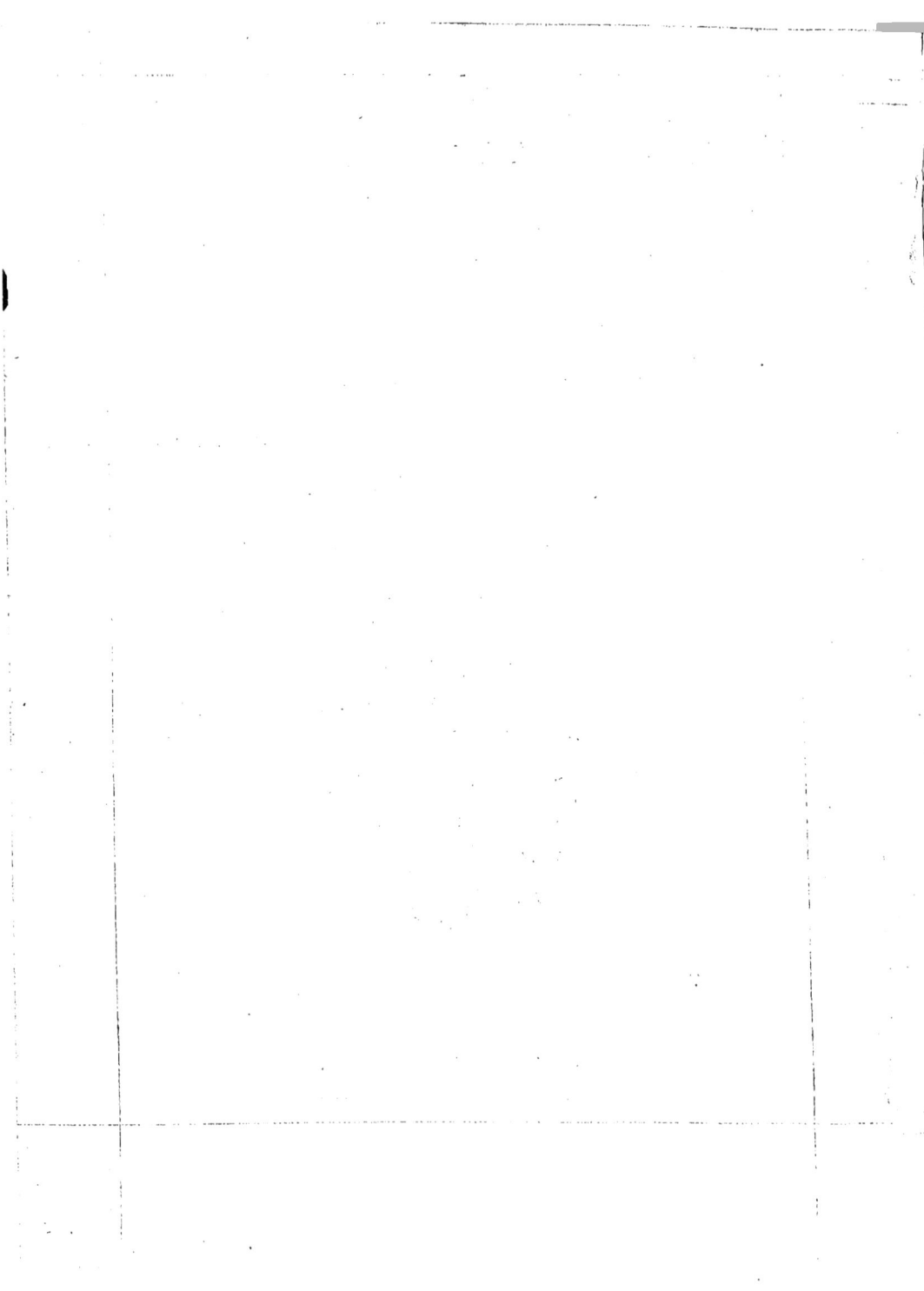

ADVERTISSEMENT
SVR CESTE EDITION.

A bonne grace & accueil, dont nous receuons ce que l'on nous presente, est comme vne nouuelle obligation à nous bien faire. Dieu mesme, qui n'a autre subject de nous donner que pour exercer sa bonté, ne demande pour recompence qu'vn cœur recognoissant : & comme il voit que nous cherissons ses faueurs, il nous les multiplie. Que fera donc l'homme à l'homme, le citoyen à son concitoyen & patriotte, à qui il ne peut tant faire de bien qu'il ne luy en doiue d'auantage ? C'est pourquoy (Amy Lecteur) voyant que la Geometrie D'ERRARD auroit esté si bien receuë, que deux impressions s'en estant faictes, neantmoins il ne s'en trouuoit plus, & estoit encore fort recherchée & desirée de plusieurs, ie me serois mis à reuoir quelques annotations qu'autrefois i'auois faicte sur icelle Geometrie, lesquelles ayans communiquées à plusieurs de mes amis, ils les auroient tous estimées vtiles & dignes d'estre mises au iour pour profiter au public; mais differens neantmoins, en ce que les vns estoient d'aduis que i'en fisse vn corps à part, & ainsi les donner au public soubs mon nom, sans les mesler parmy ladicte Geometrie D'ERRARD : & les autres au contraire disoient, que puis que mon intention estoit seulement d'honorer la memoire dudit ERRARD, que ie deuois donner au public sadite Geometrie ainsi annottée : Ces derniers l'ont emporté; mais ie n'ay voulu neantmoins y apposer mon nom, tant pour éuiter l'enuie que certains esprits de ce siecle portent à la pluspart de ceux qui taschent obliger le public, en luy donnant ou leurs inuentions, ou bien celles d'autruy translatées d'vne langue estrangere en la nostre, que pour autres considerations à moy particulieres. Quoy que ce soit, ie donne au public ce mien trauail, auquel i'ay pris peine de faire voir, non les plus subtiles & ingenieuses inuentions, qui se trouuent dans les escrits des plus doctes Mathematiciens, mais bien (comme i'estime) les plus belles, vtiles & necessaires aux choses humaines, esquelles la science de mesurer est requise. Et afin de ne grossir ce volume par re-

A ij

dites & repetitions de choses qu'on pourroit voir ailleurs, mesmement es
nostre langage François, & principalement és Oeuures de HENRION,
nous-nous sommes resolus de renuoyer souuent le Lecteur esdites Oeuures,
non comme à la source & origine des choses là enseignées, ains à cause
que luy seul les a traictées en nostre langage François: & aussi que souuent il nous faudroit renuoyer le Lecteur à vn Autheur, que peut-estre
il ne pourroit entendre, comme à Regiomontanus, Nonius, Viette, Ghe-
talde, Steuin, Ludolphe, & autres Autheurs Latins, du labeur desquels
ie me suis seruy en partie de ces annotations, lesquelles nous auons fait
imprimer en plus petites lettres & carracteres que ce qui est dudict
ERRARD, afin qu'on puisse distinguer & recognoistre ce qui est sien. Re-
çoy donc, amy Lecteur, ce mien trauail: que s'il t'est agreable, cela m'o-
bligera tant plus à te donner autre chose de plus grande estude; mais non
peut-estre si vtile que ces annotations, lesquelles i'ay bien voulu enuoyer
deuant, afin de recognoistre par l'accueil & reception d'icelles, quelle estime tu pourrois faire du reste. Adieu.

DEFINITIONS.

L E poinct, est ce qui n'a aucunes parties.

La ligne, est vne longueur sans largeur, de laquelle les extremitez sont poincts.

La ligne droicte, est celle qui est également comprise entre ces poincts.

La ligne oblique ou courbe, est celle qui est menée par vn circuit de poinct à autre.

Angle plan, est le concours de deux lignes qui s'entretouchent en vn mesme poinct, & lesquelles continuées se couppent au mesme poinct.

Voyez ce que Henrion a dit sur cette definition du premier liure d'Euclide.

Angle rectiligne, est celuy qui est fait & compris de deux lignes droictes.

Angle courbeligne, est celuy qui est fait de deux lignes courbes.

Angle mixte, qui est compris d'vne ligne droicte & d'vne courbe.

Angle droict, est celuy qui est fait quand vne ligne tombante sur vn autre fait de chasque part deux angles égaux.

Angle droict rectiligne, est fait quand vne ligne droicte tombe sur vne autre droicte, & fait les angles de costé & d'autre égaux, & iceux sont droicts.

Et la ligne ainsi tombante, est appellée perpendiculaire ou orthogonelle.

Angle obtus, est celuy qui est plus grand & plus ouuert que le droit.

Angle aigu, est celuy qui est plus petit & plus fermé que le droict.

Lignes droictes paralleles ou equidistantes, sont celles qui prolongées ne se rencontrent iamais ny d'vne part ny d'autre.

DES SVPERFICIES.

SVperficie ou aire, eſt ce qui a longueur & largeur tant ſeule-ment, & les extremitez d'icelle ſont ligne ou lignes.

Superficie plane, eſt celle qui eſt egalement cõpriſe entre ſes lignes. Et tous les angles tirez ſur icelle, s'appellent angles plans.

Superficie courbe, eſt celle de laquelle la longueur ou largeur, ou les deux enſemble, ſont menées au long de quelque ligne, ou lignes courbes.

Superficies ou plans parallels, ſont ceux qui ſont equidiſtans, & leſquels continuez ne ſe rencontrent point.

DES SVPERFICIES RECTILIGNES.

LE triangle rectiligne, eſt vne ſuperficie fermée de trois lignes droictes, & qui a trois angles.

Les triangles, par la difference de leurs angles ſont appellez, ſçauoir rectangle, qui a vn angle droict.

Obtus-angle, ou ambligone, qui a vn angle obtus.

Aigu-angle, ou oxigone, qui a tous ſes angles aigus.

Et par la difference de leurs coſtez ſont appellez, ſçauoir Equila-tere, qui a ſes trois coſtez egaux.

Iſoſcele, qui a deux coſtez ſeulement egaux enſemble.

Et Scalene, qui a les trois coſtez inegaux.

Le quarré, eſt vne ſuperficie de quatre coſtez egaux, & de quatre angles droicts.

Rectangle oblong, eſt qui a les quatre angles droicts & les coſtez oppoſez egaux, & non tous enſemble.

Rhombe ou lozange, eſt qui a tous les coſtez egaux, & les angles oppoſez auſſi egaux, mais non tous enſemble.

Rhomboïde, eſt qui a ſeulement les coſtez & les angles oppoſez egaux enſemble, & ces quatre ſortes s'appellent auſſi parallelo-grammes, à cauſe que leurs coſtez ſont parallels.

Diagonale de ces quatre derniers, eſt la ligne droicte menée de l'vn des angles à l'autre oppoſé, laquelle diuiſe & couppe toute la fi-gure en deux triangles egaux l'vn à l'autre.

Gnomon, eſt le reſidu d'vn parallelogram. duquel on aura ſouſtrait

vn

vn autre parallelogramme,ayant ſes angles à la diagonalle du premier
parallelogramme.

Trapeze,eſt vne figure de quatre coſtez,deſquels deux oppoſez ſeulement,ſont parallels,& a deux coſtez egaux.

Trapezoïdes ou Tablette,ſont figures quadrilateres,mais irregulieres,c'eſt à ſçauoir,de coſtez & angles inegaux. Et d'icelles ne ſe
peuuent donner certains preceptes non-plus que des autres qui
ont pluſieurs angles.

Figure reguliere ou compoſée,eſt celle de pluſieurs angles & coſtez
egaux enſemble,comme Pentagone,Hexagone,Heptagone,&c.

Figure irreguliere,eſt celle de pluſieurs angles & coſtez,mais non
egaux enſemble.

Aux figures irregulieres,ſçauoir celles qui ont leurs coſtez en nombre pair, ſe conſidere quelquefois vn diametre, qui eſt la ligne
droicte paſſant par le centre,finiſſant en angles droicts aux deux
coſtez oppoſez & parallels.

Aux figures qui ont leurs coſtez en nombre impair, ſe conſidere
ſeulement le demy-diametre, qui eſt la ligne droicte procedant
du centre,finiſſant à l'vn des coſtez en angles droicts.

Baſe eſt la ligne que nous preſuppoſons eſtre le fondement d'vn triangle, d'vn parallelogramme,ou de quelque autre figure, quand
on a ſeulement egard aux deux coſtez.

DV CERCLE.

LE Cercle, eſt vne ſuperficie deſcripte de l'extremité d'vne ligne
droicte,qui a l'autre extremité immobile, & menée iuſques à
tant qu'elle ſoit retournée à l'endroit d'où elle eſt premierement partie.

Et ceſt extréme immobile, s'appelle centre du cercle.

La ligne deſcripte par l'autre extréme mobile, s'appelle circonference du cercle.

Et toutes les lignes tirées du centre à icelle circonference ſont egales.

Le Diametre du cercle,eſt vne ligne droicte paſſant par le centre fi-
niſſant à la circonférence, & coupant le cercle en deux egalement.

Secteur,eſt vne piece dans le cercle faicte de deux demy-diametres,
faiſans angle au centre. Et la circonference entre ſes deux demy-

B

diametres, s'appelle bafe de fecteur.

Section de cercle, eft vne partie de la fuperficie du mefme cercle, comprife d'vne portion de la circonference du cercle , & d'vne ligne droicte, qui s'appelle bafe de la fection.

Cercles parallels, font ceux qui font concentriques, c'eft à dire, tirez fur vn mefme centre.

Angle du centre , eft celuy qui fait du fecteur, c'eft à dire, des deux demy-diametres qui cõprennent moins que la moictié du cercle.

Angle en la circonference, eft celuy compris de deux lignes droictes touchant la mefme circonference.

DE L'OVALE.

OVale, eft vne figure longue , comprife d'vne feule ligne , non circulaire, ains courbe reguliere, ainfi appellée à caufe de fa forme.

Il fe fait par la fe-ction du cylindre, comme il fera dit en fon lieu.
Centre de l'ouale, eft le poinct du milieu.

Diametre de L'ouale, eft la ligne droicte, paffant par le centre, & ayant fes extremes en la circonference, diuifant l'ouale en deux également.

Et en cefte figure, font principalement à confiderer les deux dia-metres, fçauoir le plus long & le plus court, qui fe coupent cha-cun en deux parties égales, & en angles droicts.

Circonference de l'ouale, eft le tour & circuit de la figure.

Secteur de l'ouale, eft ce qui eft contenu de deux demy-diametres, faifans angle au centre, & de la portion de circonference entre lefdits demy-diametres. Icelle partie de circonference s'appele bafe du fecteur.

Section de l'ouale, eft vne partie de l'ouale comprife d'vne ligne droicte, & d'vne partie de la circonference : icelle ligne droicte s'appelle bafe de la fection.

DE LA LIGNE SPIRALE.

LA ligne fpirale (felon Archimedes, & de laquelle nous entendons traicter) eft celle, qui eft tracée par vn poinct, qui fe coule d'vne egale viteffe au long d'vne ligne droicte, laquelle a l'vn des ex-tremes immobile, & l'autre mobile, defcriuant vn cercle. Et iceluy poinct coulant au long de toute la ligne (en mesme temps que le cercle se fait) descrit la spirale.

Et cest extreme Immobile s'appelle commencement de la spirale.

Et la ligne au long de laquelle le poinct s'est coulé, s'appelle ligne de la premiere reuolution.

Et si la ligne est prolongée, à laquelle on fasse faire encor vn tour ou plusieurs, & que le poinct de mesme vitesse se coule tousiours au long, descriuant & continuant la spirale, la ligne droite du second tour, s'appellera ligne de seconde reuolution; & la troisiesme, de la troisiesme reuolution, & ainsi des autres infiniement.

Et la spirale du second tour, s'appellera spirale de la seconde reuolution, & ainsi des autres selon leur ordre.

L'espace compris de la premiere reuolution de la premiere ligne, s'appelle espace premier : Et ainsi les autres espaces prendront nom selon l'ordre de leur reuolution.

DES CORPS.

Corps, est ce qui a longueur, largeur & profondeur, duquel les extremitez sont superficies ou superficie.

Angle solide, est celuy qui est compris de plus de deux angles plans constituez en vn mesme poinct, n'estans en vn mesme plan.

Il y a de plusieurs sortes de corps ou solides, dont les premiers & plus simples, sont ceux compris de superficies planes.

La base de quelque corps compris de superficies planes, est la superficie que nous presupposons estre le fondement dudict corps.

La pyramide, est vn corps ayant vne figure plane rectiligne pour base, lequel corps finit en vn poinct au-dessus de la base.

Iceluy poinct, s'appelle sommet ou cime de la pyramide.

Et celle qui a sa base équilatere (c'est à dire figure reguliere comme triangle équilateral, quarré, pentagone, &c.) & le sommet en la ligne esleuée orthogonellement du centre de la base, s'appelle pyramide équilatere. Et encor celles de ceste sorte prennent le nom de leurs bases, comme trilaterales, quadrilaterales, &c.

Et de ces pyramides, sont faicts & composez les corps reguliers, comme L'octaëdre, qui est compris de huict triangles équilateres, c'est à dire composé de huict pyramides trilateres équicrures.

Le Dodecaëdre, compris de douze superficies pentagonales, ou composé de douze pyramides pentagonales équicrures.

L'icofaèdre, compris de vingt triangles équilateraux, c'eſt à dire fait & composé de xx. pyramides trilateres équicrures.

Les pyramides qui ont leur ſommet hors la ligne orthogonelle, eſleuée du centre de la baſe, s'appellent pyramides rhomboïdes.

Entre les ſolides rectangles, le Cube eſt nombré le premier : c'eſt celuy qui eſt compris de ſix ſuperficies quarrées & égales enſemble.

Le ſolide rectangle, long d'vn coſté, eſt celuy qui eſt compris de ſix ſuperficies planes rectangles, deſquelles les quatre ſont oblongues & égales enſemble, & les deux autres oppoſées ſont quarrées & égales, & cecy s'appelle auſſi colomne quadrangulaire: car les colomnes ſont eſtimées corps oblongs par tout d'vne groſſeur, & de baſes égales, & ſemblables.

Le ſolide rectangle, long de deux coſtez, eſt celuy qui a les faces & ſuperficies rectangles, & celles oppoſées ſeulement égales, mais non toutes enſemble.

Le ſolide parellelipipede, eſt celuy qui eſt compris de quadrangles plans, deſquels les oppoſez ſont parallels.

La ſuperdiagonalle de ces quatre corps, eſt la ligne qu'on imagine proceder de l'vn des angles ſolide à l'autre angle ſolide oppoſé, laquelle paſſe par le centre de chacun corps.

Colomne triangulaire, eſt le corps duquel la baſe eſt vn triangle, & les coſtez ſont trois ſuperficies quadrangulaires rectangles. Cecy s'appelle auſſi priſme.

Et les autres colomnes regulieres (c'eſt à dire deſquelles les baſes ſont figures regulieres) ſont appellees du nom de leurs baſes.

Priſme trapeze, eſt la colomne qui a pour baſe vn trapeze, & les coſtez ſont quatre ſuperficies rectangulaires, deſquelles deux oppoſees ſeulement ſont egales.

Les colomnes irregulieres, ſont celles qui ont leurs baſes irregulieres, comme trapezoïdes, tablettes, ou autrement.

Et les colomnes qui ont leurs coſtez non en angles droicts ſur leurs baſes, ſont nommees rhomboïdes.

Celles-cy auſſi ſont regulieres ou irregulieres comme leur baſe.

DES CORPS COMPRIS DES
SVPERFICIES CIRCVLAIRES.

CYlindre, est vne colomne ayant deux cercles egaux & parallels pour ses deux bases, & la ligne droicte tirée de centre à autre, tombant perpendiculairement & en angles droicts en chascune d'icelles bases, & toutes les lignes droictes tirees de la circonference de l'vne des bases à la circonference de l'autre, paralleles & egales entre elles.

Cylindre Rhomboïde, est celuy duquel l'axe & les costez ne font en angles droicts sur la base.

Le Cone, est vn corps pyramidal, duquel la base est vn cercle. Et celuy qui a le sommet en la ligne orthogonelle esleuée du centre de la base, s'appelle equicrure, ou equilatere.

Mais celuy duquel le sommet est hors icelle ligne orthogonelle, s'appelle Cone Rhomboïde.

Rhombe solide, est le corps qui est composé de deux Cones equicrures, lesquels ont vne mesme base commune.

DE LA SPHERE.

SPhere, est vn corps compris d'vne seule superficie qui se faict par vn demy cercle tournant vn tour sur son dyametre immobile.

Et le centre, est le poinct du milieu, duquel toutes les lignes tirees à icelle superficie, sont egales.

Le dyametre, est la ligne droicte qui se termine à icelle superficie, & qui passe par le centre: Il est aussi appellé Axe de la Sphere.

Secteur de la Sphere, est vn solide qui contiët plus ou moins que la moitié de la Sphere, Et est fait quand vn plan couppe vne partie moindre que la moitié, & sur iceluy plan (qui est vn cercle) est esleué vn Cone, qui a son sommet au centre de ladite Sphere; Ce Cone auec ceste partie rescindée, s'appelle secteur : & ce qui reste, s'appelle aussi secteur.

Et ces parties ainsi rescindées simplement par vn plan, s'appellent section de la Sphere.

Et le plan qui aura ainsi couppé la Spere, s'appellera cercle mineur de la Sphere.

Mais le plan qui couppera la Sphere en deux egalement, s'appellera cercle majeur.

Spheres paralleles, font celles qui font concenttriques, c'eft à dire ayãs
vn mefme centre.

DES CORPS DESQVELS LES
BASES SONT OVALES.

COlomne ouale, eft qui a fa bafe ouale, & eft efleuée orthogonellement fur icelle.

Et celle qui n'eft point efleuée orthogonellement fur fa bafe, s'appellera colomne ouale Rhomboïde.

Cone ouale, eft qui a fa bafe ouale, & le fommet en la ligne orthogonelle efleuée du centre de la bafe.

Celuy qui a le fommet hors la ligne orthogonelle, s'appellera Cone
ouale Rhomboïde.

DES SPHEROIDES.

SPheroïde, eft vn corps compris d'vne feule fuperficie, faicte par
vn demy ouale qui faict vn tour fur fon diamettre immobile.

Et celuy qui fe faict fur le plus grand diametre, s'appelle Spheroïde long, & de cefte forte feulement entendons traicter, d'autant
qu'elle eft plus commune & vulgaire que tout autre forte: Et ne
parlerons icy du Spheroïde court, pource qu'il eft peu vfité &
congneu, & fa forme aufli peu receüe entre les mechaniques
mefmes.

Le centre du Spheroïde, eft le poinct qui eft iuftement au milieu, par
lequel toute fuperficie plane trauerfant couppe le corps du Spheroïde en deux également.

Les diametres, font les lignes paffantes par le centre, terminées à la
fuperficie & circonference du Spheroïde, defquels les principaux
font, le plus long & le plus court.

Secteur de Spheroïde, eft le folide qui comprend la portion plus
grande ou plus petite que la moitié dudit Spheroïde, faifant angle
(ou pour mieux dire) cime & fommet d'vn Cone au centre d'iceluy Spheroïde.

Section de Spheroïde, eft vne partie du Spheroïde couppée d'vne fuperficie plane.

DES CORPS COMPRIS DE
SVPERFICIES SPIRALES.

COlomne spirale, est celle qui a pour sa base vne superficie contenuë d'vne spirale, & de la ligne droicte de reuolution, estant
ladite colomne esleuée de tous ses costez en angles droicts sur
icelle base.

Cone spiral, est celuy duquel la base est vne superficie comprise d'vne
spirale & de la ligne droicte de reuolution, ayant le sommet en la
ligne orthogonelle, esleuée du poinct du commencement de la
spirale.

Colomne & Cone spiral Rhomboïde, est quand la ligne perpendiculaire de leur hauteur ne tombe au centre de la base (qui est le commencement de reuolution,) ains en quelque autre partie de la superficie, ou hors icelle.

Mesurer vne grandeur, est chercher combien de fois quelque mesure commune est trouuée en icelle.

Mesure, est vne grandeur finie, par laquelle sont mesurees toutes les
grandeurs de mesme genre, Comme pied, pas, aulne, brasse, toyse,
&c. qui sont mesures fameuses, esquelles toutes les autres de mesme genre se rapportent: mais de sorte que la plus petite, mesure vne
égale à elle, & vne plus longue qu'elle; mais la plus longue ne peut
pas mesurer la plus courte: car les lignes plus courtes sont appel-
lées moicties, tierces, quartes, &c. des plus longues.

Longueurs commensurables sont celles qui peuuent estre mesurees
d'vne mesme mesure.

Longueurs incommensurables, qui ne peuuent estre mesurees d'vne
mesme mesure.

Les lignes qui sont par puissance l'vne à l'autre, comme d'autres
lignes sont en longueur l'vne à l'autre, sont celles desquelles les
quarrez sont l'vn à l'autre, comme les longueurs des autres l'vne
à l'autre.

Mesurer quelque superficie, est chercher combien de fois quelque
autre superficie moindre est contenuë en icelle.

Et ces superficies moindres, sont appellees poulce quarré, pied quarré,
pas quarré, aulne quarré, toyse quarrée, &c. qui sont mesures plus
fameuses, desquelles on a accoustumé vser à la mesure des superficies plus grandes.

Mefurer vn corps, eft chercher combien de fois quelque autre corps moindre peut eftre contenu en iceluy.

Et ces corps moindres, font appellez poulce cube, pied cube, aufne cube, toyfe cube, &c. qui font mefures plus vulgaires, defquelles on mefure les corps plus fpacieux & grands.

Les figures planes infcriptes au cercle, ou en l'ouale, ou en la ligne fpirale, font celles defquelles tous les angles touchent la circonference de la figure en laquelle elles font infcriptes.

Les circonfcriptes, font celles defquelles tous les coftez touchent la circonference de la figure à l'entour de laquelle elles font circonfcriptes.

La figure folide infcripte en autre figure folide, eft celle de laquelle tous les angles, ou coftez, ou fuperficies enfemble, touchent la fuperficie de la figure en laquelle elle eft infcripte.

La circonfcripte, eft celle de laquelle toutes les lignes ou fuperficies des coftez touchent la fuperficie ou angles de celle à l'entour de laquelle elle eft circonfcripte.

Raifon, eft vne mutuelle habitude de deux grandeurs l'vne à l'autre de mefme genre, felon la quantité.

Proportion, eft vne fimilitude de raifons.

COMMVNE SENTENCE.

Entre deux grandeurs inegalles, peut eftre confiderée vne autre grandeur plus grande que la plus petite, & plus petite que la plus grande.

LE

LE PREMIER LIVRE

DE

GEOMETRIE

DE I· ERRARD DE

BAR-LE-DVC.

De la mesure des lignes droictes. Et premier de la composition de l'instrument.

CHAPITRE PREMIER.

D'AVTANT que toute dimention consiste en longueur, ou en longueur & largeur, ou en longueur largeur & profondeur : Nous commencerons par la dimention des longueurs seulement, & principalemēt des lignes droictes, qu'est la premiere, plus simple, & de laquelle dépendent les deux autres sortes de mesures : & me semble estre expedient de mettre en auant quelque sorte d'instrument, par lequel nous puissions auoir plus facile introduction à mesurer les lignes droictes inaccessibles : non que ie vueille astraindre aucun de s'arrester à cestuy (d'autant qu'on en a inuenté, ou on en peut inuenter, qui pourront estre plus agreables & aisez, selon la diuersité des esprits,) mais cecy seruira seulement au lecteur (en attendant mieux) pour veoir à l'œil, & toucher les raisons sur lesquelles les demonstrations suiuantes sont fondées.

OR ie defirerois que la compofition fuft telle: Que deux reigles de leton bien droictes fuffent conjoinctes en forme de compas

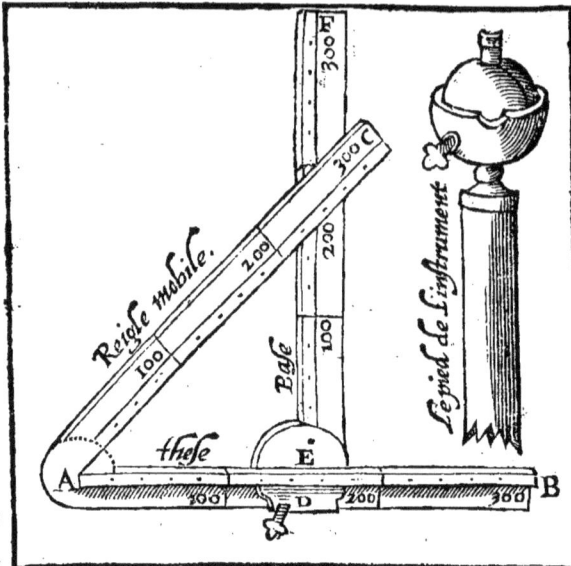

comme AB, AC, & de lõgueur chacune d'vn pied & demy ou enuiron, & de largeur d'vn poulce, fe mouuans & tournans au centre A, apres que fur la reigle AB, (que nous appellerons thefe) foit vne graueure pour couler vn demy anneau marqué icy D, lequel enclorra vne autre regle EF (appellée bafe) laquelle fera de femblable longueur, mais de largeur egale aux autres, ou vn peu plus eftroicte, & qui fe coulera auec le demy anneau au long de AB, & en forte que fur fon centre E, (qui fera iuftement fur la ligne droicte AB,) elle pourra s'incliner & faire tel angle qu'on voudra auec la reigle AB, au long & joignant les fuperficies des reigles de la thefe & de la regle mobile AC, & laquelle neantmoins pourra eftre arreftée par le moyen de quelque vis appliquée audit demy anneau.

Cela ainfi compofé, & les pinnulles eftant mifes aux poincts ABC (comme on a accouftumé faire à tous inftrumens) Que chacune defdites trois reigles foit diuifée en 300 parties egales, ou en autre nombre tel qu'il plaira. Finalement foit attaché à la reigle de la bafe vn pied pour fouftenir, & fur lequel fe puiffe mouuoir tout l'inftrument de cofté & d'autre en telle inclination qu'on voudra, attaché, di-je, à la bafe, en tel endroit qu'icelle eftant en pefanteur egale aux deux autres, puiffe feruir de contrepois, afin que le mouuement de l'inftrument en foit plus doux & aifé. Ie laiffe à difcretion la fabricature du pied auec les joinctures qui y doiuent eftre: Seulement i'ay icy depeint audit pied vn globe enchaffé dans vne concauité, parce qu'il me semble que le mouuement qui se fera dans icelle, sera plus com-mode : le tout ainsi qu'il est figuré & representé en cest endroit.

Combien que cest instrument semble assez aisé & commode pour mesu-rer les lignes droictes, neantmoins ie serois d'aduis d'vser plustost de toutes autres sortes d'instrumens, par le moyen desquels on puisse obseruer les an-gles, que non pas de cestuy-cy; duquel si quelqu'vn se veut seruir, nous l'admo-nestons de faire appliquer des pinulles aux poincts E & F de la base, outre celles cy-dessus specifiées.

Comment sont mesurees les lignes droictes estenduës sur vne superficie plane.

CHAP. II.

POur donc entrer à la mesure des lignes droictes, il faut estre aduerty que les vnes sont accessibles du tout, comme sont celles lesquelles on peut mesurer tout & au long mechaniquement, & sans aucun em-peschement.

Les autres sont seulement accessibles en partie, comme quand nous touchons l'vne des extremitez d'icelles, & ne nous est permis de pas-ser à l'autre. Et les autres sont inaccessibles du tout, comme quand elles sont esloignées de nous en sorte qu'il ne nous est possible de les toucher, ou approcher.

Or la mesure de ces dernieres depend de la mesure des accessibles en partie : & la mesure des accessibles en partie, depend de la mesure des accessibles du tout.

Si donc vne ligne droicte AB, estenduë sur quelque plan, est propo-sée à mesurer, & de laquelle des extrémes seulement soit accessible comme A : lors faut joindre vne autre ligne droicte à icel-le (comme AD, de laquelle la mesure soit congnuë) & n'importe que ceste ligne certaine soit esleuée au dessus, e-

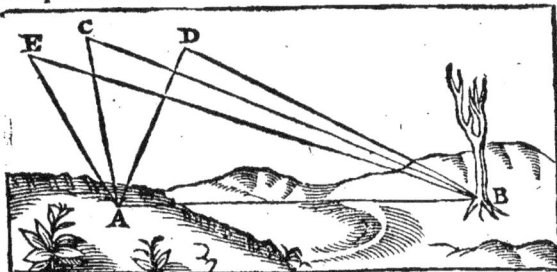

stenduë au trauers, ou abaissée au dessous, pourueu qu'elle fasse an-gle auec la proposée au poinct A : car alors de l'autre extréme de la cer-

taine, on peut par le ray de la vciie imaginer vne ligne droicte, ten-
dante à l'autre bout de la proposée comme D B, ou C B, ou E B, &
par ce moyen former & figurer vn triangle, duquel l'vn des coltez
eftant congneu, auec la quantité des angles, on peut facilement paruenir à la cognoiffance des autres coltez. Et toute la difficulté de telles mefures ne gift en autre chofe qu'à chercher vne ligne parallele à
celle qu'on veut mefurer, qui n'eft autre chófe que couper les coftez d'vn triangle proportionnellement: *Comme il eft monftré tant en la*
2. que 4. propofition du 6. d'Euclide : Et ce qui fera facilement pratiqué
cy apres.

Soit donc la ligne A B, proposée à mefurer, fur l'extremité de laquelle A, ie tire orthogonelement, & en angle droict la ligne A C,
laquélle ie mefure, & contient 5. pieds, fur laquelle & au long d'icelle
ie mets la regle de la bafe (comme DE) laquelle bafe fera parallele à
A B, *par la 28. du* 1. mais il faut que l'inftrument foit mis en forte qu'il
y ait depuis C iufques à D, autant de petites mefures de l'inftrument
comme il y aura de pieds depuis C iufques à A. Ce faict, faut mouuoir
la reigle mobile C E, iufques à ce que du ray vifuel on puiffe veoir par

les pinnulles d'icel-
le, l'extremité B:
alors ie dis que le
petit triâgle CDE,
eft equiangle &
proportionnel au
grand A B C, *par*
la 4. du 6. La ligne
dónc D E, coup-
pant les coftez du
grand triâgle C A,
& CB, aux poincts
D, E, les couppe
proportionnelle-
ment *par la 2. du 6.*
Telle raifon donc
que CD a en DE,
telle & femblable

a C A, à A B. Or fi CD contient 5. petites mefures & degrez, & ie
trouue que DE en contient 10, ie conclueray, que CA contenant 5.

pieds, la ligne A B contiendra 10 pieds. Que si tu voulois encor sçauoir la longueur de C B, regarde combien de degrez aura C E, &
autant aura de pieds icelle C B, *par les mesmes raisons.* Mais si plus
commodément tu voulois prendre la ligne mesurée en trauers, comme A X, mets l'instrument en sorte que la reigle de la these soit directement sur la ligne X A, & que depuis X, iusques à la base N, soient
autant de degrez comme X A contient de pieds, & posons qu'il y en
ait quatre. Apres faicts que la base N T soit parallele à A B, & dresse
la mobile au poinct & extremité B, alors le lieu où elle couppera la
base (sçauoir T) monstrera la vraye longueur de A B : car autant de
petites mesures que contiendra N T, autant de pieds contiendra A B.
(le triangle X N T estant equiangle & proportionnel au triangle
X A B) *par les prealeguées.*

D'autant qu'ayant intelligence de ce chap. tous les autres sont aisez, nous le
repeterons icy, selon que i'estime qu'il doit estre, afin que les rudes & moins
versez, tant en la pratique des instrumens, qu'és demonstrations d'icelles, en
ayent facile intelligence : Car l'Autheur estant assez obscur en sa pratique, ne
l'est pas moins és demonstrations, à cause que les propositions d'Euclide, sur
lesquelles s'appuyent lesdites demonstrations, sont quelquesfois mal cottées :
De ce nous aduertirons icy le Lecteur vne fois pour toutes , afin de ne repeter
souuent vne mesme chose.

3. Soit donc la ligne A B proposée à mesurer , sur l'extremité de laquelle A, ie
pose l'instrument sur son pied A C, en sorte que la these C D, soit orthogonelle
& en angle droict à la plaine horisontalle : Ce faict ie dispose tellement la base
D E qu'elle soit orthogonelle à la these C D, & qu'il y ait depuis C, iusques à D,
autant de petites mesures de l'instrument, comme il y aura de pieds, ou toises
depuis A iusques à C ; (car encore que nous prenions icy A C pour le pied de
l'instrument, lequel est ordinairement de 5. pieds, neantmoins ladite hauteur
C A pourroit estre de d'auantage , pource qu'elle peut estre prise pour la
hauteur de quelque fenestre, tour, ou de quelque autre edifice, du sommet
duquel on voudroit mesurer la distance qu'il y a depuis le pied d'iceluy, iusques à quelque lieu qu'on voit, laquelle hauteur seroit cogneuë auec vn fillet
ou ficelle à plomb.) puis il faut mouuoir la regle mobile C E, iusques à ce que
du ray visuel on puisse veoir par les pinulles d'icelle l'extremité B : alors ie dis
que la distance A B proposée à mesurer contient autant de pieds, (pas ou toises,
selon la mesure auec laquelle on aura mesuré la haulteur C A) côme D E contient de petites mesures de l'instrumêt. Or la raison de cecy est, que puisque les
angles C A B, C D E, sont egaux (car ils ont esté faicts droicts) & l'angle G
commun aux deux triangles C A B, C D E, iceux triangles sont equiangles par
le Corol. de la 32. p. 1. d'Eucl. & partant ils ont les costez au long des angles
égaux proportionnaux par la 4. p. 6. d'Eucl. tellement que C A sera à A B, comme C D à D E ; & en permutant C A sera à C D, comme A B sera à D E par la 16.

p.5. d'Eucl. Mais C A & C D ont esté faictes égales en nombre de parties:
donc A B & D E seront aussi égales en nombre de parties ; c'est à dire que
ayant trouué C A de 5 pieds, & fait C D de 5 petites mesures de l'instrument,

si on trouue que D E contienne 12 desdites petites mesures, aussi A B contiendra 12 pieds. Que si on vouloit aussi sçauoir la longueur ou distance CB, il n'y
auroit qu'à regarder combien de petites mesures aura CE, car CB en contiendra autant de grandes.

2.   Mais s'il estoit plus commode de prendre la ligne mesurée en trauers, comme A X ; ayant recogneu à costé de vous quelque lieu vers lequel vous puissiez
aller, disposez l'instrument à l'extremité A en sorte que depuis le centre de la
these, iusques au centre de la base, il y ait autant de petites parties, comme
vous-vous voudrez esloigner à costé pour faire vne seconde station, laquelle
distance soit XN, que nous posons estre de 6. parties ; puis faictes que par les
pinulles de la these, vous puissiez voir le lieu de la seconde station X, & par
celles de la base l'extremité B : Ce faict, arrestez la base auec sa viz, en sorte
que l'angle ou inclination qu'elle fait auec la these ne se puisse changer, & com-
ptez autant de pieds au long de la ligne A X, comme N X contient de parties,
sçauoir est 6. pieds, lesquels s'allant terminer au poinct X, vous y poserez
l'instrument, & le disposerez en sorte que par les pinulles de la these vous puissiez voir l'extremité A ; puis vous remuërez la regle mobile X T, iusques à
ce que vous puissiez voir par les pinulles d'icelle l'extremité B : & alors le lieu
où elle couppera la base, sçauoir T, monstrera la vraye longueur & quantité de

la diftance A B : car autant de petites parties que contiendra N T, autant de pieds contiendra ladite A B, à caufe que le petit triangle X N T eft equiangle & proportionnel au grand triangle X A B, par les mefmes raifons que deffus. Mais eft à nòtter, que fi le lieu permet de prendre l'angle X N T droict, l'operation en fera beaucoup plus prompte & facile, pource qu'alors il ne fera befoin d'arrefter fixement la bafe à certain poinct de la thefe, au lieu de la premiere ftation, ains feulement lors qu'on fera paruenu au lieu choifi pour faire la feconde ftation.

Or plufieurs Autheurs ont enfeigné à mefurer lefdites diftances par le moyen de diuers autres inftrumens, comme demy-cercle, quarré Geometrique, ray Aftronomique, Holometre, Cofmometre, Henry-metre, Compas de proportion, & autres inftrumens de difficile conftruction ; mais nous enfeignerons icy le moyen de ce faire au defaut d'iceux, lors que les occafions & la neceffité le requiert.

3. Si donc il faloit mefurer en vn lieu plain quelque petite longueur, comme pourroit eftre la largeur d'vne riuiere, d'vn foffé, eftang, ou autres chofes qui ne peuuent eftre mefurées actuellement, à caufe de quelque empefchement, fera procedé comme enfuit. Sur le bord ou extremité de la largeur & diftance propofée à mefurer A B, foit fiché vn bafton C A à angle droict fur la plaine horifontalle : & en quelque endroit d'iceluy bafton, comme en C, foit accommodé vn autre petit bafton ou baguette DE, en forte que le ray vifuel, allant le long d'icelle, rencontre l'extremité B. Ce faict, ladite vergette D E demeurant tellement ferme & fixe que l'angle A C B ne fe puiffe changer en remuant le bafton A C, foit tourné ledit bafton A C (iceluy demeurant toufiours à angle droict fur la plaine) iufques à ce que le ray vifuel paffant derechef le long de ladite vergette D E, rencontre fur la plaine quelque poinct F, la diftance iufques auquel vous puiffiez mefurer actuellement ; & lors ladite diftance A F fera égale à la propofée A B. Car puifque les angles du poinct A font égaux (eftans droicts) & auffi A C B, A C F, les deux triangles B A C, F A C ont deux angles égaux à deux angles chafcun au fien, & le cofté A C commun ; partant les coftez A B, A F, feront égaux par la 26.p.1. d'Eucl. tellement que fi on mefure actuellement A F, la diftance A B fera congneuë.

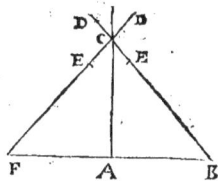

4. On obtiendra encore ladite diftance A B fans la vergette DE ainfi : Ayant fiché en angle droict le bafton C A, qui foit quelque peu moindre que la haulteur du mefureur, appuyez le menton fur l'extremité C, & accommodez voftre chappeau en forte que le rayon vifuel paffant par l'extremité du bord d'iceluy rencontre l'extremité B ; puis ledit chappeau demeurant fixe, tournez-vous vers quelque plan mefurable, & nottez en iceluy le poinct F, auquel le ray vifuel rencontre ledit plan : & alors la diftance iufques audit poinct F eftant mefurée actuellement, on cognoiftra la diftance propofée A B, qui luy eft égale, comme dit eft cy-deffus.

5. Autrement, Prenez vne equaire, ou pluftoft vne faulterelle, qui fe puiffe

mettre à angle droict, (on peut faire faire ceſt inſtrument par tout, car ce ne
ſont que deux regles joinctes enſemble par l'vne des extremitez, ſoit à char-
niere ou autrement :) & ayant accommodé l'vne des branches d'icelle ſaulterelle au long du baſton A C, ouurez l'autre branche C E, iuſques à ce que le
rayon viſuel paſſant le long d'icelle aille rencontrer l'extremité B: puis ladite
ſaulterelle demeurant ainſi ouuerte, tournez ladite branche C E vers la plaine
meſurable, en laquelle le ray viſuel C E ira rencontrer vn poinct F, comme
deuant.

6. Autrement, Ayant diſpoſé l'angle droict de l'equaire D C E au ſommet d'vn
baſton A C, en ſorte que le ray viſuel paſ-
ſant au long du coſté interieur de la reigle
C E, aille rencontrer l'extremité B, regardez le long de l'autre regle C D, & remarquez le poinct F en la plaine. Ce faict, meſurez F A & A C; puis diuiſez le quarré de
A C par F A, & viendra la diſtance A B: &
ce d'autant que par le Corol. de la 8. p. 6. A C eſt moyenne proportionnelle
entre F A & A B.

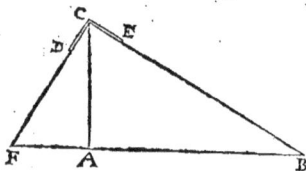

7. Autrement, Prenez deux baſtons inegaux de certaine meſure, le plus grand
deſquels ſoit quelque peu moindre que la haulteur du meſureur, & ayant poſé
en angle droict le moindre A C à l'extremité A de la longueur propoſée à
meſurer, reculez-vous directement, iuſques à ce
que poſant l'autre baſton D E auſſi en angle droict,
le rayon viſuel paſſant par les extremitez E & C,
aille rencontrer l'extremité B: Ce fait oſtez le moindre baſton A C du plus grand D E, & le reſte po-
ſez-le au premier terme d'vne regle de trois, au ſe-
cond la diſtance D A, & au troiſieſme la haulteur du petit baſton A C; & faiſant la regle, viendra la diſtance requiſe A B. Car ayant du poinct C tiré C F
parallele à A D, les triangles E F C, C A B ſeront équiangles, pource que
par la 29. p. 1. les angles A B C, F C E ſont égaux, & ceux des poincts A, D,
& F auſſi égaux; & partant le troiſieſme angle égal au troiſieſme. Parquoy
par la 4. p. 6. les coſtez au long des angles égaux E F C, C A B, ſeront proportionnaux, c'eſt à dire que comme E F ſera à F C, ainſi C A ſera à A B : Mais
E F eſt la difference des deux baſtons; (car A C, D F, ſont égaux par la 34. p.
1.) Donc comme la differêce des baſtons eſt à la diſtance d'iceux, ainſi le moindre baſton eſt à la diſtance propoſée à meſurer: dont eſt manifeſte que ſi on
prend le baſton D E double du baſton A C, que la diſtance propoſée à meſurer
ſe trouuera égale à la diſtance des baſtons D A.

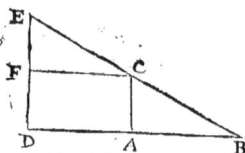

8. Or en toutes les manieres & façons de meſurer cy-deſſus declarées, il eſt
beſoin de voir l'extremité de la choſe propoſée à meſurer : mais ſi on ne pouuoit voir ladite extremité à cauſe de quelque obſtacle, qui eſt entre nous &
ladite extremité, ains ſeulement le ſommet de quelque choſe eſleuée perpendiculairement à ladite extremité, on obtiendra ladite diſtance ainſi qu'il
enſuit. Soit propoſé à meſurer la diſtance A B, ayant à ſon extremité B la haul-

teur B C esleuée perpendiculairement. Si on peut reculer ou aduancer directement, foient pris comme deffus deux baftons inégaux, le plus grand defquels A D, foit posé en angle droict à l'extremité A, (& ce d'autant que nous

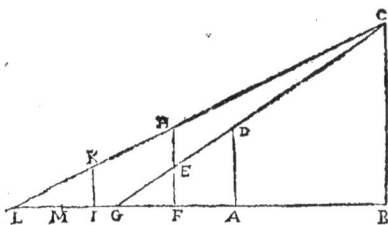

voulons reculer : car fi on vouloit
aduancer vers B, il faudroit poser à
ladite extremité A le moindre baftõ)
puis reculez directement iufques à ce
que plantant auffi en angle droict le
moindre bafton E F, on puiffe voir
par les extremitez E & D le fommet
C : & alors l'œil eftant en D, regardez où le ray visuel paffant par E, ira
rencontrer la plaine, & foit en G : Ce
faict, apportez le grand bafton A D en la place du moindre F E, (ou en quelque autre endroict que ce foit,) & foit F H ; puis reculez directement, iufques
à ce que plantant derechef en angle droict le moindre bafton I K, le ray visuel
paffant par les extremitez K & H, aille rencontrer le fommet C : & lors l'œil
eftant en H, regardez où le ray visuel paffant par K ira rencontrer la plaine, &
foit en L : Ce faict, mefurez la diftance LG, LF & GA ; puis oftez A G de F L,
& le refte pofez-le au premier terme d'vne regle de trois, au fecond terme
LG, mais au troifiefme LF ; & la regle eftant faicte, vous aurez la diftance LB,
dont LA eftant oftée, reftera la diftance propofée à mefurer A B. Car puifque par la 16. p. 1. l'angle BG C eft plus grand que l'angle BLC, l'angle LHF
fera plus grand que l'angle GDA, & le cofté FL plus grand que le cofté A G :
Soit donc prife F M égale à A G, afin que L M foit la difference de A G à FL.
Et d'autant que les triangles GDA, GCB, ont les angles A & B droicts, & l'an-
gle G commun, ils font équiangles : partant par la 4 p. 6. comme AD fera à
A G, ainfi B C fera à BG ; & en changeant comme A D fera à B C, ainfi fera
A G à B G. Par mefme raifon les triangles L H F, L C B, ayans les angles F &
B droicts, & l'angle L commun, font auffi équiangles : Parquoy comme H F
fera à FL, ainfi B C fera à BL ; & en permutant comme H F fera à BC, ainfi
FL fera à B L. Mais par la 7. p. 5. HF eft à BC, comme AD à B C, à caufe que
AD & HF font égales : donc par la 11. p. 5. comme la toute F L fera à la toute
B L, ainfi la retranchée F M égale à A G fera à la retranchée B G ; partant
le refte LM fera au refte G L, comme la toute FL eft à la toute B L par la 19.
p. 5. Mais L M, G L & F L font congneuës ; B L le fera donc auffi, de laquelle
eftant oftée A L, reftera A B cogneuë. Et eft à notter que fi on faict le grand
bafton double du moindre, qu'il ne fera befoing d'appofer l'œil en D, ny en H,
pour trouver les poincts G & L, pource qu'alors lefdits poincts font toufiours
autant efloignez du petit bafton qu'eft la diftance d'entre les deux : Car les triangles, rectangles ADG, FEG, eftans équiangles, comme GA fera à AD, ainfi
GF fera à FE par la 4. p. 6. & en permutant G A fera à G F comme A D eft à
F E. Mais A D eft double de F E : donc G A eft auffi double de G F ; & partant G F & F A font égales. Quand donc cy apres nous-nous feruirons de
deux baftons inegaux, nous entendõs toufiours que l'vn foit double de l'autre.

D

combien qu'il n'importe qu'ils feuſſent autrement , ſinon que pour rendre
l'operation plus prompte & facile.

9. Autrement, Soit derechef propoſé à meſurer ladite diſtance A B, ayant à
ſon extremité B la haulteur BC eſleuée perpendiculairemēt ſur la plaine. Il faut
ſur A B (ou ſur ſon prolonguement en arriere) prendre A D de telle meſure
qu'on voudra , & ſoit pour exemple de 6. pieds ; puis ayant planté aux poincts
A & D deux baſtons ou picquets, atta-
chez-y deux cordes de telle longueur &
meſure que vous voudrez ; mais les prenant égales, l'operation en ſera plus prompte : Ie les prends donc icy chaſcune de 9
pieds ; & joignant les deux autres bouts
enſemble, ie les tire iuſques à ce qu'elles
ſoient toutes eſtenduës, & forment le triangle Iſoſcelle ADE : & ayant planté vn

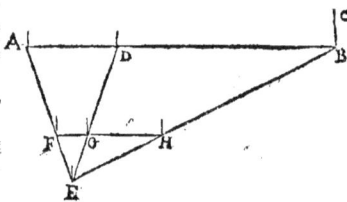

baſton en E, prenez la moitié, tiers, ou quart, &c. de chaſque coſté égaux,
& ſoient E F, E G le tiers de chaſcun deſdits coſtez: & ayant planté vn picquet à chaſques poincts F & G, faictes aller vn homme directement ſelon FG,
iuſques à ce qu'il rencontre EB en H : Ce faict, meſurez F H, (ayant pris
A D ſur A B, car ſi c'eſtoit ſur ſon prolongement, il faudroit ſeulement meſurer GH) & poſons quelle ſoit de 10.pieds, le triple d'icelle FH ſera donc 30.
pieds,& autant ſera la longueur de la diſtance A B, puiſque nous auons pris
E F le tiers de EA, car telle partie que EF ſera de E A, auſſi FH le ſera de AB:
& ce d'autant que les triangles E AB, E F H ſont équiangles ; & partant comme E A eſt à A B, ainſi E F eſt à F H: & en permutant comme E A ſera à
E F, ainſi A B ſera à F H. Mais E A eſt le triple de E F: donc auſſi A B ſera le
triple de F H.

10.On peut encore meſurer la meſme diſtance AB auec vne équairre ou ſaulterelle, diſpoſant l'vne des branches ſelon A B, & l'autre ſelon AE: & eſtant venu
en F,& diſpoſé l'vne des iambes ſelon F E (la ſaulterelle eſtant ouuerte cōme
en A, qu'vn homme aille ſelon l'autre branche iuſques à ce qu'il rencontre EB
en H : Tout le reſte ſoit faict & entendu comme deſſus.

11.La meſme diſtance AB peut encore eſtre meſurée auec vn miroir plain ainſi
qu'il enſuit. Ayant poſé le centre d'vn miroir plain à l'extremité A , reculez-
vous directement iuſques à ce que
vous puiſſiez voir audit miroir le
ſommet de la haulteur eſleuée BC,
& ſoit iuſques en D , diſtant de A
par 15. pieds, duquel lieu le meſureur (l'œil d'iceluy eſtant de la
haulteur de D E) voye par le rayon
reflechy E A C le ſommet C: en a-
pres ſoit apporté le miroir de A en

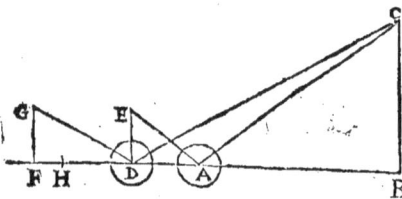

D, puis reculez-vous derechef iuſques à ce qu'eſtant paruenu en F, on voye
par le rayon reflechy GDC le ſommet C : & ſuppoſons que la diſtance FD

foit 20. pieds : icelle diſtance foit miſe au dernier terme d'vne regle de trois, au ſecond la diſtance D A, & au troiſieſme terme la difference d'entre F D & D A : ladite reigle eſtant faite, viendront 60. deſquels oſtez la diſtance D A, & reſteront 45. pieds pour la diſtance A B propoſée à meſurer. Car d'autant que par la 1. p. de la Catopt. d'Eucl. les angles d'incidence DAE, FDG, ſont égaux aux angles de reflexion BAC, BDA, chaſcun au ſien, les triãgles rectangles ACB, AEB, & DCB, DGF, ſont équiangles, & partant par la 4.p.6.comme DF eſt à FG, ainſi DB eſt à BC ; & AD à DE, comme AB à BC. Mais par la 8.p.5. il y a plus grande raiſon de DB à BC, que de AB à la meſme BC : Il y aura donc auſſi plus grande raiſon de D F à FG, que de AD à DE, égale à icelle FG : & partant par la 10. p. 5. DF ſera plus grande que DA : Parquoy de D F on pourra retrancher vne partie égale à D A, & ſoit DH. Et puiſque par la 4.p.6. comme D E eſt à DA, ainſi BC eſt à DE,ſera à BC, comme DA à A B : pour meſme raiſon FG ſera à BC, comme FD à DB. Mais FG & DE ſont égales : & partant par la 7.p.5. comme DE ſera à BC, ainſi ſera FG à la meſme BC : Et par la 11. p. 5. comme la toute FD eſt à la toute DB, ainſi DA, ou la retranchée DH, eſt à la retranchée AB : donc le reſte FH ſera au reſte D A, comme la toute F D eſt à la toute DB par la 19. p. 5.

Par quel moyen ſont meſurées les haulteurs
perpendiculaires.

CHAP. III.

POur meſurer vne haulteur perpendiculaire comme de la tour GH, laquelle on pourra approcher par le bas, regarde combien de pieds ſont depuis ton œil, ou le lieu de ta ſtation I, iuſques à ladite tour H : & poſons qu'il y ait 24. pieds, mets & colloque l'inſtrument en ſorte que la baſe KL ſoit perpendiculaire, pour eſtre parallele à GH : & auſſi que la theſe ſoit tirée de façon que depuis I, iuſques à K, ne ſoyent que 24. degrez ou petites meſures : laquelle reigle I K tu dreſſeras neantmoins droicte vers le poinct H, ou quelque autre lieu que tu auras remarqué contre icelle tour pour eſtre au plus pres du niueau. Ce faict, hauſſe la mobile IL iuſques à ce que par ſes pinulles tu découure le ſommet G : lors ſera formé le grand triangle IHG, & le petit IKL, leſquels ſeront equiangles & proportionnaux l'vn à l'autre, *par les prealeguées*, d'autant que LK eſt parallele à G H.

Si donc ie trouue LK contenir 18. petites meſures, deſquelles IK en contient 24. ie conclueray que GH contiendra 18. pieds ou autres ſemblables meſures, deſquelles IH en contiendra 24. Car telle raiſon que LK a à I K, telle & ſemblable a GH à IH. Et pour ſçauoir la

longueur & di-
ſtance I G, regarde
cōbien de degrez
ou petites meſures
a la ligne depuis I,
iuſques au poinct
qu'elle coupe la
baſe L : car autant
de pieds aura tou-
te la ligne IG.

Que ſi on ne pou-
uoit approcher de
la tour pour me-
ſurer la ligne IH,
tu chercheras icel-
le longueur ainſi
qu'il a eſté enſei-
gné au chapitre
precedent.

1. On peut auſſi meſurer ladicte haulteur auec deux baſtons inegaux : comme
pour exemple, eſtant propoſé à meſurer la haulteur BC, laquelle eſt acceſſi-
ble par le pied B, eſloignez-vous d'icelle haulteur tant qu'il vous plaira, con-
tant & meſurant la diſtance par laquelle vous-vous eſloignez, comme iuſques en A, que nous poſons eſtre diſtant de BC par 20. pieds, & là ſoit fiché
perpendicul. à la plaine horiſontalle vn baſton ou picquet AD de certaine meſure, & poſons qu'il ſoit de 4. pieds ; puis ayant vn autre baſton EF, qui ſoit
moytié de AD, reculez-vous directement, iuſques à ce que plantant ledit baſton EF auſſi perpendiculairement à la plaine, vous puiſſiez voir le ſommet

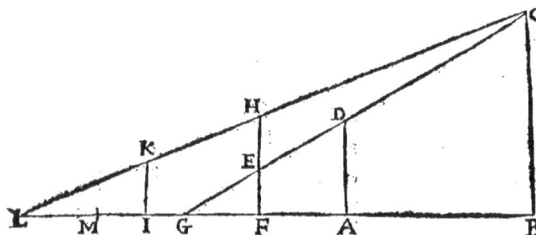

C de la haulteur pro-
poſée, par les ſommi-
tez deſdicts deux ba-
ſtons, lequel recule-
mēt ſoit iuſques en F,
qui eſt diſtant de A
par 12. pieds : Ce fait,
poſez au premier ter-
me d'vne regle de trois
le double de FA, c'eſt

à dire GA, qui ſera 24. pieds, au ſecond terme le baſton AD, ſçauoir eſt 4.
pieds, & au troiſieſme terme, la diſtance AB ioincte auec le double de FA,
c'eſt à dire GB, qui ſera 44. pieds, & la regle eſtant faite viendrōt 7. pieds ; pour
la haulteur BC propoſée à meſurer : & ce d'aultant qu'és triangles équiangles

GBC, GAD, comme GA eſt à AD, ainſi GB eſt à BC, comme il a eſté plus au long demonſtré au nombre 8. du chap. precedent.

2. On obtiendroit auſſi la meſure de ladite haulteur auec vn ſeul baſton AD, ſi ayant planté ledit baſton, on recule d'iceluy iuſques à ce que l'œil eſtant abbaiſſé en terre, on voye le ſommet C de la haulteur propoſée BC: Ce qu'aduiendra l'œil eſtant en G, & lors meſure l'interualle compris entre ton œil G & le pied du baſton AD, par les meſmes meſures dont ledict baſton aura eſté meſuré: cela faict, pourſuiuez comme deſſus, & vous aurez la regle de trois eſtant faicte, ladicte haulteur propoſée à meſurer, pour-ce que comme GA eſt à AD, ainſi GB eſt à BC.

3. On peut encore meſurer ladicte haulteur BC auec vne équairre : & pour ce faire, plantez en angle droict le baſton AD, & à la ſommité d'iceluy appliquez l'angle droict de l'equaire EDF, en ſorte que vous puiſſiez voir le long de la brãche ED, le ſommet de la haulteur C, & par l'autre branche DF, remarquez en la plaine le poinct G : Ce faict, meſurez AG & AB en meſmes meſures que AD ; puis faictes vne regle de trois, au premier terme de laquelle mettez ledict baſton AD, au ſecõd AG, & au troiſieſme AB: la regle eſtant faite, ſi vous adiouſtez au produict la haulteur du baſton AD, vous aurez toute ladite haulteur propoſée BC. Car ayant tiré DH parallele à AB, le quadrilaterre ADHB ſera perallelogramme rectangle; & partant AB, DH: & AD, HB ſeront égaux par la 34. p.1. Et puiſque les angles de A & H ſont droicts, & l'angle GDH commun aux deux droicts ADH, CDG, eſtant oſté les reſtans ADG, CDH ſeront égaux, & partant les triangles rectangles ADG, DHC ſont équiangles: Parquoy comme AD ſera à AG, ainſi DH ou AB ſera à HC par la 4.p.6.

4. Ladicte haulteur BC peut encore eſtre meſurée auec vn miroir plain, & pour ce faire eſloignez-vous de ladite haulteur iuſques en A, auquel lieu vous poſerez le centre dudit miroir : & ſuppoſons qu'il ſoit eſloigné de B par 45. pieds, puis vous-vous reculerez directement iuſques à ce que vous puiſſiez voir audit miroir le ſommet de la haulteur propoſée C, & ſoit iuſques en D, diſtant de A par 12. pieds, duquel lieu le meſureur (eſtant de la haulteur de DE qui ſoit 4. pieds) voye par le rayon reflechy EAC le ſommet C: Ce fait, mettez au premier terme d'vne regle de trois la diſtance DA, au ſecõd la haulteur du meſureur DE, & au troiſieſme la diſtance AB, & viendra 15. pour la haulteur propoſé à meſurer BC. Car d'autant que les angles B & D ſont droicts, & l'angle d'incidence DAE égal à l'angle de reflexion BAC, les triangles ACB, AED, ſont equiangles, & partant par la 4.p.6. comme AD à DE, ainſi AB à BC.

5. Mais ſi on ne pouuoit approcher de ladite haulteur BC pour meſurer

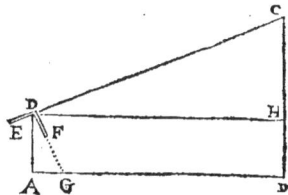

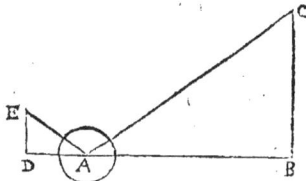

combien on en eſt eſloigné, ſoient faites les deux ſtations en A & F, comme il a eſté dit au nombre huictieſme de l'annotation du ch. precedent, & ayant meſuré les diſtances LG, LF & GA, par la meſme meſure dont on aura meſuré

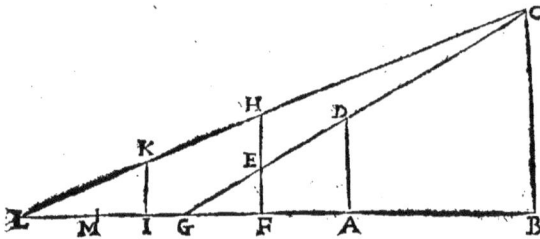

le baſton AD, ſoit mis au premier terme d'v-ne regle de trois LM, difference d'entre FL & AG, au ſecond ter-me LG, & au troiſieſ-me le baſton FH; & la regle eſtant faicte, on aura la haulteur BC propoſée à meſurer.

Car d'autant que par la 4.p.6. LF eſt à FH, cōme LB eſt à BC : Item, que cōme GA eſt a AD, ainſi GB eſt à BC : Et que par la 8.p.5. il y a plus grande raiſon de LB à BC, que de GB à la meſme BC, il y aura auſſi plus grande raiſon de LF à FH, que de GA à AD égal à iceluy FH. Donc LF ſera plus grande que GA par la 10. p.5. & partant de FL on pourra retrancher FM égale à GA. Maintenant puiſque par la 4.p.6. comme LF eſt à FH, ainſi LB eſt à BC, en permutant com-me la toute LF ſera à la toute LB, ainſi FH ſera à BC. Par meſme raiſon GA, ou la retrachée FM, ſera à la retrachée GB, comme AD à BC, c'eſt à dire com-me FH à BC. Donc auſſi le reſte LM ſera au reſte LG, comme la toute LF à la toute LB par la 19. p.5. Mais il a eſté demonſtré que comme LF eſt à LB, ainſi FH eſt à BC : donc auſſi comme LM ſera à LG, ainſi FH ſera à BC.

6. La meſme haulteur BC peut auſſi eſtre meſurée auec vn miroir plain, pro-cedant auec iceluy tout ainſi qu'au nombre 11. de l'ann. du ch. precedent, ſça-uoir-eſt poſant le centre dudit miroir és poincts G, A & D, (voyez la derniere figure de la page 26.) & s'eſloignant d'iceluy iuſques à ce que l'œil du me-ſureur eſtant colloquée en E & G, apperçoiue audit miroir le ſommet C : Quoy faict, poſez au premier terme d'vne regle de trois la difference de AD à DF, au ſecond AD, & au troiſieſme la haulteur DE, & la regle faite on aura la haul-teur propoſée BC. Car il a eſté demonſtré cy-deuant que comme DE eſt à BC, ainſi DA a AB, & FD a DB : & auſſi que comme FD eſt à DB, ainſi FH eſt à DA : Parquoy comme FH eſt à DA, ainſi DE eſt à BC par la 11.p.5.

Comment eſt trouuée la longueur des lignes de la profondité des puiz & autres choſes abbaiſſées perpendiculairement.

CHAP. IV.

PAr la meſme facilité ſont meſurées les profondeurs perpendiculai-res, comme RS : Car ſoit la largeur du puiz OR, congneuë de 20. pieds, ie poſe & mets l'inſtrument en ſorte que la baſe TV eſt à

plomb & parallele à RS, & de façon que OT, contienne 20. petites
mesures (estant la regle OT directement sur OR,) apres faut incliner la regle mo-
bile OV, iusques à
ce que par ses pi-
nulles on puisse
voir le fond S: a-
lors ie regarde le
lieu où elle coup-
pe la base (sçauoir
V;) car autāt de pe;
tites mesures que
contiendra T V,
autant de pieds au-
ra RS ou OP. Cō-
me pour plus am-
pleint elligence, si
OT contient 20.
mesures, & TV
25. il est certain
que OR estant de

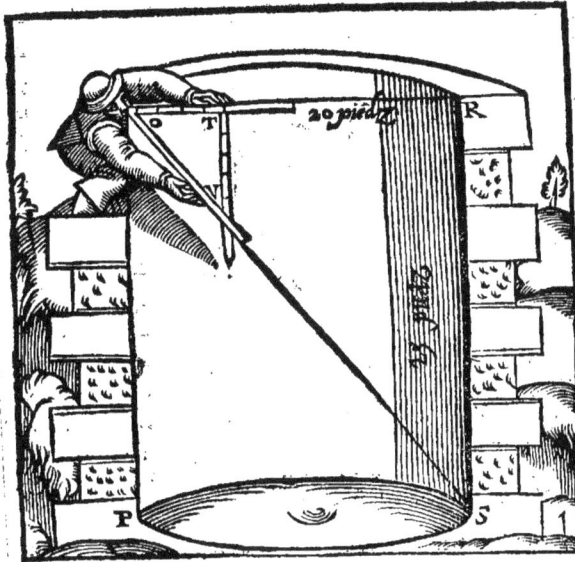

20. pieds, RS sera de 25. aussi la ligne OS sera d'autant de pieds, comme OV contiendra de petites mesures.

Comment sont mesurées toutes lignes droictes panchantes au long de quelque montagne ou autrement.

CHAP. V.

SOit la ligne panchante à mesurer AG, l'extremité de laquelle A soit
accessible. Tire la ligne de costé AO, & la mesure, laquelle pour
exemple contienne 60. toises, apres mets l'instrument au point O,
en sorte que la base CD, auec la these OC, comprennent vn angle
égal à GAO, & que la these OC, soit directement sur la ligne droicte
OA. Ce faict, tu dois mouuoir la regle mobile OD, iusques à ce que au
long d'icelle & directement tu voyes le poinct G, comme ODG: alors
icelle regle mobile couppant la base CD, fera cognoistre la distance
AG: car en ce petit triangle ODC, équiangle & semblable au grand

OGA, la ligne
DC, parallele à
GA couppe les co-
ftez OG, & OA
proportionnelle-
ment, *par la 2. du*
6.& par confequët
rend le petit trian-
gle ODC équian-
gle & femblable
au grand OGA,
par la 4. du 6. Si
donc nous trou-
uons au petit tri-
angle ODC, que
la ligne DC con-
tienne 100. mefu-
res,defquelles OC
en contiendra 60.

il eft certain que GA contiendra 100. toifes, eftant AO de 60. toifes:
Et fi la ligne OD contient 120. mefures, defquelles DC en contient
100.& CO 60, il eft auffi manifefte que toute la diftance OG contiendra 120. toifes, *par les prealeguées.*

Par quel moyen font mefurées toutes lignes droictes, tant orthogonelles, que perpendiculaires.

CHAP. VI.

SI vne ligne droicte eft propofée à mefurer, comme HL, de laquelle
partie foit efleuée orthogonellement par deffus le niueau de ton
œil O, en partie abbaiffée perpendiculairement au deffous : cherchez *par le chapitre precedent* la longueur de la ligne OH, laquelle
pour exemple foit de 12. perches de longueur. Apres faits pendre
perpendiculairement la bafe, en forte qu'elle foit diftante du poinct
O, de 12. petites mefures. Ce faict, hauffe ou abbaiffe la regle mobile
OC, iufques à ce que droitement au long d'icelle tu voyes le poinct L:
alors regarde combien de petites mefures contient la ligne IC, defquelles

uelles IO en contient 12 : car autant contiendra de perches la ligne HL, defquelles HO en contiendra 12. Et par exemple foit OI de 12.petites mefures, & IC de 11.Il eft certain que HL fera de 11. perches de haulteur, *par les demonftrations precedentes.* Que fi tu vouolois feulement mefurer depuis le poinct D, iufques à H, regarde où le ray de ton œil OD couppe la bafe IC, fçauoir en N : car telle raifon que IN a en IO, telle &

femblable a la ligne H D, à la ligne HO, *comme il a efté monftré.* Si donc IN contient en longueur 3.petites mefures, defquelles IO en contient 12, il reftera manifefte que HO eftant de 12. perches, la ligne HD fera de trois perches. Et fi nous trouuons OC faire 13. petites mefures, nous ferons affeurez que toute la ligne droicte OL fera de 13. perches de longueur, *ce qu'il falloit demonftrer.*

Par quel moyen font mefurées toutes lignes droites inacceffibles, eftenduës en quelque inclination que ce foit.

CHAP. VII.

POur mefurer quelconque ligne inacceffible en quelque inclination qu'elle puiffe eftre, comme AB, cherches *par le premier chapitre* les diftances du lieu C où tu feras, iufques à chafcune extremité d'icelle ligne, comme CA, CB : & pofons CA eftre de 18. toifes, & CB 30. mets les deux regles de l'inftrument en forte que du poinct

E

C, vne chafcune refponde directement aux extremitez de la ligne à

mefurer, com-
me CDA, CEB.
Apres retire ou
auance tellemēt
la bafe DE, que
depuis C, iuf-
ques à D, foyent
18. parcelles, &
depuis C, iuf-
ques à E (où la
bafe entrecoup-
pera la mobile)
30. autres par-
celles. Ce faict,
regarde com-
bien de parcel-
les contiendra
D E, car d'au-
tant de toifes fera la ligne propofée AB. La raifon eft d'autant que
CD, & CE, eftant proportionnelles à CA, & CB, la ligne droicte
DE fera parallele à AB, *par la feconde partie de la 2. du 6.* & ainfi le
petit triangle CDE, fera équiangle & proportionnel au grand CAB,
par la 4. du 6. Si donc DE eft de 23. petites mefures, AB fera de 23.
toifes.

Cefte feule demonftration fuffit pour cognoiftre comment il
faudra mefurer toutes lignes droites inacceffibles, efleuées fur quelque montaigne, ou autrement inclinées comme on voudra: Car
les deux regles de l'inftrument eftant dreffées directement aux extremitez de la ligne propofée, feront auec icelle vn grand triangle:
&lors fi les deux coftez font cogneus *par le premier chapitre de ce liure,*
il fera facile de former le petit triangle, qui donnera incontinent cognoiffance du grand, *ce qu'il falloit demonftrer.*

Fin du premier Liure.

A
MONSEIGNEVR LE
DVC DE BVILLON, PRINCE
souuerain de Sedan, Iametz, Raucourt,
Vicomte de Turaine, &c. Mareschal
de France.

MONSEIGNEVR,

Vous ayant par cy-deuant faict voir quelque eschantillon de ce traicté, qui n'estoit encor que demy esbauché, & maintenant luy ayant donné sa derniere main, i'ay estimé estre de mon deuoir vous presenter ce second Liure de la mesure des superficies planes ; Esperant qu'il vous sera aggreable, à cause de son subject; & le receurez volontiers de celuy sur lequel vous auez toute puissance, & qui demeurera à iamais

DE VOSTRE GRANDEVR

Tres-humble & tres-obeïssant
seruiteur I. ERRARD.

E ij

LE SECOND LIVRE
DE LA MESVRE DES
SVPERFICIES PLANES.

Comment sont mesurez les parallelogrammes rectangles.

CHAPITRE PREMIER.

OMBIEN qu'entre les superficies rectilignes, les triangles, selon l'ordre de nature, soient les premiers, comme estant les plus simples, toutesfois pour le regard des mesures & dimentions des superficies, on a accoustumé de commencer par les quarrez & parallelogrammes rectangles, d'autant que d'iceux mesme dependla mesure des superficies triangulaires, lesquelles ne peuuent estre cogneuës ny mesurées, que premierement elles ne soient reduictes en parallelogrammes rectangles, comme tous corps en rectangle solide.

De tout parallelogramme rectangle, l'vn des costez estant multiplié par l'autre, produict le contenu de l'aire d'iceluy parallelogramme.

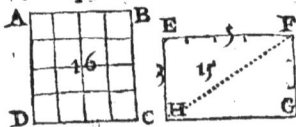

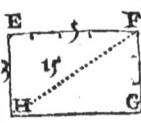

Soit premierement pour exemple le quarré ABCD à mesurer, duquel vn chascun costé soit de 4. pieds de longueur, il conuient multiplier l'vn des costez par l'autre, sçauoir 4. par 4. & le produict 16. sera le contenu du quarré *suyuant la 13. diffinitiondu 7. liure d'Euclide.*

Si le parallelogrãme rectangle EFGH, a l'vn des costez de 3. pieds, & l'autre de 5. il faut multiplier 3. par 5. & le produict 15. sera le contenu du parallelogramme : C'est à dire que vn pied quarré sera contenu 15. fois en iceluy rectangle. Et cecy est suffisant pour faire entendre comment l'on doit mesurer par toises, brasses, aulnes & autres

mefures, d'autant qu'en cefte demonftration on peut au lieu de pied\
quarré, prefuppofer vne aulne quarrée, vne toife quarrée, ou quelque autre mefure de laquelle on voudra mefurer la fuperficie propofée.

Pareillement fi l'vn des coftez dudit rectangle EFGH eftoit de 4. pieds,
& l'autre de $7\frac{1}{2}$: multipliant $7\frac{1}{2}$, par 4. le produit 30. feroit le contenu dudit
paralelogramme. Ainfi auffi l'vn des coftez eftant $5\frac{2}{3}$, & l'autre $8\frac{1}{2}$, multipliant
$8\frac{1}{2}$ par $5\frac{2}{3}$ viendront $53\frac{5}{6}$ pour le contenu dudit parallelogramme.

Or pour appliquer ces chofes à l'vfage & pratique ordinaire, nous dirons
que quelqu'vn voyant vne piece de terre ou autre fuperficie plane de forme
quadrilaterre, dont il defire cognoiftre l'aire ou contenu, il doit recognoiftre
fi elle eft rectagulaire, & pour ce faire doit auoir quelque inftrument Geometrique, par le moyen duquel il puiffe obferuer ledit angle, & s'il me croift,
qu'il choififfe entre tous les inftrumens vn demy cercle, ou cercle entier,
bien & exactement diuifé en 360. degrez, au centre duquel foit vne alidade
garnie de deux pinulles, ou bien vn compas de proportion auffi garny de
pinulles, & d'vn pied ou bafton pour le fouftenir ferme en tel lieu, & in-
clinations qu'on voudra: d'iceluy nous-nous feruirons en toutes les operations qu'il fera neceffaire de faire cy apres. Voulant donc mefurer vne fuperficie quadrilaterre ABCD, ie pofe mon Compas fur fon pied à l'angle A,
& le difpofe en forte que les deux iambes d'iceluy s'accordent fur les lignes

AB, AD: quoy fait, ie regarde de combien de degrez il eft ouuert, & trouuant
qu'il l'eft de 90. deg. ie va à l'angle B,
mefurant y allant le cofté AB, auquel
poinct B ie difpofe auffi mon Compas
fur fon pied, en forte que les iambes d'i-
celuy s'accordent fur les coftez BA, BC,
puis ie regarde quelle eft fon ouuerture; & trouuant que ladicte ouuerture eft

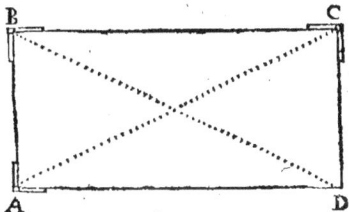

auffi l'angle droict, ie va encore à l'angle C, mefurant y allant la longueur du
cofté BC, & ayant difpofé le Compas audit lieu C, & trouué que ledit angle C eft encore droict, ie conclus que la piece ou fuperficie quadrangulaire ABCD eft rectangulaire. Car puifque par le fcholie de la 32. p. 1. les quatre angles de tout quadrilaterre font efgaux à quatre angles droicts, les
trois A, B, C, eftans droicts, il s'enfuit que le quatriefme D eft auffi droict.
Parquoy multipliant comme dict eft le cofté AB, par le cofté BC, fera
produict l'aire ou furfaffe dudit quadrilaterre ABCD propofé à mefurer.

Que fi ayant obferué les deux angles droicts A & B, & mefuré le cofté AB,
on ne pouuoit aller à l'vn ny à l'autre des deux autres angles C & D: il faudroit auffi obferuer l'angle BAC, pofant l'vne des iambes du Compas fur
AB, & ouurir l'autre iufques à ce qu'on voye par les pinulles d'icelle le poinct
C: puis le Compas demeurant ainfi ouuert, tranfportez-le en B, & l'y difpofez en forte que l'vne des iambes s'accorde felon BA, quoy faifant fi le

rayon viſuel paſſant par les pinulles de l'autre iambe va rencontrer le poinct
D, ledit quadrilaterre ſera rectangle, & le coſté BC ſera trouué comme il
eſt enſeigné à la 2.p. des triangles rectilignes de Henrion, lequel eſtant cogneu, on trouuera faire comme dit eſt cy-deſſus.

Que ſi on cognoiſt que les coſtez oppoſez ſoient eſgaux, ou parallels, ce
ſera aſſez d'obſeruer l'vn des angles : Car s'il eſt trouué droict, le quadrilaterre ſera rectangle comme dict eſt ſur la 1. deff. 2.

Que ſi les coſtez d'vn rectangle eſtoient lignes incommenſura-
bles ou indicibles, ne ſe pouuant exprimer preciſément par aucun
nombre, alors

Le quarré de l'vn des coſtez du rectangle multiplié par le
quarré de l'autre coſté, produict vn nombre, duquel la racine
quarrée eſt le contenu du rectangle propoſé.

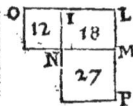

Comme ſoit le rectangle ILMN, duquel le coſté
IN, ſoit la racine de 12. & le coſté MN la racine de 27.
D'autant que *par la 1. du 6.* le quarré NP a telle raiſon au rectangle
MI, que la ligne PM a à la ligne ML, (car ils ſont en meſme haulteur,) & que le rectangle MI, a la meſme raiſon au quarré NO : il eſt
éuident que le rectangle MI, eſt moyen proportionnel entre les deux
quarrez. Si donc 12. eſt multiplié par 27, il en prouiendra 324, deſquels
la racine quarrée 18. (moyenne entre 12. & 27.) ſera le contenu du
rectangle MI.

Cecy eſt tiré de la premiere partie du lemme de la 54. p. 10. d'Eucl. où eſt
demonſtré que *ſi vne ligne droicte eſt couppée comme on voudra, le rectangle contenu*
ſoubs les parties eſt moyen proportionnel entre les quarrez d'icelles parties. Ce que nous
demonſtrerons encore icy en nombres, poſant la propoſition en ces termes:
Deux nombres ſe multipliant entr'eux, produiſent vn nombre moyen proportionnel entre
les quarrez d'iceux. Car ſoient deux nombres A & B : de A en B ſoit faict C,
& de A en ſoy ſoit fait le quarré D, mais de B en ſoy le quarré E : ie dis que

C eſt moyen proportionnel entre D & E. Car puiſque A multipliant B & A a produict C & D ; par
la 17. p. 7. C ſera à D, comme B à A. Semblablement pour ce que B multipliant B & A, a faict E &
C : E ſera auſſi à C, comme B à A. Donc E, C, D
ſont continuellement proportionnaux. Et de ce eſt manifeſte ce que dit icy
noſtre autheur : car puiſque C eſt moyen prop. entre les quarrez, iceux ſe
multipliant entr'eux, produiront le quarré de C par la 20. p. 7.

Si donc vn coſté IN eſtoit 6, & l'autre coſté NM √ 50. multipliant leſdits
coſtez entr'eux viendroit √ 1800. pour le contenu dudict rectangle MI. Mais
ſi l'vn des coſtez eſtoit √ 8, & l'autre √ 18, le contenu dudict parallelogramme
ſeroit 12.

A. 4.   B. 5.

D. 16.   C. 20.   E. 25.

COROLLAIRE I.

De là est manifeste, que le contenu estant donné auec l'vn des costez, il se va aisé trouuer l'autre.

Car en diuisant tout le contenu par le costé cogneu, le quotient sera le costé desiré: Comme 15 diuisé par 5, se trouuera pour le quotient 3, qui est le costé cherché, ou 15 diuisé par 3, se trouuera 5 pour l'autre costé. Ou bien si le costé NM, est donné, & le contenu 18. il est certain que le troisiesme nombre proportionnel 12 (qu'est facile à trouuer) aura pour racine l'autre costé IN.

Pareillement si le costé IN estoit 6. & le contenu du parallelog. rectangle NL √1800, diuisant √1800 par 6. c'est à dire par √36, on trouuera √50. pour l'autre costé NM. Ainsi aussi ledit costé IN estant √8, & le contenu dudit rectangle IM 12, si on diuise 12, ou √144. par √8, on trouuera pour l'autre costé NM √18.

COROLLAIRE II.

Comme aussi le contenu estant donné auec la raison des costez, se trouuera la longueur d'vn chascun costé.

Comme en la 1. figure de ce liure, entre le quarré de EH, (qui est 9.) & le quarré de EF (25) le moyen proportionnel est 15, pour le contenu du rectangle EG, *par la 18. du 8.* Or la raison de l'vn des costez à l'autre soit comme 3 à 5. faut donc diuiser tout le contenu 15 par 5, & en prendre les trois cinquiesmes pour le quarré de l'vn des costez qui contiendra 9. duquel la racine quarrée sera 3, pour la longueur du costé EH. Apres faut encore diuiser 15 par 3, & adjouster encore deux tiers, qui feront en tout 25 pour le quarré de l'autre costé EF, duquel la racine quarrée 5 sera la iuste longueur de EF.

Ou bien, si ayant multiplié le contenu par l'vn des termes de la raison donnée, on diuise le produit par l'autre terme, viendra le nombre quarré du costé homologue au terme, par lequel on aura multiplié; & partant tirant la racine quarrée d'iceluy nombre, viendra ledit costé: Et ce d'autant que *comme vn terme de la raison donnée est à l'autre, ainsi le rectangle donné est au quarré du costé homologue au second terme*; ce que nous demonstrerons ainsi. Soit cogneu le rectangle ABCD, duquel les costez AB, & BC, qui comprennent l'angle droict B, soient entr'eux comme E à F; ie dis que comme E est à F, ainsi est le rectangle AC au quarré de BC. Car ayant construit sur icelle BC le quarré BGHC, *par la 1. p. 6.* le rectangle AC sera au quarré BH, comme AB à BG, c'est à dire, comme AB à BC, ou E à F par la 11. p. 5. Parquoy

le rectangle AC eſtāt 192. & la raiſon des coſtez AB,BC, comme 4 à 3, faiſant
que comme 4 eſt à 3, ainſi 192 ſoit à vn quatrieſme proportion. 144, iceluy
ſera le quarré BH, & la racine quarrée 12. ſera
pour le coſté BC, & partant l'autre coſté AB
ſera trouué de 16, comme il eſt enſeigné au precedent Corol. ou bien faiſant que comme 3 eſt
à 4. ainſi 192 ſoit à vn quatrieſme prop. 1256,
dont la racine quarrée ſera pareillement 16,
pour ledict coſté AB. Ainſi auſſi le rectangle cogneu eſtant 12. & la raiſon
des coſtez comme 3 à 2, le quatrieſme nombre proport. ſera 8, & la racine
quarrée d'iceluy √8. & tel ſera le moindre coſté, par lequel le rectangle 12.
eſtant diuiſé, viendra √18, pour le plus grand coſté. Or il y a encore vne autre
maniere de ce faire, au dernier chap. de l'Arithmetique de Henrion, laquelle nous ne rapporterons icy¹, mais bien vne operation Algebraique, dont il
y en y a vn exemple en ſon Algebre queſtion 15. Vn rectangle AC eſtant 180,
& la raiſon des coſtez AB, BC, comme 5 à 4 : pour trouuer leſdicts coſtez ie
poſe que AB ſoit 5℞, & partant BC 4℞: AC ſeroit donc 20 q. qui ſeront eſgaux au contenu donné 180 : ie diuiſe donc 180. par 20, & viennent 9 pour la
valeur de 1 q, & partant 1℞ vaudra 3 : Le coſté AB qui a eſté poſé de 5℞ ſera
donc 15, & BC 12.

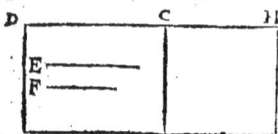

COROLLAIRE   III.

*La diagonalle d'vn parallelogramme rectangle peut eſtre trouuée, les
deux coſtez eſtans donnez.*

Car il a eſté dit és deffinitions, que la diagonale d'vn parallelogramme rectangle, le couppe en deux triangles rectangles, & égaux entre eux. *Et par la 47. du 1. d'Euclide,*
le quarré du coſté qui ſouſtient l'angle droict du triangle rectangle, eſt égal aux quarrez des autres coſtez du
meſme triangle. Si donc les quarrez de NM, & NI, contiennent enſemble 39, il eſt certain que la racine de ce nombre ſourd
39. (qui eſt 6 & 3 trezieſmes) ſera la longueur de la diagonalle MI.

Ce que dit icy noſtre Autheur eſt facile, c'eſt pourquoy nous ne nous y
arreſterons, ains ioindront icy pluſieurs belles propoſitions concernant les
rectangles, leſquelles (comme i'eſtime) ne ſeront deſagreables à pluſieurs.
1. *La difference des coſtez d'vn rectangle eſtant cogneue, & auſſi la ſomme d'iceux, on
trouuera leſdicts coſtez.*

Car ſi de la moytié de la ſomme des coſtez, on oſte la moytié de la difference, reſtera le moindre coſté : mais ſi on l'adiouſte, viendra le plus grand : ou
bien ſi de toute la ſomme des coſtez, on oſte la difference, & du reſte on prend
la moitié, on aura le moindre coſté, & ſi à iceluy on adiouſte ladite diff. viendra le plus grand coſté. Si donc la difference des coſtez eſt 4, & la ſomme
d'iceux

d'iceux 20 ; ladicte difference 4 oſtée de la ſomme 20, reſtera 16 , dont la moytié 8. ſera le moindre coſté ; mais ladicte moytié 8 eſtant adiouttée à ladite difference 4 , viendront 12 pour le plus grand coſté. Or combien que ceſte operation , comme auſſi les ſuiuantes, ſoient faciles, neantmoins nous adioutterons à chaſque propoſition vne operation Algebraïque numeralle, afin que les plus rudes & moins verſez eſdites operations Algebraïques ſe puiſſent tant plus exercer en icelles : & n'eſtoit que peu ſont verſez en l'Algebre ſpecieuſe du tres-docte Viette (des Zetetiques duquel nous auons pris quelques vnes de ſes propoſitions) nous euſſions auſſi rapporté icy ſa façon d'operer. Venons donc à l'operation Algebraïque de ceſte prop. Ie poſe 1℞ pour le moindre coſté ; & partant le plus grand ſera 1℞+4, & la ſomme d'iceux 2℞+4, qui ſeront eſgaux à 20 ; & partant 2℞ ſeront egales à 16 : Parquoy chaſque racine vaudra 8 ; & tel ſera le moindre coſté, & par conſequent le plus grand ſera 12 comme deuant.

2. *La difference des deux coſtez eſtant cogneuë, & la raiſon d'iceux, on cognoiſtra leſdicts coſtez.*

Car comme la difference des termes de la raiſon eſt à l'vn ou l'autre d'iceux, ainſi la difference des coſtez, eſt au coſté correſpondant; Et ce d'autant qu'au rectangle ABCD, dont AE eſt la difference des coſtez AB, & BC, leſquels ſont entr'eux comme FG à GH ; comme FH (difference des termes de la raiſon donnée) eſt à HG, ou à FG , ainſi AE (difference des coſtez) eſt à EB, (c'eſt à dire BC ſon égale) ou à AB, tant par la 17. p. 5. que ſcholie de la 18.

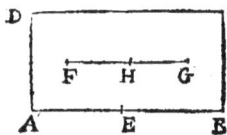

Si donc la difference des coſtez AB, BC eſt 8, & la raiſon d'iceux eſt comme 5 à 3 : La difference des termes d'icelle raiſon eſt 2 ; partant comme 2 eſt au plus grand terme 5, ainſi 8 difference des coſtez, eſt au plus grand coſté AB, qui ſera trouué de 20 : Mais faiſant que comme 2 eſt au moindre terme 3, ainſi 8 ſoit à vn 4ᵉ prop. viendra 12 pour le moindre coſté BC. Item ſi la difference des coſtez eſt 10, & qu'iceux ſoient entr'eux comme √27 à √3 ; faiſant que comme √12 (difference des termes de la raiſon) eſt à √27, ainſi 10 (difference des coſtez) ſoit à vn 4ᵉ prop. viendront √225, c'eſt à dire 15, pour le plus grand coſté, dont la difference eſtant oſtée , reſtera 5 pour le moindre coſté. Pareillement ſi la difference des coſtez eſt √72, & leur raiſon triple : ſoit poſé 1℞ pour le moindre coſté, & par conſequent l'autre ſera 3℞ , puis qu'ils ſont en raiſon triple : Parquoy la difference eſtant joincte au moindre coſté, ſera 1℞+√72, qui ſera égal à 3℞, & par conſequent 2℞ ſeront égales à √72 : La valeur de chaſque racine ſera donc √18 , & tel ſera le moindre coſté , & partant l'autre ſera √162.

3. *La ſomme des coſtez d'vn rectangle eſtant cogneuë, & la raiſon d'iceux, on peut cognoi-ſtre leſdits coſtez.*

Car comme la ſomme des termes de la raiſon , eſt auquel on voudra d'iceux , ainſi la ſomme des coſtez eſt au coſté correſpondant : Pource que les coſtez AB, BC du rectangle cy-deſſus eſtans entr'eux, comme FH eſt à HG; comme FG ſera à FH, ou à HG, ainſi ABC ſera à AB, ou à BC par la 18. p. 5. &

F

ſcholie d'icelle. Parquoy les coſtez d'vn rectangle, eſtans entr'eux comme 4 à 5, & la ſomme d'iceux 36, ſi on trouue vn 4ᵉ nombre prop. à 9, 4, 36, iceluy ſera 16, pour le moindre coſté, & partant l'autre ſera 20. Item ſi la ſomme des coſtez eſtoit √50, & la raiſon d'iceux comme 3 à 2;trouuant vn 4ᵉ nombre proportionnel à 5,3,& √50;il ſera √18,pour la quantité du plus grand coſté, lequel eſtant ſouſtraict de √50,reſtera √8 pour l'autre coſté, qui ſera auſſi tronué, cherchant le 4ᵉ nombre prop. à 5, 2 & √50. Semblablement ſi la ſomme des coſtez eſtoit 21, & leur raiſon fut comme 4 à 3 : Soit poſé 4℞ pour le plus grand coſté ; partant le moindre ſera 3℞ ; & ces coſtez ioincts enſemble ſeront 7℞ égales à 21 : parquoy chaſque racine ſera 3,& partant le plus grand coſté ſera 12,& l'autre 9.

4. Le contenu d'vn rectangle eſtant cogneu,& l'aggregé des quarrez des coſtez d'iceluy, on trouuera leſdits coſtez.

Car ayant adjouſté le double du contenu dudit rectangle audit aggregé des quarrez, viendra le quarré de la ſomme des coſtez ; mais l'oſtant, reſtera le quarré de la difference d'iceux coſtez ; ce qui eſt manifeſte par la 8. p. 2. Et neantmoins à cauſe que de la demonſtration de ceſte prop. deſpend l'intelligence de pluſieurs autres , nous la demonſtrerõs ſommairement. Soit vn rectangle ABCD, ſur les coſtez duquel DC, BC ſoient deſcris,les deux quarrez DCEF & BCGH, & les coſtez FE, HG eſtans continuës iuſques à ce qu'ils ſe rencontrent en I,ſera accomply le quarré AFIH, lequel ſera égal aux deux rectangles AC, CI, & aux deux quarrez DE, BG enſemble par la 4. p. 2. Mais AH coſté d'iceluy quarré, eſt l'aggregé des coſtez du rectangle propoſé AC, & le rectangle CI eſt égal audit rectangle AC : Donc le double du rectangle propoſé AC, ioinct aux deux quarrez des coſtez d'iceluy rectangle ,ſçauoir eſt à DE & BG, ſera égal à AI quarré de l'aggregé des coſtez AB, BC. Dauantage ſi de DF égale à AB,on prend DK égale à DA, le reſte KF ſera la difference des coſtez du rectãgle AC, ſur laquelle KF eſtant deſcrit le quarré KFLM, & continué les coſtez KM, LM, iuſques en N & D, il eſt éuident que le rectangle KC ſera égal au rectangle AC, comme auſſi le rectangle ME auec le quarré BG : & partant que deux fois le rectangle propoſé AC, eſtant oſté de l'aggregé des quarrez des coſtez d'iceluy, reſtera KL quarré de la difference deſdits coſtez. On aura donc par ce moyen l'aggregé des coſtez, & auſſi leur difference, &partant chaſque coſté ſera trouué comme dit eſt cy-deſſus.

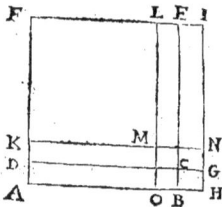

Si donc le contenu d'vn rectangle eſt 40, & l'aggregé des quarrez de ſes coſtez 89 : pour trouuer leſdits coſtez, i'adiouſte 80 (double du rectangle) à l'aggregé des quarrez 89 , & viennent 169 , dõt la racine quarrée 13 , eſt la ſomme des coſtez : mais oſtant 80 de 89 , reſte 9, dõt la racine quarrée eſt 3, pour la difference deſdits coſtez , laquelle oſtée de l'aggregé d'iceux, reſte 10, dont la moitié 5 eſt pour le moindre coſté, & partant l'autre eſt 8. Item ſi le contenu d'vn rectangle eſt 6,& l'aggregé des quarrez des coſtez 15, le double dudit rectangle fera 12, qui adiouftez à 15, feront 27, dont la racine quarrée $\sqrt{27}$, eft l'aggregé des coftez : mais oftant 12 de 15, reftent 3, dont la racine quarée $\sqrt{3}$ eft la difference defdits coftez, qui fouftraicte de l'aggregé $\sqrt{27}$, reftent $\sqrt{12}$, dont la moitié $\sqrt{3}$ eft le moindre cofté, & par confequent l'autre cofté eft $\sqrt{12}$. Pareillement le contenu d'vn rectangle foit 20, & la fomme des quarrez des coftez d'iceluy 41. Ie pofe $1q$ pour l'vn des coftez, l'autre fera donc $\frac{20}{1q}$, & partant leurs quarrez feront $1q$, & $\frac{400}{1q}$, qui adiouftez enfemble feront $\frac{1qq+400}{1q}$ qui fera égal à 41, laquelle equation fera reduitte par la multiplication croifée à $1qq+400$, & $41q$, & oftant 400 de part & d'autre, reftera l'équation entre $1qq$, & $41q--400$; & partant il faut extraire la racine quarrée de quarré de $41q--400$, dont nous mettrons icy l'operation tout au long pour l'inftruction des plus rudes & moins verfez efdites operations Algebraïques : Ie prends la moitié du nombre des quarrez, qui eft $\frac{41}{2}$, dont le quarré eft $\frac{1681}{4}$, duquel ie fouftrait le nombre 400, & reftent $\frac{81}{4}$, dont la racine quarrée eft $\frac{9}{2}$, à laquelle eftant adiouftée la fufdite moytié $\frac{41}{2}$, viendront 25, pour la valeur d'vn quarré, & partant la racine quarrée 5, fera pour le plus grand cofté : Mais oftant lefdites $\frac{9}{2}$ des fufdits $\frac{41}{2}$ refteront 16, dont la racine quarrée 4, eft pour le moindre cofté. Autrement, foit encore vn rectangle dont le contenu eft 28, & l'aggregé des quarrez des coftez d'iceluy 88. Pofant que l'vn des quarrez foit $1q$, l'autre fera $88--1q$, entre lefquels 28 fera moyen prop. comme nous auons cy-deuant demonftré. Et ces quarrez eftans multipliez entr'eux produifent $88q---1qq$, qui fera égal à 784 quarré du moyen prop. 28. par la 20. p. 7. Adiouftant donc $1qq$ de part & d'autre, il y aura equation entre $1qq+784$, & $88q$, mais oftant 784, l'equation fera entre $1qq$ & $88q--784$: & partãt fi on tire la racine quarrée du quarré de $88q--784$, fuiuant les preceptes enfeignez au 10. ch. de l'Algebre de Henrion, & exemple cy-deffus, on trouuera $\sqrt{1152}+44$ pour le quarré du plus grãd cofté, & $44--\sqrt{1152}$ pour celuy du moindre : tellemẽt que lefdits coftez feront $\sqrt{(\sqrt{1152}+44)}$ & $\sqrt{(44---\sqrt{1152})}$.

5. *Le contenu d'vn rectangle eftant cogneu, & la difference des coftez d'iceluy, on cognoiftra lefdits coftez.*

Car le quarré de la difference des coftez eftant adioufté au quadruple du rectangle, viendra le quarré de la fomme des coftez, comme il appert tant par la 8.p.2. que demonftration precedente : tellement que l'aggregé des coftez, & auffi la difference d'iceux, fera cogneuë, & partant auffi chafque cofté, par la 1.p. cy-deffus.

Si donc le contenu d'vn rectãgle eft 40, & la difference des coftez eft 3, le quadruple dudit rectangle fera 160, qui adioufté à 9 quarré de la diff. viendront 169, dont la racine quarrée 13, eft la fomme des coftez, de laquelle eftant oftée la differẽce 3, reftent 10, dont la moitié 5, eft le moindre cofté, & partant l'autre eft 8. Item fi le contenu du rectangle eft 20, & la difference des coftez $\sqrt{18}$; le quadruple d'iceluy rectangle eft 80, qui adiouftez à 18 quarré de la difference, viendront 98, dont la racine quarrée $\sqrt{98}$ eft l'aggregé des coſtez, duquel la difference $\sqrt{18}$ eſtant oſtée, reſtera $\sqrt{32}$, dont la moytié $\sqrt{8}$, ſera pour le moindre coſté, & partant l'autre ſera $\sqrt{50}$. Soit encore vn rectangle contenãt 45, & la difference des coſtez 4: ie poſe 1℞ pour le moindre coſté; l'autre ſera dõc $1\text{℞}+4$, & iceux coſtez multipliez entr'eux produiſent $1q+4\text{℞}$, qui ſeront égales au contenu donné 45; & oſtant de part & d'autre les 4℞, l'equation ſera entre $1q$. & $45---4\text{℞}$: prenant donc la racine quarrée de $45---4\text{℞}$ viendra 5 pour la valeur d'vne racine, & partant le moindre coſté ſera 5, & l'autre 9.

6. *Le contenu d'vn rectangle eſtant cogneu, & l'aggregé des coſtez, iceux coſtez ſeront trouuez.*

Car ſi du quarré de la moitié dudit aggregé on oſte le rectangle, reſtera le quarré de la moitié de la difference des coſtez, comme on peut colliger de la 5.p.2. Ou bien ſi du quarré de la ſomme totale des coſtez, on oſte le quadruple du rectangle, reſtera le quarré de ladite difference des coſtez, comme appert en la figure & demonſtration de la 4.p. tellement que la ſomme des coſtez ſera cogneuë, & auſſi leur difference ; & partant auſſi chaſque coſté.

Le contenu d'vn rectangle ſoit donc 54, & l'aggregé des coſtez 15, le quadruple dudit rect. ſera 216, qui oſtez de 225 nombre quarré de l'aggregé, reſteront 9, dont la racine quarrée 3, eſt la difference des coſtez, & partant iceux ſeront 6 & 9. Item ſoit vn rectangle 6, & la ſomme des coſtez $\sqrt{27}$, le quadruple d'iceluy rectangle ſera 24, qui oſtez de 27 quarré de l'aggregé des coſtez, reſteront 3, dont la racine quarrée $\sqrt{3}$ eſt la difference deſdits coſtez ; & partant ils ſeront $\sqrt{3}$ & $\sqrt{12}$. Soit encore vn rectangle duquel l'aire eſt 8, & la ſomme des coſtez $\sqrt{40}$, le quadruple dudit rectangle ſera 32, qui oſté du quarré de l'aggregé 40, reſtent 8, dont la racine $\sqrt{8}$ eſt la difference des coſtez, & partant le moindre coſté ſera $\sqrt{10}---\sqrt{2}$ & l'autre $\sqrt{10}+\sqrt{2}$. Item le contenu d'vn rectangle eſtant 80, & l'aggregé des coſtez 20 : ie poſe vn coſté eſtre 1℞ ; & partant l'autre ſera $20---1\text{℞}$: ces coſtez multipliez entr'eux, produiſent $20\text{℞}---1q$, qui ſeront égales à l'aire donné 80 : Adjouſtant donc $1q$ de part & d'autre, l'equation ſera entre $1q+80$ & 20℞ ; & oſtant 80 de chaſque coſté, reſtera equation entre $1q$, & $20 ---80$: prenant donc la racine quarrée de $20\text{℞}---80$, viendra $10---\sqrt{20}$ pour vn coſté, & $10+\sqrt{20}$ pour l'autre.

7. *Eſtant cogneuë la difference des coſtez d'vn rectangle, & l'aggregé de leurs quarrez, leſdits coſtez ſeront trouuez.*

Car ſi du double de l'aggregé des quarrez on oſte le quarré de la difference des coſtez, reſtera le quarré de l'aggregé deſdits coſtez, comme appert en la figure & demonſtration de la 10. p. 2. tellement que la ſomme des coſtez ſera cogneuë, & auſſi la difference; & partant chaſque coſté ſera cogneu comme dit eſt cy-deſſus prop. 1.

Comme ſoit vn rectangle, la difference des coſtez duquel ſoit 3, & l'aggregé de leurs quarrez 89 : le double dudit aggregé des quarrez eſt donc 178, duquel eſtant oſté 9 quarré de la difference, reſteront 169, dont la racine quarrée 13 eſt l'aggregé des coſtez; & partant ils ſeront 5 & 8. Item la difference des coſtez d'vn rectangle ſoit $\sqrt{3}$, & l'aggregé de leurs quarrez 15 : le double dudit aggregé ſera 30, deſquels ayant oſté 3 quarré de la difference, reſtent 27, dont la racine quarrée V 27 eſt l'aggregé des coſtez : Parquoy leſdits coſtez ſeront V 3 & V 12. Item la differēce des coſtez d'vn rectangle eſtant 4, & l'aggregé de leurs quarrez 106 ; ie poſe 1₽ pour le moindre coſté, & partant l'autre ſera 1₽ + 4 ; & l'aggregé de leurs quarrez 2q + 8₽ + 16, qui ſeront égaux à l'aggregé donné 106, laquelle equation ſera reduitte à 2q, & 90---8₽, comme il eſt enſeigné cy-deuant, & partant la racine d'icelle ſera 5 : Parquoy le moindre coſté du rectangle eſt 5, & l'autre 9.

8. Eſtant cogneu l'aggregé des coſtez d'vn rectangle, & la ſomme de leurs quarrez, leſdits coſtez ſeront trouuez.

Car ſi du double de l'aggregé des quarrez on oſte le quarré de l'aggregé des coſtez, reſtera le quarré de la difference deſdits coſtez, comme on peut colliger de la 10. p. 2. tellement que l'aggregé, & la difference des coſtez ſera cogneuë, & partant auſſi puis apres chaſque coſté.

L'aggregé des coſtez d'vn rectangle ſoit 13, & l'aggregé de leurs quarrez 89 : le double dudit aggregé des quarrez ſera donc 178, duquel eſtant oſté 169 quarré de l'aggregé des coſtez, reſtent 9, dont la racine quarrée 3 eſt la difference des coſtez ; & partant ils ſeront 5 & 8. Item l'aggregé des coſtez dudit rectangle ſoit V 27, & l'aggregé de leurs quarrez 15 : le double dudit aggregé des quarrez eſt donc 30, duquel ſoit oſté 27 quarré de l'aggregé des coſtez, & reſteront 3, dont la racine quarrée V 3 eſt la difference des coſtez : & partant leſdits coſtez ſeront V 3 & V 12. Item l'aggregé des coſtez d'vn rectangle eſtant 15, & celuy de leurs quarrez 117 : ie poſe 1₽ pour l'vn deſdits coſtez, & partant l'autre ſera 15--1₽ ; & l'aggregé des quarrez d'iceux 2q, + 225--30₽, ſera égal au donné 117 : Parquoy ladite equation eſtant reduitte, ſera entre 2q, & 30₽--108, dont la racine 9, ſera pour le plus grand coſté, & 6 pour le moindre. Or ces 5 dernieres propoſitions ſont tirées & colligées des 99, 100, 101, 102 & 103 problemes de la Geometrie de Henrion.

9. La difference des coſtez d'vn rectangle eſtant cogneuë, & la difference de leurs quarrez, leſdits coſtez ſeront trouuez.

Car diuiſant la difference des quarrez par la difference des coſtez, viendra la ſomme deſdits coſtez, comme on peut colliger de la 6. p. 2. tellement que l'aggregé, & la difference des coſtez ſera cogneuë, & partant auſſi chaſque coſté.

La difference des coſtez d'vn rectangle ſoit 3, & la difference de leurs quarrez 39 : ie diuiſe 39 par 3, & viennent 13 pour la ſomme des coſtez ; & partant ils ſeront 5 & 8. Item la difference des coſtez ſoit V 3, & la difference de leurs quarrez 9 : diuiſant 9 par V 3, viennent V 27 pour la ſomme des coſtez, & partant ils ſeront V 3 & V 12. Item la difference des coſtez eſtant 4, & la difference des quarrez 56 : ie poſe 1₽ pour le moindre coſté ; & partant l'autre ſera 1₽ + 4 ; les quarrez d'iceux ſerōt 1q, & 1q + 8₽ + 16, & leur difference 8₽ + 16, qui ſera égale à 56 : & oſtant 16 de part & d'autre, reſtera l'equation entre 8₽ & 40 : Parquoy vne racine vaudra 5 : & partant les coſtez ſeront 5 & 9.

10. L'aggregé des coſtez d'vn rectangle eſtant cogneu, & la difference de leurs quarrez, deſdits coſtez ſeront trouuez.

Car diuiſant la difference des quarrez par la ſomme des coſtez, viendra la difference deſdits coſtez, comme on peut colliger de la 6.p.2. tellement que chaſque coſté ſera cogneu comme dit eſt cy-deſſus.

La ſomme des coſtez d'vn rectangle ſoit 13, & la difference de leurs quarrez 39 : diuiſant ladite difference des quarrez 39 par l'aggregé des coſtez 13, viennent 3 pour la difference des coſtez, & partant ils ſeront 5 & 8. Item l'aggregé des coſtez ſoit $\sqrt{27}$, & la difference de leurs quarrez 9 : diuiſant ceſte difference par l'aggregé $\sqrt{27}$, viennent $\sqrt{3}$ pour la difference des coſtez, & partant ils ſeront $\sqrt{3}$ & $\sqrt{12}$. Item l'aggregé des coſtez eſtant 14, & la difference de leurs quarrez 56 : ie poſe 1$\mathcal{R}$ pour l'vn des coſtez; l'autre ſera donc 14---1$\mathcal{R}$; & leurs quarrez ſeront 19 & 19 + 196---28$\mathcal{R}$: tellement que leur difference 196---28$\mathcal{R}$ ſera égale à 56 : partant la valeur d'vne racine ſera 5 : Parquoy les coſtez du rectangle ſeront 5 & 9.

11. *Le contenu d'vn rectangle eſtant cogneu, & la difference des quarrez des coſtez, leſdits coſtez ſeront trouuez.*

Car d'autant que nous auons demonſtré que le rectangle eſt moyen prop. entre les quarrez de ſes coſtez, le quarré de la moitié de la difference des quarrez, eſtant adjouſté au quarré du rectangle, viendra le quarré de l'aggregé de la ſuſdite moytié, & quarré du moindre coſté; tellement qu'oſtant du coſté d'iceluy produict ladite moitié de la difference des quarrez, reſtera le quarré du moindre coſté, & partant chaſque coſté ſera cogneu.

Le contenu d'vn rectangle ſoit 6, & la difference des quarrez de ſes coſtez 5 : le quarré de la moitié de la difference eſt donc $6\frac{1}{4}$ & celuy du rectangle eſt 36 : partant l'aggregé d'iceux quarrez eſt $42\frac{1}{4}$ dont la racine quarrée $6\frac{1}{2}$, eſt moitié de l'aggregé des quarrez : & par conſequent oſtant d'iceluy $2\frac{1}{2}$ moitié de leur difference, reſteront 4 pour le quarré du moindre coſté qui ſera 2, & l'autre 3. Item le rectangle eſtant 6, & la difference des quarrez de ſes coſtez 9, le quarré de la moitié de la difference eſt $20\frac{1}{4}$, qui eſtant adiouſté à 36 quarré du rectangle, font $56\frac{1}{4}$, dont la racine quarrée $7\frac{1}{2}$, eſt moitié de l'aggregé des quarrez, & par conſequent leſdits quarrez ſont 3 & 12, & les coſtez $\sqrt{3}$ & $\sqrt{12}$. Semblablement le contenu d'vn rectangle eſtant 12, & la difference des quarrez 7 : ie poſe 1$\mathcal{R}$ pour le moindre coſté; ſon quarré ſera donc 19, & le quarré de l'autre 19 +7, & ſon coſté $\sqrt{(19+7)}$: Parquoy multipliant ces deux coſtez entr'eux, viendront $(199+7q)$ pour le contenu du rectangle, qui partant ſera égal à 12 : l'equation ſera donc entre 199. & 144---7q. & vne racine vaudra 3 : Parquoy le moindre coſté ſera 3 & l'autre 4.

12. *Le contenu d'vn rectangle eſtant cogneu, & auſſi la diagonalle, les coſtez d'iceluy ſeront trouuez.*

Car le quarré de la diagonalle eſt égal à deux fois le rectangle, & au quarré de la difference des coſtez : ce que nous demonſtrerons ainſi. Soit le rectangle ABCD, auquel ſoit tirée la diagonalle AC, & pris BE égale à BC, afin que AE ſoit la difference des coſtez. Donc par la 7.p.2. les quarrez de AB, EB (ou BC) ou le ſeul quarré de AC qui eſt égal à ces deux par la 47.p.1. ſont égaux à deux fois le rectãgle de AB, BE, & au quarré de AE difference des coſtez.

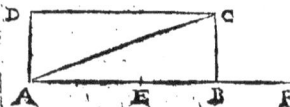

Parquoy ſi le rectangle ABCD eſt 48,& la diagonalle AC 10; oſtant du quarré de ladite diagonalle 100, le double du rectangle 96, reſteront 4 pour le quarré de la difference AE, qui partant ſera 2. Nous auons donc le rectangle cogneu, & la difference de ſes coſtez, partant adiouſtant le quarré 4 au quadruple du rectangle 192, ſeront 196, dont la racine quarrée 14 eſt la ſomme des coſtez, & par conſequent iceux ſont 6 & 8. Soit encore vn rectangle dont la ſuperficie eſt 15, & la diagonalle $\sqrt{34}$: du quarré de ladite diagonalle 34, i'oſte 30 double du rectangle, & reſtent 4 pour le quarré de la difference des coſtez ; & partant ils ſeront trouuez de 3 & 5. Item vn rectangle eſtant 6, & ſa diagonalle $\sqrt{15}$: ie poſe que le quarré de l'vn des coſtez ſoit 1℞: Donc le quarré de l'autre coſté ſera 15---1℞. Mais les quarrez des coſtez d'vn rectangle eſtans multipliez entr'eux, produiſent le quarré du rectangle, comme nous auons demonſtré cy-deuant. Multipliant donc 15---1℞ par 1℞, le produit 15℞---1q. ſera eſgal à 36, quarré du rectangle 6: partant la valeur d'vn quarré ſera 3 ; & par conſequent le moindre coſté ſera $\sqrt{3}$, & l'autre $\sqrt{12}$.

13. *La diagonalle d'vn rectangle eſtant cogneuë, & la difference des coſtez, leſdits coſtez ſeront trouuez.*

Car puiſque le quarré de la diagonalle eſt eſgal à deux fois le rectangle, & au quarré de la difference des coſtez, ſi du quarré de la diagonalle on oſte le quarré de la difference, reſtera le double du rectangle, & partant le rectangle ſera cogneu auec la difference de ſes coſtez ; & par conſequent leſdits coſtez ſeront trouuez comme dit eſt cy-deuant.

Soit donc vn rectangle duquel la diagonalle eſt 15, & la difference des coſtez 3 : le quarré de ladite diag. ſera 225, duquel eſtât oſté 9 quarré de la difference, reſteront 216, dont la moitié 108, eſt le contenu du rectangle : & partant les coſtez d'iceluy ſeront 9 & 12, comme il eſt dit en la 5. p. Item la diagonalle d'vn rectangle ſoit $\sqrt{34}$, & la difference des coſtez 2 : de 34 quarré de la diag. i'oſte 4 quarré de la difference, & reſtent 30, dont la moitié 15 eſt le contenu du rectangle; & partant les coſtez d'iceluy ſeront trouuez de 3 & 5. Soit encore vn rectangle duquel la diagonalle eſt $\sqrt{74}$, & la difference des coſtez 2 : ie poſe que le moindre coſté ſoit 1℞ ; & partant l'autre ſera 1℞+2 : leurs quarrez enſemble ſeront donc 2q+4℞+4, qui ſeront eſgaux à 74 quarré de la diagonalle : & partant la valeur de 1℞ ſera 5; les coſtez du rectangle ſeront donc 5 & 7.

14. *La diagonalle d'vn rectangle eſtant cogneuë, & l'aggregé des coſtez d'iceluy, leſdits coſtez ſeront trouuez.*

Car le quarré de la diagonalle eſt moitié de l'aggregé des quarrez de la ſomme des coſtez, & de leur difference : Ce qui eſt manifeſte tant par la 10. p. 2. que par la figure precedente, en laquelle AF eſt la ſomme des coſtez AB, BC ; & AE, leur difference : tellement que le quarré de AF auec le quarré de AE, eſt double des quarrez de AB & BF, ou du ſeul de AC, qui leur eſt eſgal par la 47. p. 1. Parquoy ſi le quarré de la ſomme des coſtez d'vn rectangle, eſt oſté du double du quarré de la diagonalle, reſtera le quarré de la difference deſdits coſtez : tellement que la ſomme d'iceux coſtez, & auſſi leur difference fera cogneuë, & partant auffi chafque cofté.

La diagonalle d'vn rectangle foit 13, & la fomme des coftez 17: Le quarré de la diagonalle fera donc 169, & fon double 338, duquel eftant ofté 289 quarré de l'aggregé des coftez, reftent 49, dont la racine 7 eft la difference defdits coftez, & partant ils feront 5 & 12. Item vne diagonalle eftant $\sqrt{15}$, & la fomme des coftez $\sqrt{27}$, le double du quarré de la diagonalle fera 30, duquel i'ofte 27 quarré de la fomme des coftez, & refte 3 pour le quarré de la difference des coftez ; & partant on trouuera par la prop. 1. qu'ils font $\sqrt{3}$ & $\sqrt{12}$. Item vne diagonalle eftãt $\sqrt{41}$, & la fomme des coftez 9: ie pofe que le moindre cofté foit 1℺ : donc l'autre fera 9---1℺ ; & leurs quarrez feront enfemble 2q+81(---18℺, qui feront efgaux à 41, quarré de la diagonalle ; & partant l'equation viẽdra entre 1q, & 9℺---20 : Parquoy la valeur de la moindre racine fera 4; & partant les coftez feront 4 & 5.

15. La diagonalle eftant cogneuë, & la raifon des coftez, lefdits coftez feront trouuez.

Car comme l'aggregé des quarrez des termes de la raifon eft au quarré de l'vn d'iceux termes, ainfi le quarré de la diagonalle eft au quarré du cofté correfpondant au terme pris. Ce que nous demonftrerons ainfi : Soit vn rectangle ABCD, dont la diagonalle eft AC, & les coftez AB, BC, foiẽt entr'eux, comme EB à BF : ie dis que comme l'aggregé des quarrez de EB, BF, eft à l'vn ou l'autre d'iceux quarrez, & foit pour exemple à celuy de EB, ainfi le quarré de la diagonalle AC eft auffi à l'vn ou à l'autre des quarrez des coftez AB, BC, fçauoir eft à celuy de AB, correfpondant à EB. Car ayant pofé BF à angle droict fur EB, & tiré EF, les triangles ACB, & EFB feront equiangles par la 6. p. 6. & partant tous les coftez au long des angles egaux proportionnaux par la 4. p. 6. tellement que comme EF fera à EB, ainfi AC fera à AB. Mais le quarré de EF eft egal aux deux quarrez de EB, BF par la 47. p. 1. Donc comme le quarré de EF, fera au quarré de EB, ainfi le quarré de AC fera au quarré de AB. Parquoy fi on fait que comme l'aggregé des quarrez des termes de la raifon EB & BF, eft au quarré de EB, ou BF, ainfi le quarré de la diagonalle AC foit à vn autre, viendra le quarré du cofté AB, puis de BC.

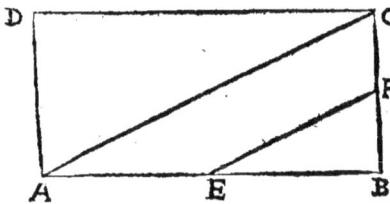

Si donc la diagonalle AC eft 10, & la raifon des coftez AB, BC eft comme 4 à 3, les quarrez des termes d'icelle raifon font 16 & 9 ; & leur aggregé 25 : Ie fais donc que comme 25 eft à 16, & à 9, ainfi 100, quarré de la diagonalle foit à 64, & à 36 ; & les racines de ces deux nombres font 8 & 6. d'autant font donc les coftez AB, BC. Item la diagonalle foit $\sqrt{50}$, & les coftez foient entr'eux comme $\sqrt{27}$ à $\sqrt{3}$. Soit fait que comme 30, aggregé des quarrez des termes de la raifon, eft à 27, & à 3, quarré defdicts termes, ainfi 250 foit à autres 225, & 25, dont les racines 15 & 5, font pour les coftez AB, BC. Soit encore vne diagonalle de $\sqrt{116}$, & les coftez foient entr'eux comme 5 à 2: ie pofe que le moindre cofté foit 1℺ ; & partant l'autre fera 5℺ : les quarrez defdits

dits

dits coftez font 49, & 259, qui joincts enfemble font 299, qui font efgaux à 116 quarré de la diagonalle ; & partant chafque quarré vaudra 4 ; & par confequent la valeur d'vne racine eft 2 : Parquoy le moindre cofté fera 4, & l'autre 10.

Or il appert par la demonftration cy-deffus, qu'au lieu de prendre l'analogie des quarrez, on peut auffi prendre celle des coftez : mais i'ay choifi celle des quarrez à caufe que fort fouuent il arriue des nombres fourds en l'operation, & alors il eft plus aifé de fuiure l'analogie des quarrez, que celle des coftez : Et c'eft pourquoy quelquesfois nous fuiuons l'vne, & quelquesfois l'autre.

16. *Eftant cogneu vn cofté d'vn rectangle, & l'aggregé de l'autre auec la diagonalle, iceluy cofté fera trouué.*

Car le cofté cogneu eft moyen proportionnel entre l'aggregé de l'autre cofté auec la diagonalle, & leur difference : Ce que nous demonftrerons ainfi. Soit le rectangle ABCD, duquel la diagonalle A C foit prolongée iufques en E, tellement que C E foit efgale auquel on voudra des coftez du rectangle, & foit pour exemple à BC, auquel foit auffi prins efgal CF, afin que AF foit la diff. d'entre ladite diagonalle AC & le cofté

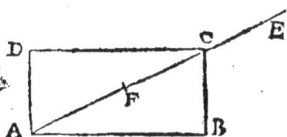

B C : ie dis que l'autre cofté AB eft moyen proportionnel entre l'aggregé AE, & la difference AF. Car par la 6. p. 2. le rectangle de AE, AF auec le quarré de CE, c'eft à dire BC, eft efgal au quarré de AC. Mais à iceluy quarré de AC font auffi efgaux les quarrez de AB, BC par la 47. p. 1. Donc le rectangle de AE, AF auec le quarré de BC eft efgal aux deux quarrez de AB, BC : & partant fi on ofte le quarré de BC, reftera le rectangle de AE, AF efgal au quarré de AB : & par la 17. p. 6. AE, AB, & AF feront proportionnelles. Parquoy AE eftant cogneuë, & auffi AB, l'autre cofté BC fera auffi cogneu : car diuifant le quarré du cofté cogneu AB par l'aggregé AE, viendra la difference AF, & partant la moitié du refte FE fera le cofté BC. Or fi du quarré de l'aggregé AE, on ofte le quarré du cofté cogneu AB ; la moitié du refte eftant diuifée par l'aggregé, viendra encore ledit cofté BC : Et ce d'autant que le quarré de l'aggregé eft efgal au quarré du cofté cogneu, & deux fois le rectangle compris dudit aggregé, & de l'autre cofté. Car par la 4. p. 2. le quarré de l'aggregé AE eft efgal aux deux quarrez de AC, CE, c'eft à dire BC, & deux fois le rectangle d'icelle AC, CB. Mais par la 47. p. 1. le quarré de AC eft efgal aux deux de AB, BC : Donc le quarré de l'aggregé AE fera efgal au quarré du cofté AB, & deux fois le rectangle de l'aggregé AE, & cofté CB.

Si donc l'aggregé AE eft 16, & le cofté AB 8 : diuifant 64, quarré de AB par l'aggregé 16, viendra 4 pour la difference AF : & partant FE fera 12, dont la moitié 6 fera le cofté BC. Pareillement oftant de 256, quarré de l'aggregé AE, le quarré du cofté AB 64, refteront 192, dont la moitié 96 eftant diuifée par l'aggregé AE 16, vient derechef 6 pour ledit cofté BC. Item l'aggregé AE eftant 11, & le cofté AB √55, ie diuife 55 quarré de AB par l'aggregé 11, & viennent 5 pour AE, & partant reftent 6 pour FE, dont la moitié 3 eft pour le co-

G

fté BC. Item l'aggregé AE eftant 8, & le cofté AB ν32, ie pofe que le cofté BC foit 1ℛ: Donc la diagonalle AC fera 8---1ℛ : Parquoy le quarré d'icelle, fçauoir eft 1q+64---16ℛ, fera efgal aux deux quarrez des coftez AB, BC, fçauoir eft 36;& partant l'equation viendra entre 1q, & 16ℛ---28;& par confequent vne racine vaudra 2,& tel fera le cofté BC.

17. *Eftant cogneu vn cofté d'vn rectangle, & la difference de l'autre cofté à la diagonalle, iceluy cofté fera auffi cogneu.*

Car puifque par la precedente demonftration le cofté cogneu eft moyen proportionnel entre la difference de l'autre cofté à la diagonalle, & leur aggregé, fi on diuife le quarré du cofté cogneu par la difference, viendra l'aggregé, duquel ayant ofté ladite difference, la moitié du refte fera le cofté cherché.

Soit donc vn rectangle duquel vn cofté foit 8,& la difference de l'autre à la diagonalle 4 : le quarré de 8, fçauoir eft 64, eftant diuifé par la difference 4, vient 16, defquels ladite difference eftant oftée, refte 12, dont la moitié 6 eft pour le cofté requis. Soit vn autre rectangle, duquel vn cofté eft ν55, & la difference de l'autre à la diagonalle 5 : le quarré du cofté cogneu eft 55, qui diuifez par la difference 5, viennent 11, defquels ladite difference eftant oftée, reftent 6, dont la moitié 3 eft pour le cofté incogneu. Item vn cofté eftant ν32, & la difference de l'autre à la diagonalle 4 : ie pofe que le cofté incogneu foit 1ℛ;& partant la diagonalle fera 1ℛ+4,dont le quarré eft 1q+8ℛ+16,qui fera égal aux deux quarrez des coftez 1q, & 32 : Parquoy l'equation viendra entre 8ℛ & 16 ; & partant la valeur d'vne racine fera 2 ; d'autant fera donc le cofté incogneu.

18. *Vn cofté d'vn rectangle eftant cogneu, & la raifon de l'autre cofté à la diagonalle, iceluy cofté fera trouué.*

Car il appert par la demonftration de la 15. p. que comme la difference des quarrez des termes de la raifon donnée eft au quarré du moindre terme, ainfi le quarré du cofté cogneu eft au quarré de l'autre cofté. Parquoy vn cofté eftant 9, & l'autre à la diagonalle comme 4 à 5 : ie fais que comme 9, difference des quarrez des termes 4 & 5, eft à 16, quarré du moindre terme 4, ainfi 81 quarré du cofté cogneu, foit à vn autre 144, dont la racine quarrée 12 eft pour l'autre cofté du rectangle. Item vn cofté eftant ν80, l'autre foit à la diagonalle comme 3 à 2 : faifant que comme 5 difference des quarrez des termes de la raifon eft à 4, quarré du moindre terme, ainfi 80 quarré du cofté cogneu foit à vn autre 64; la racine 8 fera l'autre cofté du rectangle. Soit encore le cofté d'vn rectangle ν128, & la raifon de la diagonalle à l'autre cofté foit comme 3 à 1 : Ie pofe donc que le cofté foit 1ℛ; & partant la diagonalle fera 3ℛ : leurs quarrez feront 1q, & 9q : Parquoy 1q+28 feront égaux à 9q;& oftant 1q, refteront 128 égaux à 8q;& partant chafque quarré vaudra 16,& vne racine 4 : tellement que le cofté requis fera 4,& la diagonalle 12.

19. *Eftant cogneu l'aggregé de la diagonalle & des coftez d'vn rectangle, & auffi la raifon d'iceux coftez, lefdits coftez feront trouuez.*

Car comme l'aggregé des termes de la raifon donnée, & du cofté ou racine quarrée de l'aggregé des quarrez defdits termes, eft à l'aggregé donné,

ainſi lequel on voudra d'iceux termes de la raiſon donnée eſt au coſté homologue. Soit vn rectangle ABCD, dont la diagonalle eſt AC, & les deux coſtez AB, BC ſoient entr'eux comme EB à BF ; leſquels EB, & BF eſtans poſez à angle droict, ſoit tirée EF, afin
que le quarré d'icelle ſoit égal aux
deux quarrez de EB, BF : ie dis que
l'aggregé des trois coſtez EB, BF &
EF eſt à l'aggregé des trois coſtez
AB, BC, & AC, comme EB eſt à
AB, & BF à BC. Car puiſque les
triangles ABC, EBF ont les coſtez
au long de l'angle droict B propor-
tionnaux, ils ſeront equiangles par la 6.p.6. Et partant tous les trois coſtez de
EBF ſeront proportionnaux aux trois de ABC par la 4.p. 6. Donc comme
l'aggregé des coſtez de EBF ſera à l'aggregé des coſtez de ABC, ainſi le coſté
EB ſera au coſté AB; & le coſté BF au coſté BC par la 12.p.5.

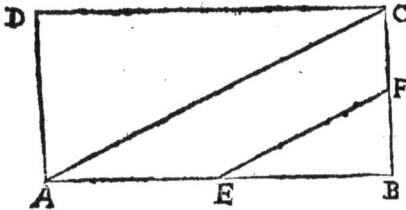

Si donc l'aggregé des coſtez & diagonalle du rectangle ABCD eſt 48, & la
raiſon des coſtez AB à BC ſoit comme 4 à 3 ; leſdits coſtez AB, BC ſeront aiſément trouuez : car quarrant chaſcun des termes de ladite raiſon, viendront
16, & 9, dont l'aggregé 25 eſt le quarré de EF, & partant il ſera 5, & l'aggregé d'iceluy coſté EF, auec leſdits termes de la raiſon, ſera 12 : Faiſant donc que
comme ledit aggregé 12 eſt à l'aggregé donné 48, ainſi chaſque terme 4 & 3
ſoit à vn autre, viendra 16, & 12 pour les coſtez AB, BC, & partant la diag. AC
ſera 20. Item l'aggregé des coſtez AB, BC & diag. AC eſtant $\sqrt{72} + \sqrt{40}$, & la
raiſon des coſtez AB, BC, comme 2 à 1 : l'aggregé des quarrez deſdits termes 2 & 1, ſera 5 ; & partant le coſté EF eſt $\sqrt{5}$, & l'aggregé des coſtez de EBF
ſera $3 + \sqrt{5}$: Faiſant donc que comme $3 + \sqrt{5}$ eſt à $\sqrt{72} + 40$, ainſi chaſque
terme 2 & 1, ſoit à vn autre, viendront $\sqrt{32}$ & $\sqrt{8}$ pour les coſtez AB, BC.
Item l'aggregé des coſtez & diag. eſtant 60, & la raiſon deſdits coſtez comme
5 à 12 : Ie poſe que le moindre coſté ſoit 5$\mathcal{R}$; & partant l'autre ſera 12$\mathcal{R}$: leurs
quarrez ſeront 25q, & 144q, qui adiouſtez enſemble font 169q, dont la racine
eſt 13$\mathcal{R}$, qui ſera pour la diagonalle. Donc l'aggregé deſdits coſtez & diagonalle ſera 30$\mathcal{R}$, qui ſeront égales à l'aggregé donné 60 : Parquoy 1$\mathcal{R}$ vaudra
2 ; & partant le moindre coſté ſera 10, & l'autre 24, mais la diagonalle 26.

Or il appert par la demonſtration cy-deſſus, qu'eſtant cognu ledit aggregé, & la raiſon de la diagonalle à l'vn des coſtez que leſdits coſtez ſeront
auſſi trouuez, prenant la racine quarrée de la difference des quarrez des
termes de la raiſon, au lieu que cy-deſſus on a pris celle de l'aggregé deſdits
quarrez : Tellement que l'aggregé des coſtez & de la diagonalle eſtant 36,
& la raiſon de la diagonalle à l'vn des coſtez comme 5 à 4 ; il faut oſter le
moindre quarré 16 du plus grand 25, & reſtent 9, dont la racine quarrée 3,
eſtant adiouſtée aux termes de la raiſon, viennent 12 ; & faiſant que comme 12
eſt à 36, ainſi chaſcun des termes 5 & 4 ſoit à vn autre, viendront 15 pour la
diagonalle, & 12 pour l'vn des coſtez, & partant l'autre coſté ſera 9.

20 *Eſtant cogneu l'exces de la diagonalle d'vn rectangle par deſſus l'vn & l'autre coſté d'iceluy, leſdits coſtez ſeront cogneus.*

Car ſi du quarré du plus grand exces, on oſte le quarré de la difference d'i-ceux, & au reſte on adiouſte le quarré du moindre exces, & à la racine quar-rée du produict on adiouſte ledit exces, viendra le moindre coſté du rectan-gle, lequel eſtant adiouſté à la difference des exces, viendra l'autre coſté, com-me on peut colliger du 98 prob. de la Geometrie de Henrion.

Parquoy l'exces de la diagonalle d'vn rectangle par-deſſus le plus grand coſté eſtant 2, & celuy par-deſſus le moindre coſté 4 : Le quarré du plus grand exces 4 eſt 16, duquel i'oſte le quarré de 2 difference des exces, & reſtent 12, à quoy i'adiouſte 4 quarré du moindre exces 2, & viennent 16, dont la racine quarrée 4 eſtant adiouſtée audit exces 2, viendront 6, pour le moindre coſté du rectangle, auquel i'adiouſte 2 difference des exces, & viennent 8 pour le plus grand coſté. Item l'excez de la diagonalle par-deſſus le moindre coſté eſtant 4, & celuy par-deſſus le plus grand 7 -- $\sqrt{40}$: Le quarré du plus grand exces eſt 16, duquel i'oſte 49 -- $\sqrt{1440}$ quarré de $\sqrt{40}$ -- 3 difference des ex-ces, & reſtent $\sqrt{1440}$ -- 33, à quoy i'adiouſte 89 -- $\sqrt{7840}$ quarré du moin-dre exces 7 -- $\sqrt{40}$, & viennent 56 -- $\sqrt{2560}$, dont la racine quarrée eſt $\sqrt{40}$ -- 4, à laquelle i'adiouſte ledit exces 7 -- $\sqrt{40}$, & vient 3 pour le moindre coſté du rectangle, qui eſtant adiouſté à $\sqrt{40}$ -- 3 difference des exces, vient $\sqrt{40}$ pour le plus grand coſté. Soit encore l'exces de la diagonalle par-deſſus le moin-dre coſté 3, & celuy par-deſſus le plus grand 5 -- $\sqrt{21}$: Ie poſe que le moindre coſté ſoit 1℞, dōc la diag. ſera 1℞ + 3, & ſon quarré 1q + 6℞ + 9, duquel eſtant oſté celuy du moindre coſté, reſtent 6℞ + 9 pour le quarré de l'autre coſté par la 47. p. 1. & partant ledit coſté ſera $\sqrt{(6℞+9)}$, que i'oſte de la diag. & reſtent 1℞ + 3 -- $\sqrt{(6℞+9)}$ qui ſeront égaux à l'exces 5 -- $\sqrt{21}$: adiouſtōs $\sqrt{21}$ & $\sqrt{(6℞+9)}$ de part & d'autre, & viendront 1℞ + $\sqrt{21}$ + 3 égaux à 5 + $\sqrt{(6℞+9)}$: oſtons 5 de part & d'autre, & reſteront $\sqrt{21}$ + 1℞ -- 2 égaux à $\sqrt{(6℞+9)}$: prenons les quarrez, & ſeront 6℞ + 9 égaux à 1q + $\sqrt{84℞}$ + 25 -- 4℞ -- $\sqrt{336}$: & adiouſtant les moins, & ſouſtrayant les plus comme il appartient, l'équation viendra entre 1q, & 10℞ + $\sqrt{336}$ -- $\sqrt{84℞}$ -- 16, dont ie prends la racine quarrée comme enſuit. La moitié des racines eſt 5 -- $\sqrt{21}$, dont le quarré eſt 46 -- $\sqrt{2100}$, auquel i'adiouſte $\sqrt{336}$ -- 16, & viennent 30 -- $\sqrt{756}$, dont la racine ſera trou-uée eſtre $\sqrt{21}$ -- 3, comme il eſt enſeigné au dernier chap. de l'Algebre de Hen-rion, à quoy i'adiouſte 5 -- $\sqrt{21}$ moitié des racines, & vient 2 pour la valeur de 1℞; & partant le moindre coſté ſera 2, la diagonalle 5, & l'autre coſté $\sqrt{21}$.

On pourra encore trouuer leſdits coſtez ainſi. Multipliez le double du moindre excez par le plus grand, & du produit en prenez la racine quarrée, & à icelle adiouſtez le moindre exces, & viendra le moindre coſté. Repetons l'exemple precedent : le double du moindre excez 5 -- $\sqrt{21}$ eſt 10 -- $\sqrt{84}$, que ie multiplie par le plus grand exces 3, & viennent 30 -- $\sqrt{756}$, dont la racine eſt $\sqrt{21}$ -- 3, à laquelle i'adiouſte le moindre exces 5 -- $\sqrt{21}$, & vient 2 pour le moindre coſté ; & quant à l'autre, il ſera trouué comme deſſus de $\sqrt{21}$.

21. *Eſtant cogneu l'aggregé du coſté d'vn quarré & ſa diagonalle, on peut trouuer ledit coſté.*

Car le quarré dudit aggregé est égal au quarré du costé, & deux fois le rectangle compris d'iceluy costé & dudit

A ——————————— C aggregé, c'est à dire que ledit aggregé
B est moyen proportionnel entre le co-
sté du quarré, & iceluy costé ioinct au

double dudit aggregé : Ce que nous demonstrerons ainsi, soit AB le costé
d'vn quarré, & BC la diagonalle d'iceluy : tellement que AC est l'aggregé
d'iceux. Dautant que par la 7.p.2.le quarré dudit aggregé AC auec le quarré
de AB, est égal au quarré de BC, (c'est à dire à deux fois le quarré de AB par
la 47. p.1.) & à deux fois le rectangle de AC, AB ; le seul quarré de AC sera
égal au quarré de AB, & deux fois le rectangle de AC, AB, c'est à dire au rectangle compris soubs AB, & le double de AC ioinct à icelle AB. Donc par
la 17.p.6. AC est moyenne prop. entre AB, & son double ioinct à la mesme
AB ; & partant icelle AC est la moyenne prop. dont son double est la difference des extremes. Parquoy si du costé du quarré, qui est double de celuy
fait de l'aggregé AC, on oste ledit aggregé, restera le costé AB.

Soit donc l'aggregé AC 6: son quarré sera 36, & le double d'iceluy 72, dont
la racine est $\sqrt{72}$, de laquelle i'oste l'agg. 6. & reste $\sqrt{72}$--6, pour le costé AB.
Item ledit aggregé AC estant $\sqrt{8}$+2, son quarré sera 12+$\sqrt{128}$, & son double
24+$\sqrt{512}$, dont la racine est 4+$\sqrt{8}$, de laquelle i'oste l'agg. AC, & reste 2
pour ledit costé AB. Ledit aggregé soit encore 5: ie pose que le costé AB soit
1℞, & partant la diagonalle BC sera 5--1℞ : Et puisque le quarré d'icelle diag.
est double du quarré du costé, & que le quarré d'iceluy costé est 1℞, & le quarré
de ladite diag. est 25--10℞+1℞, il y a equation entre 2℞, & 25--10℞+1℞ : &
ostant 1℞ de part & d'autre, elle sera entre 1℞, & 25--10℞ : Parquoy la valeur
d'vne racine sera $\sqrt{50}$--5 : tel sera donc le costé AB ; & partant la diagonalle
BC sera 10--$\sqrt{50}$.

22. *L'exces de la diagonalle d'vn quarré par-dessus le costé estant cogneuë, on trouuera ledit costé.*

Car il appert tant par la precedente demonstration, que celle du 41. prob.
de la Geometrie de Henrion, que ayant doublé le quarré de l'exces donné,
& à la racine quarrée d'iceluy double adiousté ledit exces, viendra ledit costé.

Parquoy l'exces du diamettre d'vn quarré par-dessus le costé d'iceluy estant
3, ie quarre ledit exces 3, & vient 9, dont son double est 18, & la racine d'iceluy $\sqrt{18}$, à laquelle i'adiouste l'exces 3, & vient $\sqrt{18}$+3 pour le costé du quarré, & partant sa diagonalle est $\sqrt{18}$+6. Item l'exces soit $\sqrt{8}$: son quarré sera
8, & le double d'iceluy 16, dont la racine est 4, à laquelle i'adiouste ledit exces
$\sqrt{8}$, & viennent 4+$\sqrt{8}$ pour le costé du quarré : & partant sa diagonalle sera
4+$\sqrt{32}$. Soit encore ledit exces 15--$\sqrt{200}$: ie pose que le costé soit 1℞ : donc la
diagonalle sera 1℞+15--$\sqrt{200}$. Et pource que le quarré de la diagonalle d'vn
quarré est double du quarré du costé d'iceluy, & que le quarré du costé est 1℞,
& celuy de ladite diagonalle est 1℞+30℞+425--$\sqrt{800}$℞--$\sqrt{180000}$; il y
aura equation entre 2℞, & 1℞+30℞+425--$\sqrt{800}$℞---$\sqrt{180000}$: & ostant
1℞ de part & d'autre, l'equation viendra entre 1℞, & 30℞+425--$\sqrt{800}$℞--
$\sqrt{180000}$: Et prenant la racine, elle sera trouuée de $\sqrt{50}$--5, qui est le costé du

G iij

quarré, & partant fa diagonalle fera 10--√50.

23 *Eftant cogneu le produit du cofté d'vn quarré multiplié par la diagonalle d'iceluy, le-dit cofté & diagonalle feront trouuez.*

Car puifque les quarrez de la diagonalle & du cofté de quelconque quarré font entr'eux en raifon double, le rectangle ou produit de l'vn par l'autre eftant cogneu, il fera aifé de trouuer lefdits coftez & diag. ayant demonftré que fi quatre lignes ou nombres font proportionnaux, les rectangles ou produits du premier par le fecond, du fecond par le troifiefme, & du troifiefme par le quatriefme, font continuellement propor-tionnaux: Ce que nous demonftrerons ainfi. Soiet

A.   B.   C.   D.

8.   4.   32.   16.

E.   F.   G.

32.   128.   512.

quatre nombres proportionnaux A, B, C, D. De A en B foit faict E, mais F de B en C, & G de C en D: Ie dis que les trois produicts E, F, G, font pro-portionnaux. Car puifque B multipliant A & C a produict E & F, par la 17. p. 7. E fera à F, comme A à C: Item pource que C multipliant B & D a faict F & G, comme B eft à D, ainfi F fera à G. Mais la raifon de B à D, eft la mefme que de A à C par la 13. p. 7. donc comme E eft à F, ainfi F eft à G: ce qu'il falloit prouuer.

Il eft donc manifefte qu'ayant multiplié entr'eux A & B pris en raifon dou-ble, & le produict E par le donné G, (que nous pofons eftre le produict du quarré D par celuy de la diag. C) fi du produit on prend la racine quarrée, elle fera le moyen nombre F: Et puifque ie fçay qu'iceluy nombre F eft creé de la multiplication de C par B; le diuifant par B, viendra C, dont la racine 4 fera le cofté du quarré requis. Ainfi auffi le produit du cofté d'vn quarré par fa dia-gonalle eftant 10; ie multiplie 6 par 3, & viennent 18, qui multipliée par 100, quarré de 10, donnent 1800, dont la racine eft √1800, que ie diuife par 6, ou pluftoft √36, & viennent √50, dont la racine quarrée eft √√50: tel eft donc le coftédu quarré requis, & fa diagonalle √√200. Soit encore √1250 produit du cofté d'vn quarré par fa diagonalle: Pofons que le cofté dudit quarré foit 1℞: Et puis que le cofté multiplié par la diagonalle a produit √1250, fi on di-

uife ledit nombre √1250 par le cofté pofé, viendra $\frac{\sqrt{1250}}{1℞}$ pour le diametre.

Mais le quarré du diametre eft double du quarré du cofté, lequel eft 1q: donc

le quarré dudit diametre $\frac{\sqrt{1250}}{1℞}$, qui eft $\frac{1250}{1q}$ fera efgal à 2q: & fes deux nom-bres égaux eftans reduits par multiplication croifée, l'equation viendra entre 2q, & 1250; & partant 1℞ vaudra 5: autant fera donc le cofté cherché, & le diametre √50.

24. *Eftant cogneus les coftez d'vn rectangle couppé en deux trapefes égaux par vne ligne droicte menée par vn poinct, dont les diftances iufques à chafque cofté foient auffi cogneuës: chafque cofté defdits trapefes feront cogneus.*

Or le poinct fera ou dedans ou dehors le rectangle; & nous appellons la diftance d'iceluy poinct iufques à chafque cofté la perpendiculaire tombante d'iceluy poinct fur chafcun defdits coftez.

Soit donc le rectangle ABCD, dont le cofté AB eft 12, & le cofté BC 4, lequel eſt couppé en deux trapeſes eſgaux ADEF, FBCE par la ligne EF, en laquelle eſt donné vn poinct G diſtant de AB par $1\frac{1}{5}$ & du coſté BC de 5 : Il faut cognoiſtre les lignes AF, FE & DE. Ayant tiré la diagonalle AC, il appert par ce qui eſt demonſtré au 43. prob. de la Geometrie de Henrion, qu'icelle AC, & la ligne EF s'entrecoupperont en deux egalement, & ſoit en H ; duquel poinct, & auſſi de G, ſoient menées HI, GK, paralleles à BC, & LM parallele à AB. Puiſque AC eſt couppée en deux egalement en H, auſſi AB le ſera en I, & HI ſera moitié de CB, par la 2. p. 6. & partant IB, ou ſon égale LM, ſera 6, & HI 2. Mais GM eſt 5, & GK ou LI ſon égale $1\frac{1}{5}$: donc GL ſera 1, & LH $\frac{4}{5}$. Parquoy l'hypotenuſe HG ſera $\sqrt{\frac{41}{25}}$ par la 47. p. 1. Or les triangles HLG, HIF ſont equiangles, LG eſtant parallele à IF : donc comme HL eſt à LG, ainſi HI ſera à IF ; & partant icelle IF ſera $2\frac{1}{2}$, qui oſtée de IB 6, reſtera $3\frac{1}{2}$ pour chaſcun des ſegmens FB, DE : mais eſtant adiouſtée à AI 6, viendront $8\frac{1}{2}$ pour chaſcun des autres ſegmens AF, CE : Item comme HL eſt à HG, ainſi HI eſt à HF ; & partant icelle HF ſera $\sqrt{\frac{41}{4}}$: Parquoy le double d'icelle EF ſera $\sqrt{41}$. Nous auons donc trouué les lignes requiſes AF, EF, DE.

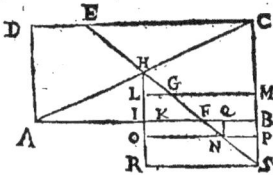

Maintenant ſi le poinct donné ſoit hors le rectangle comme en N diſtant de AB par $\frac{3}{4}$ & de CB $1\frac{1}{3}$. Ayant tiré des poincts H & N, les lignes HO, NQ paralleles à CB, & ONP à AB qui rencontre HO en O, & CB prolongée en P ; au triangle rectangle HON, les deux coſtez de l'angle droict O ſeront cogneus ; car OI & NQ eſtant égales, comme auſſi IB, OP ; HO ſera de $2\frac{3}{4}$, & ON de $4\frac{2}{3}$. Et d'autant que les triangles HON, HIF ſont equiangles, comme HO eſt à ON, ainſi HI ſera à IF : & partant icelle IF ſera $3\frac{11}{33}$, qui eſtant adiouſtée à AI 6, le coſté AF ſera $9\frac{13}{33}$; mais eſtant ſouſtraitte de IB 6, reſtera FB de $2\frac{10}{33}$. Maintenant le triangle rectangle HIF a donc les deux coſtez de l'angle droict I cogneus ; & partant l'hypotenuſe ſera trouuée de $3\frac{31}{33}$: Parquoy le double d'icelle EF ſera $7\frac{29}{33}$. Les trois coſtez AF, ED, & EF ſont donc cogneus ainſi qu'il eſtoit requis.

Que ſi le poinct eſtoit donné au prolonguement de l'vn des coſtez comme en S, leſdits coſtez ſeront encores trouuez en la meſme maniere. Car ayant mené HR & SR paralleles aux coſtez, le triangle rectangle HRS aura deux coſtez cogneus, BS eſtant égale à IR, & ſera ſemblable au triangle rectangle HIF, qui a le coſté HI cogneu, & partant IF & HF ſeront cogneus comme deſſus.

Que ſi au lieu de la diſtance aux coſtez, celle iuſques aux deux angles eſtoit cogneuë, on viendroit auſſi à la cognoiſſance des coſtez deſdits trapeſes, ſuiuant la doctrine des triangles enſeignée cy apres : Car alors les trois coſtez d'vn triangle ſeroient cogneus, & partant on pourroit trouuer la perpendiculaire, & les ſegmens de la baſe, qui ſont les diſtances iuſques aux coſtez, & puis apres on procederoit comme deſſus auec leſdites diſtances.

Or nous enſeignerons icy à couper telle partie qu'on voudra d'vn rectangle, n'eſtoit qu'au chap. 6. nous ferons le prob. general à toute ſorte de parallelogramme, afin que les arpenteurs ou autres perſonnes, faiſant partage à diuerſes perſonnes de quelque piece de terre, iardin, vigne, prez, bois, ou autre choſe de forme parallelogrammique, le puiſſent faire aiſément, & cognoiſtre la valeur & quantité de chaſque coſté de la part d'vn chaſcun. Venons maintenant au deuxieſme chapitre de noſtre Autheur.

Comment ſont meſurez les triangles rectangles.

CHAP. II.

De tout triangle rectangle, la moitié de l'vn des oſtez, qui comprend l'angle droict multipliée par l'autre comprenant le meſme angle, produit le contenu du triangle.

COmme du triangle rectangle ABC, la moitié du coſté AB, c'eſt à dire 3 multipliée par BC 8 produira 24, pour le contenu du triangle: la raiſon eſt, que le triangle rectangle eſt touſiours égal à la moitié du parallelogramme rectangle, qui aura BC pour longueur, & AB pour largeur, comme il a eſté dit en la deffinition.

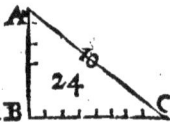

Or eſtant propoſé à meſurer vne ſuperficie triangulaire, il faut premierement regarder à l'œil ſi quelque angle d'icelle approche de l'angle droict, & à iceluy appoſer l'inſtrument afin d'en eſtre certain, & eſtant trouué tel, meſurez les deux coſtez qui comprenent ledit angle: Comme pour exemple voyant à l'œil que l'angle B au triangle ABC cy-deſſus eſt comme droict, ie poſe mon Compas ſur ſon pied audit poinct B, & diſpoſe les iambes d'iceluy en ſorte qu'elles s'accordent ſur les coſtez BA & BC: quoy faict ie trouue qu'il eſt ouuert de 90 degrez: Ie meſure donc meſchaniquement leſdits coſtez BA, BC, qui font ledit angle B, puis multiplie l'vn par l'autre, & du produict en prends la moitié qui donne l'aire ou ſuperficie dudit triangle ABC.

COROLLAIRE I.

De là eſt manifeſte que le contenu eſtant donné auec l'vn des coſtez, qui comprend l'angle droict, il ſera aiſé de trouuer l'autre qui comprend auſſi l'angle droict.

Car diuiſant le contenu par la moitié du coſté cogneu, le quotient ſera la longueur de l'autre, comme 24 diuiſez par 3 font pour quotient 8, qui eſt la longueur de BC, ou bien 24 diuiſez par 4 font pour quotient 6, pour la longueur de AB.

COROL-

COROLLAIRE II.

Le contenu aussi estant donné auec l'vn des costez qui comprend l'angle droict, les deux autres costez se pourront trouuer.

Car par le corollaire precedent, les deux costez qui comprennent l'angle droict estans cogneus, il est certain que le troisiesme se trouuera *par la 47. du 1.* (le quarré faict du troisiesme costé, estant égal aux quarrez des deux autres costez qui comprennẽt l'angle droict.) Or le quarré de AB, est 36, & le quarré de BC, 64, lesquels conioincts font 100, duquel nombre la racine quarrée 10, est la iuste longueur de AC.

COROLLAIRE III.

Il est aussi éuident que l'on pourra facilement trouuer le contenu d'vn triangle restangle, les deux costez d'iceluy estans donnez tels que l'on voudra.

Car si AB, & CB sont donnez, on trouuera le contenu comme il a esté monstré. Mais si AC est donné auec AB, faudra soubstraire le quarré de AB, (c'est à dire 36) du quarré de AC, qui est 100, & la racine quarrée du residu 64 (laquelle est 8) sera la longueur de BC, *par la 47. du 1.* Tellement que les costez ainsi cogneus, le contenu se pourra trouuer sans aucune difficulté.

COROLLAIRE IV.

De là est manifeste, que de tout triangle rectangle dicible qui sera en raison simple, l'vn des costez estant donné, lequel on voudra, se pourront aussi trouuer les autres, & par consequent le contenu d'iceluy.

Car des triangles dicibles, il n'y en a que de deux sortes, sçauoir est, de ceux qui ont le plus petit costé nombre impair, le moyen pair, & le plus grand impair: & de ceux-cy le plus grand costé n'excede iamais le moyen, que de l'vnité, d'autant que le quarré du plus grand costé, estant égal au quarré du moyen, & au gnomon qui est à l'entour *par la 4. du 2,* sera tousiours nombre pair, afin que le plus petit quarré impair, ioinct auec le pair, fasse le nombre du plus grand costé impair.

H

L'autre forte eft de ceux qui ont le plus petit cofté pair, & le moyen impair : de ceux-cy la moitié dudit plus petit cofté, multiplié par foy-mefme, produit vn nombre quarré, auquel fi on adioufte vn, ce fera pour le plus grand cofté dudit triangle : & fi on en ofte vn, ce fera pour le moyen cofté: Et cecy eft general & vniuerfel pour tous triangles rectangles dicibles en raifon fimple.

Si donc on propofe vn triangle rectangle dicible, duquel le plus petit cofté en raifon fimple foit 5, faut multiplier 5 par foy-mefme qui produira 25, lefquels diuifez en deux parties prefques egalles, fans fraction, font 12 & 13 pour les deux autres coftez cherchez : & fi le plus petit cofté eft pair en raifon fimple comme 8, la moitié fera 4, multiplié par foy-mefme fait 16, auquel fi on adioufte vn, fait 17, pour le plus grand cofté ; & fi on diminuë vn, refteront 15, pour le moyen. Et pour trouuer le contenu de tels triangles, faut faire comme il a efté monftré en ce mefme chapitre. Que fi les coftez d'vn triangle ne fe pouuoient exprimer par aucun nombre precis, pour faire toutes les operations deuant dictes, alors faut faire comme il a efté monftré des rectangles au chapitre precedent: car les triangles rectangles font moitiez des parallelogrammes rectangles (comme il a efté dit) par confequent y a mefme raifon.

Ces deux manieres de trouuer les coftez de triangles rectangles, ayans leurfdits coftez commenfurables en nombre de parties égales fans fraction, font attribuez à Pitagore & à Platon: felon lequel Pithagore, foit pris pour le moindre cofté quelconque nombre de parties nompair;& iceluy nombre eftant quarré foit ofté l'vnité de fondit quarré, & la moitié du refte d'iceluy quarré fera le nombre du moyen cofté, auquel adiouftant l'vnité prouiendra le plus grand : Comme pour exemple, prenant 7 pour le moindre cofté, fon quarré eft 49, duquel oftant l'vnité, reftent 48, dont la moitié 24 eft pour le moyen cofté ; mais adiouftant à iceluy l'vnité, viendront 25 pour le plus grand cofté. Mais felon Platon, foit pris quelconque nombre pair, & du quarré de la moitié d'iceluy foit ofté l'vnité, & reftera le moyen cofté ; mais adiouftant ladite vnité, nous aurons le plus grand cofté: Comme pour exemple, prenant 6 pour le nombre des parties du moindre cofté, le quarré de la moitié d'iceluy eft 9, dont l'vnité eftant oftée, reftent 8 pour le moyen cofté; mais adiouftant ladite vnité à iceluy quarré, nous aurons 10 pour le plus grand cofté.

Or nous enfeignerons icy comme par le moyen de trois nombres trouuez, ainfi que deffus, on pourra diuifer vn nombre quarré en tant d'autres nombres quarrez qu'on voudra : & pour ce faire pofons que nous voulions partir 36, nombre quarré en cinq quarrez. Premierement donc nous trouuerôs, comme dit eft cy-deffus, trois nombres quarrez, dont l'vn foit égal aux deux autres, lesquels soient 5, 4 & 3 : Maintenant nous dirons, si 5 donnent 4, que donneront 6, qui est la racine de 36, nombre quarré proposé ; Item si 5 donnent 3, que donneront 6, & seront trouuez $4\frac{4}{5}$, & $3\frac{3}{5}$, pour la racine des deux quarrez égaux au quarré proposé 36 : derechef soit faict que comme 5 est à 4, & à 3, ainsi $3\frac{3}{5}$ à vn autre, & seront trouuez $2\frac{22}{25}$ & $2\frac{4}{25}$ racines de deux nombres quarrez égaux au nombre quarré de $3\frac{3}{5}$; & partant nous aurons desia trois nombres, desquels les quarrez sont égaux au nombre quarré donné ; & iceux nombres sont $4\frac{4}{5}$, $2\frac{22}{25}$, & $2\frac{4}{25}$. Si derechef nous faisons que comme 5 est à 4 & à 3, ainsi $2\frac{4}{25}$ soit à vn autre, seront trouuez deux autres nombres $1\frac{91}{125}$, & $1\frac{37}{125}$: Parquoy delaissant $2\frac{4}{25}$, auquel sont égaux les deux derniers trouuez, nous aurons quatre racines $4\frac{4}{5}$, $2\frac{22}{25}$, $1\frac{91}{125}$, & $1\frac{37}{125}$, desquels les nombres quarrez sont égaux au nombre quarré proposé 36. Et finablement si on faict derechef que comme 5 est à 4 & à 3, ainsi $1\frac{37}{125}$ soit à vn autre, seront trouuez deux autres racines $1\frac{23}{625}$, & $\frac{486}{625}$: parquoy delaissant $1\frac{37}{125}$, au lieu de laquelle nous auons trouué les deux dernieres racines, nous aurons cinq racines $4\frac{4}{5}$, $2\frac{22}{25}$, $1\frac{91}{125}$, $1\frac{23}{625}$, & $\frac{486}{625}$, les nombres quarrez desquelles, (sçauoir est $23\frac{1}{25}$, $8\frac{384}{625}$, $2\frac{15406}{15625}$, $1\frac{29879}{390625}$, & $\frac{236196}{390625}$) feront ensemble le nombre quarré proposé 36. Et en ceste maniere pourront estre trouuez dauantage de quarrez égaux au nombre proposé 36, si on faict derechef que comme 5 est à 4 & à 3, ainsi la derniere racine trouuée soit à vne autre, &c.

Or d'autant qu'au chap. precedent nous auons inseré plusieurs propositions, concernant le parallelogramme rectangle, lesquelles peuuent estre adaptées au triangle rectangle, puis qu'il n'est autre chose que la moitié dudit parallelogramme, nous les rapporterons icy auec autres, mais sommairement, puis qu'elles ont ja esté expliquées & demonstrées.

1. *La difference des deux costez de l'angle droict d'vn triangle rectangle estant cogneuë, & aussi l'aggregé d'iceux, les trois costez seront trouuez.*

Car si de la moitié de la somme des deux costez, on oste la moitié de leur difference, restera le moindre costé ; mais si on l'adiouste, viendra le plus grand costé ; & partant l'hypotenuse sera aussi cogneuë, assemblant les quarrez d'iceux costez, & prenant la racine quarrée du produict. Si donc l'aggregé des deux costez est 14, & la difference 4 ; la moitié dudit aggregé est 7, dont i'oste 2, moitié de la difference 4, & reste 5 pour le moindre costé ; mais adioustant icelles moitiez, viennent 9 pour l'autre costé : Et les quarrez de ces deux costez sont 25 & 81, qui font ensemble 106, dont la racine quarrée $\sqrt{106}$ est le costé soustenant l'angle droict, qu'on appelle hypotenuse. Or pour trouuer ladite hypotenuse, les deux costez estans trouuez, nous ne le repeterons plus, puis que par la 47. p. 1. la racine quarrée de l'aggregé des quarrez desdits deux costez, donne tousiours icelle hypotenuse.

2. *Le contenu d'vn triangle rectangle estant cogneu, & la raison des deux costez de l'angle droict ; on trouuera les trois costez du triangle.*

Car comme vn terme de la raison donnée est à l'autre, ainsi le double du triangle est au quarré du costé homologue au second terme. Parquoy le contenu d'vn triangle estant 48, & la raison des deux costez, comme 3 à 2 : Ie pose 3 au premier terme d'vne regle de prop. au second 2, & au troisiesme 96

double du triangle,& la regle estant faite viennent 64,dont la racine quarrée
8,est le moindre costé. Mais faisant que comme 2 est à 3, ainsi 96 soit à vn
autre nombre seront trouuez 144, dont la racine quarrée 12 est le plus grand
costé: partant l'hypotenuse sera $\sqrt{208}$.

3. *La difference des deux costez de l'angle droict estant cogneuë, & la raison desdits*
costez ; on peut aussi cognoistre tous les trois costez du triangle.

Car comme la difference des termes de la raison est à l'vn ou l'autre d'i-
ceux, ainsi la difference des costez est au costé correspondant : Parquoy la
difference des costez estant 6, & leur raison comme 5 à 2 : La difference des
termes d'icelle raison est 3 ; partant comme 3 est au plus grand terme 5, ainsi 6
difference des costez est au plus grand costé, qui sera trouué de 10 : Mais faisant que comme 3 est au moindre terme 2, ainsi 6 soit à vn 4ᵉ proportionel,
viendra 4 pour le moindre costé ; & partant l'hypotenuse sera $\sqrt{116}$.

4. *L'aggregé des deux costez qui comprennent l'angle droict d'vn triangle rectangle estant*
cognu, & aussi la raison d'iceux ; on pourra trouuer les trois costez.

Car comme l'aggregé des termes de la raison est auquel on voudra d'i-
ceux,ainsi la somme des costez de l'angle droict est au costé correspondant.
Parquoy les deux costez estans entr'eux comme 5 à 2, & l'aggregé d'iceux
14 ; si on trouue vn 4ᵉ nombre proportionnel à ces trois 7, 5 & 14, il sera 10,
& iceluy sera pour le plus grand costé des deux, & partant le moindre sera
4, & l'hypotenuse $\sqrt{116}$.

5. *Le contenu d'vn triangle rectangle estant cogneu, & l'aggregé des quarrez des deux*
costez de l'angle droict ; les trois costez du triangle pourront estre trouuez.

Car adioustant le quadruple dudit triangle audit aggregé des quarrez,
viendra le quarré de la somme des costez;mais l'ostant, restera le quarré de la
difference desdits costez. Parquoy le contenu d'vn triangle rectangle estant
24, & l'aggregé des quarrez des deux costez de l'angle droict 100 ; i'adiou-
te audit aggregé 100, le quadruple du triangle, qui est 96, & viennent 196,
dont la racine quarrée 14, est la somme des costez : mais ostant ledit quadruple 96 dudit aggregé 100, reste 4, dont la racine quarrée 2 est la difference
d'iceux costez : partant l'vn est 8,& l'autre 6,& l'hypotenuse 10.

6. *Le contenu d'vn triangle rectangle estant cognu,& la difference des quarrez des deux*
costez de l'angle droict ; on pourra cognoistre les trois costez du triangle.

Car le quarré de la moitié de la difference des quarrez estant adioustée au
quarré du double du triangle, on aura le quarré de la somme de la susdite
moitié, & quarré du moindre costé ; parquoy ostant du costé d'iceluy produit ladite moitié de la difference des quarrez, restera le quarré du moindre
costé : & partant les deux autres costez seront trouuez aisément. Si donc le
contenu d'vn triangle est 18, & la difference des quarrez des deux costez de
l'angle droict est 65 : ie double ledit triangle, & sont 36, dont le quarré est
1296, auquel i'adiouste 1056$\frac{1}{4}$, quarré de la moitié de la difference des
quarrez 32$\frac{1}{2}$, & viennent 2352$\frac{1}{4}$, dont la racine quarrée est 48$\frac{1}{2}$, de laquelle i'oste ladite moitié de la difference des quarrez, & restent 16, dont la ra-
cine quarrée 4 est le moindre costé du triangle;par la moitié duquel ie diuise
le contenu donné 18, & viennent 9 pour l'autre costé de l'angle droict: &

partant l'hypotenuse est $\sqrt{97}$.

7. *Le contenu d'vn triangle rectangle estant cogneu, & la difference des costez de l'angle droict; on peut cognoistre les trois costez du triangle.*

Car estant adiousté à l'octuple du triangle le quarré de la difference des costez, viendra le quarré de la somme desdits costez : tellement que l'aggregé des costez, & leur difference sera cogneuë, & partant aussi chasque costé. Parquoy l'aire d'vn triangle rectangle estant 18, & la difference des costez de l'angle droict 5 : i'adiouste 25 quarré d'icelle difference, à 144 octuple dudit aire, & viennent 169, dont la racine quarrée 13, est l'aggregé des deux costez de l'angle droict, duquel estant osté la difference 5, restent 8, dont la moitié 4 est le moindre costé, & partant le plus grand est 9, & l'hypotenuse $\sqrt{97}$.

8. *L'aire d'vn rectangle estant cogneu, & l'aggregé des costez de l'angle droict; les trois costez seront trouuez.*

Car si du quarré de la moitié dudit aggregé on oste le double de l'aire du triangle, restera le quarré de la moitié de la difference des coste z : tellement que la moitié tant de l'aggregé, que de la difference des costez de l'angle droict, sera cogneuë, & partant les costez du triangle seront aisément trouuez. Soit donc vn triangle rectangle dont l'aire est 24, & l'aggregé des costez de l'angle droict 16: Le quarré de la moitié dudit aggregé est 64, dont i'oste 48, double de l'aire 24, & restent 16, dont la racine quarrée 4, est moitié de la difference des costez de l'angle droict : & icelle moitié estant ostée de 8, moitié de l'aggregé, restent 4 pour le moindre costé ; mais estant adioustée, viennent 12 pour l'autre costé; & partant l'hypotenuse est $\sqrt{160}$.

9. *Estant cogneue la difference des costez de l'angle droict d'vn triangle rectangle, & la somme de leurs quarrez, les trois costez du triangle seront trouuez.*

Car si du double de la somme des quarrez on oste le quarré de la difference des costez, restera le quarré de l'aggregé desdits costez: tellement que la somme des costez de l'angle droict sera cogneuë; & aussi la difference : & partant chasque costé du triangle sera aisément cogneu. Parquoy la difference des costez de l'angle droict d'vn triangle estant 5, & l'aggregé des quarrez desdits costez 97 : ie double iceluy aggregé des quarrez, & sont 194, dont i'oste 25, quarré de ladite difference 5, & restent 169, dont la racine quarrée 13 est la somme des costez, de laquelle i'oste la difference 5, & restent 8, dont la moitié 4 est pour le moindre costé de l'angle droict, & partant l'autre costé est 9, & l'hypotenuse $\sqrt{97}$.

10. *La difference des costez qui comprennent l'angle droict d'vn triangle estant cogneuë, & aussi la difference des quarrez d'iceux costez; les trois costez du triangle seront trouuez.*

Car diuisant la difference des quarrez par la difference des costez, viendra la somme desdits costez: & partant il sera aisé de trouuer iceux costez. Parquoy si la difference des costez de l'angle droict d'vn triangle est 5, & la difference des quarrez d'iceux costez 65 : ie diuise 65 par 5, & viennent 13 pour la somme desdits costez de l'angle droit, de laquelle ayant osté la difference 5, restent 8, dont la moitié 4, est le moindre costé de l'angle droict, & partant l'autre costé est 9, & l'hypotenuse $\sqrt{97}$.

11. *Estant cogneu l'aggregé des costez qui comprennent l'angle droict d'vn triangle*

rectangle, & la somme de leurs quarrez; les trois costez du triangle seront trouuez.

Car si du double de la somme des quarrez on oste le quarré de l'aggregé des costez, restera le quarré de la difference desdits costez : tellement que tant l'aggregé des costez de l'angle droict que la difference sera cogneuë, & partant chasque costé sera aisément trouué. Si donc la somme des costez de l'angle droict est 12, & la somme de leurs quarrez 80; le double d'icelle somme des quarrez est 160, dont i'oste 144, quarré de 12 aggregé des costez, & restent 16, dont la racine quarrée 4 est la difference des deux costez de l'angle droict, qui ostée de l'aggregé 12, restent 8, dont la moitié 4 est le moindre costé : & partant l'autre sera 8, & l'hypotenuse $\sqrt{80}$.

12. *Estant cogneu l'aggregé des costez de l'angle droict d'vn triangle, & la difference de leurs quarrez; les trois costez du triangle seront trouuez.*

Car diuisant ladite difference des quarrez par ledit aggregé des costez, viendra la difference desdits costez : tellement qu'il sera aisé de trouuer chacun d'iceux. Soit donc l'aggregé des costez 13, & la difference de leurs quarrez 39 : ie diuise ladite difference 39, par ledit aggregé 13, & viennent 3 pour la difference des costez de l'angle droict, laquelle ostée de l'aggregé 13, restent 10, dont la moitié 5, est le moindre costé : & partant l'autre sera 8, & l'hypotenuse $\sqrt{89}$.

13. *Estant cogneu l'aire d'vn triangle rectangle, & l'hypotenuse, on peut trouuer les deux autres costez du triangle.*

Car ostant du quarré de l'hypotenuse le quadruple du triangle, restera le quarré de la difference des costez de l'angle droict : tellement que l'aire du triangle, & la difference des costez de l'angle droict seront cogneus : & partant lesdits costez pourront estre trouuez comme il est enseigné à la 7. prop. Le contenu d'vn triangle rectangle soit 10 $\frac{1}{2}$, & l'hypotenuse $\sqrt{58}$. De 58 quarré de l'hypotenuse, i'oste 42 quadruple de l'aire du triangle, & restent 16, dont la racine quarrée 4, est la difference des costez de l'angle droict : mais adioustant lesdits 16 à 84, octuple de l'aire, viennent 100, dont la racine quarrée 10 est l'aggregé desdits costez de l'angle droict, desquels i'oste la difference 4, & restent 6, dont la moitié 3, est le moindre costé, & partant restent 7 pour l'autre.

14. *Estant cogneuë l'hypotenuse d'vn triangle rectangle, & la difference des deux autres castez ; on peut trouuer lesdits deux costez du triangle.*

Car ostant du quarré de l'hypotenuse le quarré de la difference des costez de l'angle droict, restera le quadruple de l'aire du triangle : tellement que le contenu dudit triangle sera cogneu, & aussi la difference des costez de l'angle droict : & partant iceux costez seront trouuez comme dit est cy-deuant à la prop. 7. L'hypotenuse d'vn triangle rectangle soit $\sqrt{58}$, & la difference des costez de l'angle droict 4 : Le quarré de l'hypotenuse est 58, duquel estant osté 16, quarré de la difference, restent 42, dont le quart 10 $\frac{1}{2}$, est l'aire du triangle : Mais l'octuple dudit aire est 84, auquel i'adiouste 16, quarré de la difference, & viennent 100, dont la racine quarrée 10, est l'aggregé des costez de l'angle droict, duquel aggregé i'oste la difference 4, & restent 6, dont la moitié 3 est le moindre costé, & partant l'autre est 7.

15. *L'hypotenuse d'vn triangle rectangle estant cogneuë, & l'aggregé des deux autres costez, iceux costez seront trouuez.*

Car ostant le quarré de l'aggregé desdits costez du double du quarré de l'hypotenuse, restera le quarré de la difference d'iceux costez: & partant i's seront trouuez comme dit est cy-deuant. L'hypotenuse d'vn triangle soit 10, & l'aggregé des deux costez de l'angle droict 14: Le quarré de l'hypotenuse sera donc 100, & son double 200, desquels i'oste 196 quarré de l'aggregé 14, & reste 4, dont la racine quarrée 2 est la differēce des costez de l'angle droict, laquelle difference ostée de l'aggregé 14, restent 12, dont la moitié 6, est pour le moindre costé, & partant l'autre est 8.

16. *L'hypotenuse d'vn triangle rectangle estant cogneuë, & la raison des deux costez de l'angle droict; lesdits costez seront trouuez.*

Car si on faict que comme l'aggregé des quarrez des termes de la raison est au quarré de la diagonalle, ainsi le quarré de l'vn des termes soit à vn autre: iceluy sera le quarré du costé correspondant au terme pris. Parquoy si l'hypotenuse est $\sqrt{208}$, & que les costez soient entr'eux comme 3 à 2: lesdits costez seront 12 & 8: Car faisant que comme 13 est à 208, ainsi 9 & 4 soit à vn autre, viendront 144 & 64, dont les racines sont 12 & 8.

17. *Estant cogneu vn costé de l'angle droict d'vn triangle rectangle, & l'aggregé des deux autres costez; on peut trouuer lesdits costez.*

Car diuisant le quarré du costé cogneu par l'aggregé des deux autres, restera leur difference; & partant la moitié dudit reste sera l'autre costé de l'angle droict. Vn costé de l'angle droit d'vn triangle soit 8, & l'aggregé des deux autres costez 16. Le quarré du costé cogneu est 64, qui diuisé par l'aggregé 16, viennent 4 pour la difference, laquelle ostée dudit aggregé 16, restent 12, dont la moitié 6, est pour l'autre costé de l'angle droict; & partant l'hypotenuse est 10.

18. *Estant cogneu vn costé de l'angle droict d'vn triangle, & la difference des deux autres costez; lesdits costez seront trouuez.*

Car si on diuise le quarré du costé cogneu par la difference des deux autres costez, viendra l'aggregé desdits costez; & partant ostant d'iceluy aggregé la difference cogneuë, la moitié du reste sera l'autre costé de l'angle droict. Vn costé de l'angle droict d'vn triangle soit 12, & la difference des deux autres 8. Le quarré du costé cogneu est 144, lequel estant diuisé par la difference 8, viennent 18, desquels ostant ladite difference, restent 10, dont la moitié 5, est pour le moindre costé de l'angle droict: & partant l'hypotenuse est 13.

19. *Vn costé de l'angle droict estant cogneu, & la raison des deux autres costez; lesdits costez seront trouuez.*

Car si on faict que comme la difference des quarrez des termes de la raison est au quarré de l'vn ou l'autre des termes, ainsi le quarré du costé cogneu soit à vn autre, viendra le quarré du costé homologue au terme pris. Parquoy si vn costé est 8, & que les deux autres soient entr'eux comme 5 à 3, ils seront 10 & 6: Car faisant que comme 16 difference des quarrez des termes de la raison, est au quarré de l'vn & l'autre terme 25 & 9, ainsi 64, quarré du costé cogneu, soit à vn autre, viendront 100, & 36, dont la racine est 10, & 6.

20. *L'aggregé des trois costez d'vn triangle rectangle estant cogneu, & la raison des deux costez de l'angle droict; les trois costez seront trouués.*

Car si on faict que comme l'aggregé des termes de la raison donnée, & de la racine quarrée de l'aggregé des quarrez desdits termes, est à l'aggregé des costez, ainsi chascun des termes de ladite raison soit à vn autre, viendra le costé homologue audit terme. Parquoy si l'aggregé des costez d'vn triangle rectangle est 36, & que les costez de l'angle droict soient entre eux comme 4 à 3 : soit trouuée la racine quarrée de l'aggregé des quarrez des termes 16 & 9, qui sera 5, laquelle soit adioustée ausdits termes, & viendront 12 : puis soit faict que comme 12 est à l'aggregé des costez 36, ainsi chascun des termes 4, & 3 soit à vn autre nombre, & seront trouuez 12, & 9 pour les costez de l'angle droict, & partant l'hypotenuse est 15.

Or si ledit aggregé des costez estoit donné, & la raison de l'hypotenuse à l'vn des deux autres costez; lesdits costez seroient aussi aisément trouuez : Car il n'y auroit que adiouster ledit aggregé donné auec la racine quarrée de la difference des quarrez des termes de la raison, & viendroit le premier nombre de l'analogie cy-dessus, &c.

21. *L'hypotenuse d'vn triangle rectangle estant cogneuë, & aussi le diamettre du cercle inscript audit triangle ; les deux costez de l'angle droict seront trouuez.*

Nous auons ja enseigné en la quinziesme prop. qu'estant cogneuë l'hypotenuse, & l'aggregé des deux autres costez, iceux costez seront trouuez : Or nous auons icy l'hypotenuse cogneuë, & nous aurons ledit aggregé des costez de l'angle droict, adioustant le diamettre du cercle à ladite hypotenuse : ce que nous demonstrerons ainsi. Soit vn triangle rectangle ABC, dans lequel est inscript le cercle D E F, duquel le centre est G, & qui touche les costez du triangle és poincts D, E, F : ie dis que l'hypotenuse AC est moindre que l'aggregé des deux costez AB, BC, de la quantité du diamettre du cercle DEF. Car ayant tiré du centre G, aux poincts d'attouchement D & E les semidiamettres GD, GE; ils seront perpendiculaires aux costez AB, BC par la 18. p. 3. & partant le quadrilatere DBEG, a tous les angles droicts, & par la 34. p. 1. il a les costez opposez égaux : il est donc quarré, & les deux costez DB, BE, seront ensemble égaux aux deux semidiamettres GD, GE ensemble. Mais par le corol. de la 36. p. 3. les deux lignes AD, AF, sont égales entre elles, & aussi les deux CE, CF. Donc les deux AD, CE ensemble, seront egales aux deux AF, CF ensemble, c'est à dire à toute l'hypotenuse AC : icelle hypotenuse AC est donc moindre que les deux costez AB, BC ensemble, de la quantité de DB, BE ensemble, c'est à dire du diamettre du cercle. Parquoy l'hypotenuse AC estant 10, & le semidiamettre DG 2; i'adiouste tout le diamettre 4 à ladite hypotenuse 10, & viennent 14, pour l'aggregé des costez de l'angle droict ABC; & partant le moindre costé AB sera 6, & l'autre BC 8.

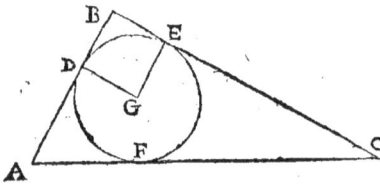

Soit

Soit encore l'hypotenuse AC 9, & le diametre du cercle $\sqrt{45}$—3. Ladite hypotenuse & diametre joincts ensemble, font donc $\sqrt{45}$+6; & tel sera l'aggregé des costez de l'angle droict ABC, dont le quarré est 81+$\sqrt{6480}$, qui osté de 162, double du quarré de l'hypotenuse AC restent 81—$\sqrt{6480}$, dont la racine quarrée est $\sqrt{45}$—6, qui ostée de l'aggregé $\sqrt{45}$+6, restent 12, dont la moitié 6 est pour le moindre costé AB; & partant l'autre costé BC est $\sqrt{45}$.

Il est donc manifeste que si l'aggregé des deux costez de l'angle droict est cogneu, & aussi le diametre du cercle inscriptible audit triangle, que les trois costez seront pareillement trouuez: car ostant dudit aggregé ledit diametre, restera l'hypotenuse, & partant lesdits costez de l'angle droit seront trouuez comme dessus.

Que si l'aggregé de tous les trois costez du triangle est cogneu, & ledit diametre du cercle inscriptible, lesdits costez seront encores trouuez: Car ostant ledit diametre dudit aggregé, la moitié du reste sera l'hypotenuse, qui ostée dudit aggregé restera la somme des deux costez de l'angle droict, chascun desquels sera trouué comme dit est cy-dessus.

22. *Estant cogneue la difference des segmens faicts par la perpendiculaire, tombant de l'angle droict sur l'hypotenuse, & l'aggregé des costez dudit angle droict ; les trois costez du triangle seront trouuez.*

Car comme le double du quarré de la somme des costez de l'angle droict, moins le quarré de la difference des segmens, est à ladite somme des costez, ainsi ladite difference des segmens est à la difference des costez, & ainsi aussi ladite somme des costez est à l'hypotenuse: ce que nous demonstrerons ainsi. Soit vn triangle rectangle IHB, de l'angle droict duquel tombe la perpendiculaire HK, & soit prise KL esgale à IK, afin que LB soit la differece des segmens I K, KB; & soit continué le costé BH, iusques en A, en sorte que HA soit esgale au moindre costé HI, afin que AB soit l'aggregé des costez de l'angle droict: puis sur ladite AB, soit esleuée la perpendiculaire AD esgale à la mesme AB, & ayant joinct BD, soit descrit sur icelle BD le demy cercle BAD, auquel soit accommodée la ligne droicte D E esgale à la difference des segmens BL (ce qui se peut : car puisque par la 20. p. 1. l'aggregé A B est plus grand que l'hypotenuse BI, à plus forte raison DB, qui peut le double du quarré de A B sera plus grand que B L,) afin que ayant tiré BE, elle puisse le double du quarré de AB, moins le quarré d'icelle DE par la 47. p. 1. soit aussi prise HG esgale à HI, afin que GB soit la difference des costez de

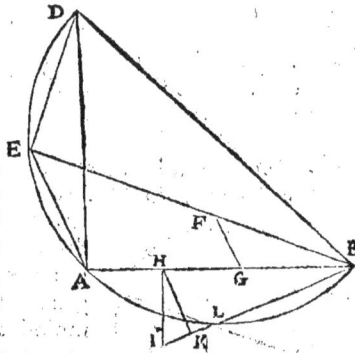

l'angle droict : Ie dis donc que comme BE, (dont le quarré auec celuy de DE difference des segmens est double du quarré de l'aggregé AB) est audit aggregé AB, ainsi la difference des segmens BL, est à la difference des costez

BG;& ainſi auſſi ledit aggregé AB eſt à l'hypotenuſe IB. D'autant que LB
eſt la difference des ſegmens, & BG celle des coſtez, comme l'aggregé AB
ſera à l'hypotenuſe BI, ainſi BL ſera à BG, comme il appert par ce qui eſt
demonſtré à la 5. p. des triangles rectilignes de Henrion : Et en permutant
comme AB ſera à BL, ainſi BI ſera à BG: & par la 22.p.6. comme le quarré de
AB ſera au quarré de BL, ainſi le quarré de BI, ou les deux de AH, HB, ſera
au quarré de BG: Et doublant les antecedans, comme le double du quarré de
AB, c'eſt à dire le quarré de BD, eſt au quarré de BL, ou DE, ainſi le double
des quarrez de AH, HB, c'eſt à dire les quarrez de AB, BG par la 10.p.2. eſt
au quarré de BG: Et en diuiſant, comme le quarré de BE ſera au quarré de
DE, ainſi le quarré de AB eſt au quarré de BG : Et par la 22. p. 6. comme BE
ſera à DE, ainſi AB ſera à BG: donc en permutant, comme BE ſera à AB, ainſi
DE ou BL ſera à BG. Mais nous auons demonſtré que BL eſt à BG, comme
AB eſt à BI : Donc comme BE eſt à AB, ainſi BL eſt à BG, & ainſi auſſi AB à
BI. Ce qu'il faloit demonſtrer.

   Parquoy l'aggregé AB eſtant 35, & la difference BL 7: ie quarre 35, & viennent 1225, dont le double eſt 2450, duquel i'oſte 49, quarré de 7, & reſtent
2401, dont la racine quarrée 49 eſt pour BE : faiſant donc que comme 49 eſt
à l'aggregé 35, ainſi la difference 7 ſoit à vn autre, viendront 5 pour BG difference des coſtez IH, HB ; & partant IH eſt 15, & BH 20. Mais faiſant derechef que comme 49 eſt à 35, ainſi 35 ſoit à vn autre, viendront 25 pour l'hypotenuſe BI. L'aggregé AB ſoit derechef 28, & la difference BL 5$\frac{3}{5}$: Le quarré de 28 eſt 784, & ſon double 1568, dont i'oſte 31$\frac{9}{25}$ quarré de BL, & reſtent
1536$\frac{16}{25}$, dont la racine quarrée eſt 37$\frac{1}{5}$: faiſant donc que comme 37$\frac{1}{5}$ eſt à l'aggregé 28, ainſi la difference 5$\frac{3}{5}$ ſoit à vn autre, viendront 4 pour BG, difference des coſtez ; & partant ils ſeront 12 & 16 ; & l'hypotenuſe 20.

23. *Eſtant cognue la difference des coſtez de l'angle droict, & la difference des ſegmens*
faicts par la perpendiculaire, tombant de l'angle droict ſur l'hypotenuſe ; les coſtés
du triangle ſeront trouués.

   Car comme la ligne qui peut le double du quarré de la difference des coſtez de l'angle droict, moins le quarré de la difference des ſegmens de l'hypotenuſe, eſt à ladite difference des coſtez, ainſi ladite difference des ſegmens eſt à l'aggregé des coſtez de l'angle droict, & ainſi auſſi eſt ladite difference des coſtez à l'hypotenuſe. Ce que nous demonſtrerons, ayans prou-
ué au prealable que la difference deſdits ſegmens, eſt moindre que la ligne
droicte qui peut le double du quarré de la difference des coſtez de l'angle

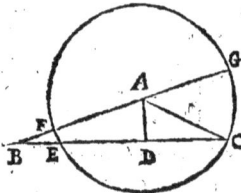

droict. Soit vn triangle ABC, ayant l'angle A
droict, duquel tombe la perpendiculaire AD,
qui couppe l'hypotenuſe en deux ſegmens inegaux BD, DC ; & du centre A & interualle du
moindre coſté AC, ſoit deſcrit vn cercle CEFG
couppant l'hypotenuſe en E, & le coſté AB prolongé és poincts F & G : tellement que BE ſera
la difference des ſegmens, & BF la difference des
coſtez: ie dis donc que BE eſt moindre que la ligne droicte qui peut le double

du quarré de BF. Car d'autant que par le corollaire de la 36. p. 3. le rectangle de EBC eſt eſgal au rectangle de FBG; comme BC eſt à BG, ainſi BF eſt à BE par la 16. p. 6. & par la 22. p. 6. comme le quarré de BC ſera au quarré de BG, ainſi le quarré de BF ſera au quarré de BE, & doublant les antecedans, comme le double du quarré de BC ſera au quarré de BG, ainſi ſera le double du quarré de BF au quarré de BE. Mais par la 10. p. 2. les quarrez de BG, BF ſont enſemble double des quarrez de AB, AG, c'eſt à dire de BC; & partant le double du quarré de BC ſera plus grand que le ſeul quarré de BG: donc auſſi le double du quarré de BF ſera plus grand que le quarré de BE. Demonſtrons maintenant ce qui eſtoit propoſé.

Soit vn triangle rectangle BHI, de l'angle droict duquel tombe la perpendiculaire HK, & ſoit priſe KL eſgale à KI, afin que LB ſoit la difference des ſegmens IK, KB: puis ſoit auſſi priſe HA eſgale au moindre coſté HI, afin que AB ſoit la difference des coſtez, & ſoit continuée BH iuſques en G, en ſorte que HG ſoit eſgale à HI: en apres ſur AB ſoit eſleuée la perpendiculaire AD eſgale à icelle AB; & ayant tiré BD, ſoit deſcrit ſur icelle le cercle ADB, auquel ſoit accommodée BE eſgale à la difference des ſegmens BL, & tiré DE; le quarré d'icelle DE auec le quarré de la difference des ſegmens BE, ou BL, eſt eſgal au double du quarré de AB difference des coſtez par la 47. p. 1. Ie dis donc que comme ED eſt à la difference AB, ainſi la difference BL eſt à l'aggregé des coſtez GB; & ainſi auſſi ladite difference AB eſt à l'hypotenuſe IB. D'autant que comme l'hypotenuſe IB eſt à l'aggregé GB, ainſi la difference AB eſt à la difference LB; le quarré de IB, ou les deux de GH, HB; ſeront au quarré de GB, comme le quarré de AB ſera au quarré de BL, ou de BE; & doublant les antecedans, comme le quarré

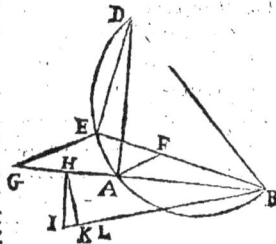

de BD ſera au quarré de BE, ainſi l'aggregé des quarrez de GB, AB, ſera au quarré de GB: & en diuiſant, le quarré de AB ſera au quarré de GB, comme le quarré de DE ſera au quarré de BE, ou de BL; & partant comme DE eſt à BA, ainſi BL eſt à GB par la 12. p. 6. Mais puiſque IB eſt à GB, comme AB eſt à BL; en permutant, comme AB ſera à BI, ainſi BL ſera à BG: donc comme DE eſt à AB, ainſi AB eſt auſſi à BI. Nous auons donc demonſtré ce qui eſtoit propoſé.

Si donc la difference des coſtez de l'angle droict AB eſt 3, & la difference des ſegmens BL eſt 4$\frac{1}{5}$; le quarré de AB ſera 9, & ſon double 18, duquel oſtant 17$\frac{16}{25}$ quarré de la difference BL, reſteront ſeulement $\frac{9}{25}$, dont la racine quarrée $\frac{3}{5}$ eſt pour la ligne DE: faiſant donc que comme $\frac{3}{5}$ eſt à la difference 3, ainſi la difference 4$\frac{1}{5}$ ſoit à vn autre, viendront 21 pour l'aggregé GB; & partant le coſté HI ſera 9, & l'autre coſté HB 12: Mais diuiſant le quarré de AB 9 par DE $\frac{3}{5}$, viendront 15 pour l'hypotenuſe BI. Soit encore la difference AB 7, & la difference LB 9$\frac{1}{13}$: le quarré de AB ſera donc 49, & ſon double 98, pour le quarré de DB, duquel oſtant 83$\frac{134}{169}$ quarré de la diffe-

I ij

rence des fegmens, resteront $14\frac{35}{169}$ pour le quarré de DB; & partant icelle ligne sera $3\frac{10}{13}$: faisant donc que comme $3\frac{10}{13}$ sont à la difference 7, ainsi la difference $9\frac{2}{13}$, soit à vn autre, viendront 17 pour l'aggregé des costez GB; & partant le costé HI est 5, & HB 12, & l'hypotenuse IB 13.

24. *Estant cogneu vn costé de l'angle droict d'vn triangle rectangle, & l'alterne segment fait par la perpendiculaire, tombant de l'angle droict sur l'hypotenuse; les costez du triangle seront trouuez.*

Car il appert par la demonstration du 120 prob. Geom. de Henrion, que la moitié du segment estant adjoustée à la ligne qui peut les quarrez du costé cogneu, & de ladite moitié du segment, viendra l'hypotenuse. Parquoy vn costé de l'angle droict d'vn triangle estant 20, & l'alterne segment 9, le quarré dudit costé sera 400, & celuy de la moitié du segment 9, est $\frac{81}{4}$, lesquels deux quarrez adioustez ensemble font $\frac{1681}{4}$, dont la racine quarrée est $20\frac{1}{2}$, à laquelle i'adiouste la moitié du segment, & viennent 25 pour l'hypotenuse; & partant l'autre costé est 15. Item le costé d'vn triangle rectangle estant 12, & l'alterne segment $12\frac{4}{5}$; le quarré dudit costé sera 144, & celuy de la moitié du segment $\frac{1024}{25}$, celuy-cy joinct à celuy-là, viennent $\frac{4624}{25}$, dont la racine quarrée est $13\frac{3}{5}$, à laquelle estant adioustée ladite moitié du segment $6\frac{2}{5}$, viennent 20 pour l'hypotenuse; & partant l'autre costé est 16.

25. *Estant cogneue la difference des costés de l'angle droict d'vn triangle, & la perpendiculaire tombant d'iceluy angle sur l'hypotenuse; les costés du triangle seront trouués.*

Car il est éuident par la demonstration du 121. prob. Geom. de Henrion, qu'adioustant la perpendiculaire à la ligne qui peut les quatrez de ladite perpendiculaire, & difference des costez, viendra l'hypotenuse. Parquoy si la difference des costez de l'angle droict d'vn triangle est 5, & la perpendiculaire 12; adioustant les quarrez de ladite difference & perpendiculaire, 25 & 144, viendront 169, dont la racine quarrée est 13, à laquelle estant adoustée la perpendiculaire, viendront 25 pour l'hypotenuse du triangle : & partant multipliant ladite hypotenuse par la perpendiculaire 12, viendront 300 pour le double de l'aire du triangle, que ie quadruple, & viennent 1200, ausquels i'adiouste 25 quarré de la difference des costez, & viennent 1225 pour le quarré de l'aggregé desdits costez, ainsi qu'il a esté dit cy-deuant à la 7. & 14. p. Parquoy ledit aggregé sera 35, & partant les costez seront 15 & 20. Soit encore la difference des costez de l'angle droict 3, & la perpendiculaire $7\frac{1}{5}$: leurs quarrez seront 9, & $\frac{1296}{25}$, qui font ensemble $\frac{1521}{25}$, dont la racine quarrée est $7\frac{4}{5}$, à laquelle i'adiouste la perpendiculaire $7\frac{1}{5}$, & viennent 15 pour l'hypotenuse, laquelle multiplie par ladite perpendic. viennent 108, qu'il faut quadrupler, & viendront 432, ausquels soit adiousté le quarré de la difference des costez, & seront 441, dont la racine quarrée 21 est l'aggregé des costez de l'angle droict; & partant ils seront 9 & 12.

26. *Estant cogneu l'aggregé des deux costés de l'angle droict d'vn triangle, & la perpendiculaire tombant dudit angle sur l'hypotenuse; les costés du triangle seront trouués.*

Car il est manifeste par la demonstration du 122. prob. Geom. de Henrion, qu'ostant la perpendiculaire de la ligne qui peut les quarrez de l'aggregé, & de ladite perpendiculaire, restera l'hypotenuse; & partant les costez de

l'angle droiét, pourront eftre trouuez comme il eft enfeigné en la 15. prop.
Parquoy fi l'aggregé des coftez de l'angle droiét d'vn triangle eft 35,& la perpendiculaire 12, adjouftant leurs quarrez 1225 & 144, viendront 1369, dont
la racine quarrée eft 37, de laquelle eftant oftée la perpendiculaire 12, reftent
25, pour l'hypotenufe du triangle, le quarré de laquelle eftant doublé donne
1250, defquels i'ofte le quarré de l'aggregé 35, qui eft 1225, & reftent feulement 25, dont la racine quarrée 5, eft la difference des coftez, & partant ils
font 15, & 20. Item l'aggregé des coftez de l'angle droiét eftant 21, & la perpendiculaire 7 $\frac{1}{2}$; leurs quarrez feront 441, & $\frac{196}{25}$, qui adjouftez enfemble
feront $\frac{11321}{25}$, dont la racine quarrée eft 22 $\frac{1}{2}$, de laquelle i'ofte la perpendiculaire 7 $\frac{1}{2}$, & reftent 15 pour l'hypotenufe, le quarré de laquelle eft 225, & fon
double 450, defquels ayāt ofté le quarré de l'aggregé 441, reftent feulement
9, dont la racine quarrée 3, eft la difference des coftez de l'angle droiét, &
partant iceux coftez feront 9 & 12.

Nous mettrons fin à ces propofitions des triangles reétangles, pour venir
au troifiefme chapitre de noftre Autheur.

Comment font mefureȝ les triangles ambligones.

CHAPITRE III.

*De tout triangle ambligone, le plus long cofté multiplié par la moitié
de la perpendiculaire qui tombe de l'angle obtus fur ledit cofté, ou toute
icelle perpendiculaire multipliée par la moitié du plus grand cofté, produiēt
l'aire du triangle.*

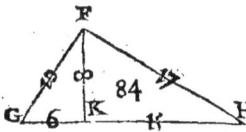

COmme du triangle am-bligone F G H, le
plus long cofté de GH 21 pieds, multiplié
par la moitié de FK, (qui eft la ligne tombante perpendiculairement de l'angle obtus F,
fur ledit cofté GH, laquelle nous pofons eftre de 8 pieds) le produiét
84 fera le contenu de tout le triangle ambligone FGH : la raifon eft
que la ligne KH, multipliée par la moitié de FK, produiét le contenu du triangle reétangle FKH, & la ligne KG, multipliée par la moitié de FK, produiét le contenu de l'autre triangle reétangle FKG,
comme il a efté monftré au chapitre precedent, lefquels deux triangles font egaux au tout FGH.

Ce que dit icy noftre Autheur des triangles ambligones, fe peut auffi appliquer à toutes fortes de triangles : car Henrion a demonftré au commencement du chap. 2. du 3. liure de fa Geometrie pratique, qu'en tout triangle, la
perpendiculaire tombant de l'vn des angles du triangle fur le cofté oppofé,

eſtant multiplié par la moitié d'iceluy coſté, ou tout ledit coſté par la moitié
d'icelle perpendiculaire; eſt produict l'aire du triangle : ou bien qu'eſtant
multiplié tout le coſté par toute la perpendiculaire; la moitié du produit eſt
l'aire du triangle. Ce qui me ſemble mieux, que de ſurcharger la memoire,
d'autant de thoremes & preceptes qu'il y a deſpece de triangle. Et d'autant
que noſtredit Autheur n'enſeigne point comme il faut cognoiſtre ny les coſtez, ny autres choſes qu'il preſuppoſe touſiours eſtre cogneuë, nous le mon-
ſtrerons icy le plus breſuement qu'il nous ſera poſſible.

Quand donc vous deſirez meſurer vne piece de terre, ou autre ſuperficie
plane de forme triangulaire, meſurez premierement auec vne chaiſne, corde,
toiſe, verge, pas, ou autre choſe, les trois coſtez de ladite figure, pour puis
apres trouuer par le moyen d'iceux le contenu de ladite figure, comme ſera
dit au chap. 5. Ou bien meſurez l'vn des coſtez, & la perpendiculaire tombant ſur iceluy de l'angle oppoſé : Et d'autant que lors que ladite perpendiculaire tombe dedans le triangle, l'operation me ſemble plus aiſée; afin que
cela aduienne aſſeurément, meſurez le plus grand coſté, comme eſt icy BC;
& pour trouuer le lieu où la perpendiculaire tombante ſur iceluy de l'angle
oppoſé le doit rencontrer, ouurez le Compas de proportion à angle droict,
puis de B allez vers C, iuſques à ce que l'vne des jambes dudit Compas eſtant
le long de ladite BC, le ray viſuel paſſant par les pinulles de l'autre jambe,
aille rencontrer ledit poinct A, & ſoit de D, duquel vous meſurerez la diſtance iuſques à A.

Que ſi on ne pouuoit meſurer ladite perpendiculaire DA par dedans le
triangle, il la faudra meſurer par
dehors ainſi : Le Compas eſtant à
angle droict diſpoſez-le en B, en
ſorte que l'vne des jambes s'accorde ſur BC, & l'autre jambe aille
à l'infiny vers E, où vous ferez
planter vn piquet; puis ayant auſſi
planté vn piquet en B, vous-vous
en irez vers ledit poinct E iuſques
à ce que l'vne des jambes du Compas eſtant ſelon BE, le ray viſuel de
l'autre jambe aille rencontrer le poinct A, & ſoit de F : quoy faict vous meſurerez la diſtance BF, qui ſera égale à la perpendiculaire DA.

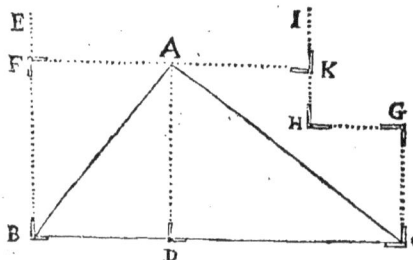

Que ſi ladite perpendiculaire ne ſe pouuoit meſurer en vne ſeule ligne, ſoit
dedans ou dehors le triangle, à cauſe de la trop grande diſtance, ou de quelque autre obſtacle qui empeſche de veoir le poinct A, ou de continuër ladite
perpendiculaire tant qu'il en ſeroit beſoing, il ſe faudroit deſtourner à dex-
tre ou à ſeneſtre, ſelon la commodité du lieu, tenant touſiours le Compas à
angle droict: Comme pour exemple, preſuppoſé que nous voulions tirer vne
perpendic. du poinct C; le Compas eſtant à angle droict, & diſpoſé audit
lieu C en ſorte que l'vne des iambes s'accorde ſur CB, faictes planter vn piquet ſur le ray viſuel de l'autre iambe, comme en G, où il ſe rencontre

quelque obftacle qui empefche de pouuoir paffer outre : ce faict, ayant
planté vn piquet en C, allez audit lieu G, & y difpofez voftre Compas en
forte que l'vne des iambes s'accorde fur GC ; puis fur le rayon vifuel qui
paffe par les pinulles de l'autre iambe, faictes auffi planter vn piquet au
poinct H, fi efloigné de G, que l'obftacle rencontré audit lieu G ne puiffe
plus empefcher de paffer outre : En apres difpofez audit poinct H le Compas, en forte que l'vne des iambes foit le long de HG, & fur le rayon vifuel
de l'autre iambe faictes planter vn piquet, comme en I, vers lequel vous irez
iufques à ce que l'vne des iambes du Compas eftant fur HI, le ray vifuel paffant par les pinulles de l'autre iambe aille rencontrer le poinct A : Quoy
faict, vous mefurerez les diftances KH, & GC, lefquelles ioinctes enfemble
font égales à la perpendiculaire defirée AD.

Que fi on ne pouuoit mefurer mechaniquement que l'vn des coftez, comme AB, il faudroit obferuer les angles A & B ; puis par la 6. p. des triangles
rectil. de Henrion, trouuer le cofté oppofé à l'vn d'iceux angles, comme BC ;
& par la 2. p. defdits triangles, la perpendiculaire AD : Quoy faict, faudra
trouuer l'aire comme dit eft cy-deffus.

COROLLAIRE I.

Les coftez d'vn triangle ambligone eftant donnez, fe pourront trouuer
les parties du cofté qui fouftient l'angle obtus diuifé par la perpendiculaire.

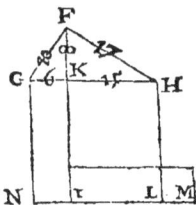

CAr le quarré de FH, eft moindre que les quarrez enfemble de
GH, & FG, de la quantité deux fois du rectangle cöpris foubs
GH, GK : Ce qui fe prouue ainfi. Le quarré
de FH, eft égal aux quarrez de FK, & KH,
par la 47. *du* 1. Or le quarré de GH, eft plus
grand que le quarré de KH, de la quantité du
gnomon GIL : & le quarré de FG, eft auffi plus
grand que le quarré de FK, du quarré de GK,
qu'eft LM : Le gnomon donc auec le quarré
LM, eft égal au rectangle compris deux fois
foubs GH, GK : car MI eft égale à HG, & GN égale à GH, *par la con-*
ftruction : Il s'enfuit donc (GH eftant 21, GF 10 & FH 17.) que diuifant ce que les quarrez de GH, & GF, ont plus que le quarré de
FH (c'eft à dire 252) par la ligne GH (qui eft 21) le quotient 12 fera
double à la ligne GK : laquelle par ce moyen fera congneuë eftre
de 6 pieds, & KH de 15.

Ce que noftre Autheur a voulu prouuer icy n'eft autre chofe que ce qui
eft demonftré à la 13. p. 2. Car encore qu'Euclide l'ait propofé des triangles
oxigones feulement, neantmoins (comme a tref-bien aduerty Henrion)

ladite prop. a aussi lieu és triangles rectangles & ambligones, la perpendiculaire tombant de l'angle droict ou obtus:tellement donc qu'en tout triangle du plus grand angle, duquel tombe vne perpendic. sur la base ou costé
opposé, ayant adiousté le quarré de l'vn des costez auec celuy de ladite base,
& du produict, osté le quarré de l'autre costé, si on diuise le reste par la base,
viendra le double du segment alterne au costé dont le quarré aura esté sous-
straict. Lesdits segmens seront encore trouuez comme il est enseigné à la 5.
p. des triangles rectilignes de Henrion, & comme il a esté dit cy-deuant,
sçauoir-est, faisant que comme la base du triangle est à l'aggregé des deux
costez, ainsi la difference desdits costez soit à vn autre, qui sera la difference
desdits segmens:& partant icelle difference estant ostée de la base, la moitié
du reste sera le moindre segment. Comme en l'exemple cy-dessus, soit faict
que comme la base 21, est à l'aggregé des costez 27, ainsi la difference d'iceux
costez 7 soit à vn autre nombre, & viendront 9, qui ostez de la base 21,
restent 12, dont la moitié 6 est le moindre segment GK ; & partant l'autre
segment est 15. Ou bien encore autrement, soient quarrez les deux costez 10
& 17, & viendront 100 & 289, dont la difference est 189, laquelle soit diuisée par la base 21, & viendront 9 pour la difference des segmens,& partant
ils seront 6 & 15 comme deuant ; & ce d'autant que la difference des quarrez
des costez, est égal au rectangle faict de la base, & de la difference des segmens, comme on peut demonstrer par la 47.p.1.& 6.p.2.

Mais est à notter que si le triangle proposé estoit rectangle, il y a vne regle particuliere à iceluy, pour trouuer lesdits segmens,qui est plus prompte
& facile à operer que celles cy-dessus : Car diuisant le quarré de l'vn des
costez par la base ou hypotenuse, seroit donné le segment ioignant ledit
costé ; & ce d'autant que par le corol. de la 8. p. 6. iceluy costé est moyen
prop. entre ladite base & ledit segment.

Or quand les costez d'vn triangle sont cogneus en nombre, on cognoistra
l'espece du triangle ainsi qu'il en suit : ayant quarré chasque costé, si le plus
grand des quarrez est égal aux deux autres, le triangle sera rectangle : Mais
s'il est plus grand, le triangle sera ambligone : &s'il est moindre, oxigone.

Quant à la premiere partie, elle est manifeste par la 48. p. 1. Et pour la seconde, soit le triangle ABC, le plus grand costé
duquel soit AB, & par consequent le quarré d'i-
celuy plus grand que chacun des deux autres AC,
BC, mais aussi plus grand que les deux ensem-
ble:Ie dis que le triangle ABC est ambligone.Sur
AC, & au poinct C soit esleuée la perpendiculaire CD esgale au costé CB, & mené la ligne
AD. Puisque le triangle ACD est rectangle, par
la 47. p. 1. le quarré de AD sera égal aux quarrez
de AC, CD, c'est à dire de AC, CB. Mais le quarré de AB, a esté posé
plus grand que lesdits quarrez de AC, CB : Donc le quarré de AB sera aussi
plus grand que le quarré de AD : & par consequent la ligne AB plus grande
que la ligne AD : Et puis que les costez AC, CB sont égaux aux costez AC,
CD

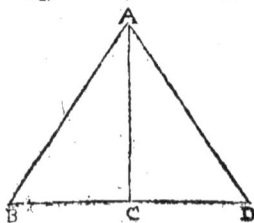

CD, chacune au fien, & que la bafe AB eft plus grande que la bafe AD, l'angle ACB fera plus grand que l'angle droict ACD par la 25. p. 1. & partant le triangle ACB, qui a l'angle ACB obtus, eft ambligone.

Pour la 3e partie : Si le quarré de AB (qui eft le plus grand cofté) eftoit moindre que les deux quarrez des deux autres coftez AC, CB ; Ie dis que le triangle ACB feroit oxigone. Car ayant conftruit le triangle ACD comme deffus, le quarré de AD fera plus grand que le quarré de AB ; & partant icelle AD plus grande que AB : Parquoy l'angle droict ACD fera plus grand que l'angle ACB par la 25. p. 1. Iceluy ACB eft donc aigu ; & par confequent chacun des deux autres angles du triangle ACB feront auffi aigus, chafcun eftant moindre qu'iceluy ACB par la 18. p. 1. le triangle ABC eft donc oxigone.

COROLLAIRE II.

De là s'enfuit que les parties de la bafe ainfi trouuez, la perpendiculaire fera facilement cogneuë.

Car le cofté FG, a pour fon quarré 100, lequel eft égal aux deux quarrez de FK & KG, *par la 47 du premier.* Si donc on fouftraict le quarré de GK, (c'eft à dire 36) de 100, refteront 64 pour le quarré de FK, defquels 64 la racine quarrée 8 fera la longueur de la perpendiculaire FK.

Cefte maniere de trouuer la perpendiculaire eft facile à operer quand il ne s'y rencontre que des nombres entiers : mais quand il y a des fractions, i'aymerois mieux proceder par la voye des finus, enfeignée en la 5. p. des triangles rectilignes de Henrion, ou pluftoft en la 3. p. Car deux coftez d'vn triangle rectangle font cogneus, & la perpendiculaire cherchée eft le troifiefme cofté.

COROLLAIRE III.

Les chofes ainfi demonftrées cy-deuant, il eft éuident que les trois coftez d'vn triangle ambligone eftans donnez, fe pourra encor trouuer la perpendiculaire, qui tombera de l'angle aigu hors du triangle, fur l'vn des coftez prolongé, lequel eft au long de l'angle obtus.

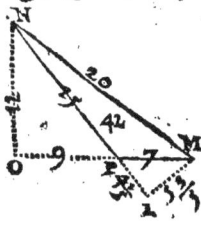

SOit donc le triangle ambligone NPM, 7, 15, 20, l'angle obtus d'iceluy au poinct O : Et le cofté MP, foit prolongé vers O : Apres foit tirée la perpendiculaire NO, il eft manifefte *par la 12 du 2,* que le quarré du cofté MN, qui fouftient l'angle obtus, eft plus grand que les quarrez des deux autres coftez de la quantité deux fois du rectangle com-

K

pris ſoubs le coſté MP, & la ligne entre la perpendiculaire & l'angle
obtus, ſçauoir OP. Si donc on diuiſe par le coſté MP, ce dequoy
le quarré NM eſt plus grand que les quarrez des deux autres coſtez,
c'eſt à ſçauoir 126 par 7 : le quotient ſera 18, doublé à la ligne PO, laquelle par ce moyen ſera de 9, leſquels adiouſtez au coſté PM feront
16. Or *par la 47 du 1.*le quarré de NM eſt égal aux quarrez de MO &
ON: Si donc le quarré OM (c'eſt à dire 256) eſt ſouſtraict du quarré
de NM, il reſtera 144 pour le contenu du quarré de MO, duquel

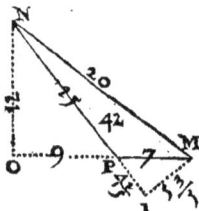

nombre la racine quarrée 12, ſera la longueur de
la perpendiculaire N O. Quand donc on multi-
pliera icelle perpendiculaire, par la moitié du coſté qui aura eſté prolongé, ou la moitié d'icelle
perpendiculaire par le meſme coſté, il en prouiendra l'aire du triangle ambligone. La raiſon
eſt, que ce triangle eſt égal au triangle rectangle,
duquel les coſtez comprenans l'angle droit, ſont égaux aux lignes
NO & PM.*Comme on peut colliger de la 38 du 1.*

Henrion a auſſi enſeigné en la 5.p. des triangles rectilignes à trouuer ladite
perp. où il a demonſtré que faiſant comme la baſe 7 eſt à l'aggregé des coſtez
35, ainſi la diffference deſdits coſtez 5 ſoit à vn autre, iceluy nombre quatrieſme prop.25, ſera l'aggregé de la baſe 7 & du double de OP, tellement que
OM ſera 16 ; & partant le triangle rectangle ONM a deux coſtez cogneus,
& par conſequent le troiſieſme ON , qui eſt la perpendiculaire requiſe, ſera
trouuée de 12, par la 3.p. deſdits triangles rectilignes. On pourra donc operer par l'vne ou l'autre maniere cy-deſſus. Soit donc que la perpendiculaire
tombe dedans ou dehors le triangle, icelle ſera trouuée, & auſſi les ſegmens,
par les ſuſdites 5 & 3. p. Ce que nous diſons encore icy, afin de ne le plus repeter cy apres.

COROLLAIRE IV.

Il s'enſuit auſſi, que les deux coſtez d'vn triangle ambligone donnez, auec
le contenu d'iceluy, le troiſieſme coſté ſe pourra trouuer.

Comme ſoit donné le contenu 42, & les deux coſtez PM 7, & PN
15 auſſi donnez: faut diuiſer 42 par la moitié de PM, c'eſt à dire par 3
& demy, & le quotient 12, ſera la longueur de la perpendiculaire NO:
Or le quarré de NO (c'eſt à dire 144) leué du quarré de NP (qu'eſt
225) reſtera 81, duquel nombre la racine quarrée 9 eſt la longueur de
la ligne OP : laquelle joincte auec PM fera 16 : Or le quarré de MO
(ſçauoir 256) joinct au quarré de NO (qu'eſt 144) fera le nombre
400, duquel la racine quarrée 20 ſera la longueur du coſté cherché
NM.

Que si auec le contenu, les deux costez NM & NP estoient donnez, faudroit diuiser le contenu 42, par la moitié du costé NP (c'est
à dire par 7 & demy) & le quotient 5 & 3 cinquiesmes, seroit la longueur de la perpendiculaire, qui tomberoit de l'angle aigu M, sur le
costé prolongé (NPI) le quarré de laquelle perpendiculaire monte-
roit au nombre 31 & 9 vingt-cinquiesmes, lequel leué du quarré
MN (400) resteroit 368 & 16 vingt-cinquiesmes, pour le quarré de
NI *par la* 47 *du* 1, desquels la racine quarrée 19 & 1 cinquiesme, seroit
la longueur de NI, de laquelle si on soustraict le costé NP (qui est
15) restera seulement 4 & 1 cinquiesme pour la longueur de la ligne
entre l'angle obtus & la perpendiculaire (sçauoir PI.) Or le quarré
d'icelle ligne PI, (c'est à dire 17 & 16 vint-cinquiesmes) auec le quarré de la perpendiculaire (qui est 31 & 9 vingt-cinquiesmes) font le
nombre 49: la racine quarrée 7 sera donc la longueur du costé cherché PM.

Que si les costez du triangle ambligone estoient incommensurables, ne se pouuans exprimer par aucun nombre precis pour faire
toutes les operations deuant dictes, alors

Faut chercher le troisiesme nombre proportionnel apres le quarré de l'vn
des costez qui comprend l'angle obtus, & l'vn des rectangles, dont le plus
grand costé differe en puissance des deux autres: & le soustraire du quarré de
l'autre costé qui comprend le mesme angle, alors restera le nombre du quarré de
la perpendiculaire.

Comme soit le triangle ABC, duquel AC soit le costé d'vn autre
quarré contenant 206: CB, le costé d'vn autre quarré contenant 110:
& AB d'vn autre contenant 36. Faut soustraire 110 & 36 de 266, resteront 60, dont la moitié 30 sera égale au rectangle compris de AB

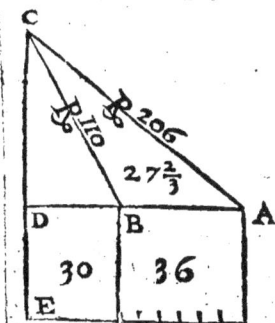

& BD, *par la* 12 *du* 2. Le troisiesme nombre
proportionnel apres 36 & 30 sera 25 pour le
quarré de BD (car le rectangle BE) est
moyen proportionnel entre les quarrez de
AB, & BD (comme il a esté monstré) lequel soustraict de 110, resteront 80, pour le
quarré de la perpendiculaire CD: le quart
desquels (qui est le quarré de la moitié de
la perpediculaire,) multiplié par 36, feront
720, dont la racine quarrée (qui est presque
27,) est le contenu du triangle ABC. Et ainsi cest ambligone est me-

furé comme rectangle, ayant fa bafe AB, & fa ligne orthogonelle, la moitié de CA, *par les 37 & 38 du 1.*

D'autant qu'és deux impreffions qui ont ja efté faictes de ce liure, fe font gliffées diuerfes fautes en ceft endroit, nous auons eftimé eftre befoin pour le foulagement du Lecteur, de remettre icy la chofe en fon entier.

Soit le triangle ABC, duquel AC foit le cofté d'vn quarré contenant 206 : CB le cofté d'vn autre quarré contenant 110 : & AB le cofté d'vn autre quarré contenant 36. D'autant que par la 12.p.2.le quarré de AC, (206) eft égal aux deux quarré de AB, BC, (qui font 36 & 110), & à deux fois le rectangle de AB, BD; ayant ofté du quarré de AC, (206) les deux quarrez de AB, BC, (qui font 146) refteront 60, pour les deux rectangles ; & partant vn feul rectangle de AB, BD, vaudra 30. Mais ledit rectangle de AB, BD eft moyen proportionnel entre les quarrez d'icelles lignes AB, BD, comme il a efté demonftré cy-deuant au chap. 1. Trouuant donc vn troifiefme nombre proportionnel à 36 & 30, viendront 25 pour le quarré de BD. Or iceluy quarré de BD auec celuy de la perpendiculaire CD, eft égal au quarré de BC par la 47.p.1. Oftant donc du quarré de BC 110, celuy de BD 25, refteront 85 pour le quarré de

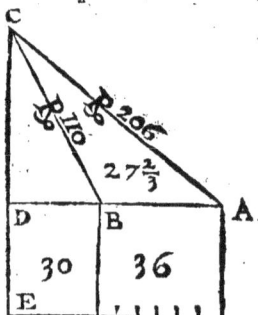

ladite perpendiculaire CD : & partant icelle perpend. eft $\sqrt{85}$, dont la moitié eft $\sqrt{21\frac{1}{4}}$, qui multipliée par la bafe AB qui eft 6, ou $\sqrt{36}$, viendront $\sqrt{765}$, qui font peu plus de $27\frac{2}{3}$. Et ainfi ce triangle ambligone eft mefuré comme vn rectangle, ayant pour bafe le cofté AB, & pour fa ligne orthogonelle la moitié de CD. Viendra le mefme fi on pofe pour bafe le cofté BC : Car ayant ofté comme deffus l'aggregé des quarrez de AB, BC 146, de celuy de AC 206, refteront 60, dont la moitié eft 30 : & trouuant le nombre troifiefme proportionnel à 110 & 30, qui fera $8\frac{2}{11}$, & iceluy ofté de 36 quarré de AB, refteront $27\frac{9}{11}$ pour le quarré de la perpendiculaire, qui eftant multiplié par celuy de la bafe BC, qui eft 110, viendront 3060, dont le quart 765 eft le quarré dudit triangle ABC, & partant iceluy eft peu plus de $27\frac{2}{3}$ comme deuant. Que fi on vouloit prendre le cofté AC pour bafe, faudroit proceder comme fera dit au fecond article du Corrol.3.du chap. fuyuant.

Comment font mefurez les triangles oxigones.
CHAPITRE IV.

Les triangles oxigonez, font mefurez, en multipliant l'vn des coftez, par la moitié de la perpendiculaire, qui tombe de l'angle oppofé fur iceluy cofté : ou en multipliant toute la perpendiculaire, par la moitié du mefme cofté : & le produict fera le contenu du triangle.

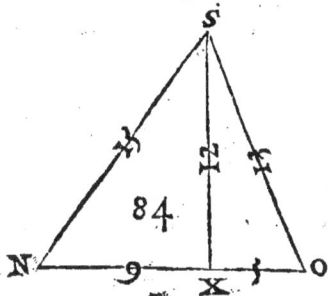

COmme pour e-xemple le triangle SNO, duquel le coſté NO (ſur le-quel tombe la perpendiculaire) ſoit de 14 pieds, & la perpẽdiculaire de 12, faut multiplier 14 par 6, & le produict 84, eſt le contenu du triangle donné, *par les raiſons du chapitre precedent.*

COROLLAIRE I.

Il eſt donc éuident, que ſi tous les coſteʒ d'vn triangle oxigone ſont don-neʒ, on pourra trouuer les parties du coſté ſur lequel tombera la perpendicu-laire, diuiſé par icelle.

Car le quarré du coſté NS eſt moindre que les quarrez des deux autres coſtez, du rectangle contenu deux fois ſoubs NO, OX, *par la 13 du 2.*

Or poſons NS de 15, SO de 13, & NO de 14, il faut ſouſtraire le quarré de NS (qui eſt 225) des deux autres quarrez des coſtez, (qui contiennent 365) & il reſtera 140, deſquels la moitié 70, ſera égale au rectangle compris ſoubs NO, OX. Si donc on diuiſe 70, par la baſe NO (qui eſt 14) le quotient ſera 5, pour la partie XO, leſquels 5 ſouſ-ſtraicts de 14, reſtera 9 pour l'autre partie NX.

COROLLAIRE II.

Il s'enſuit auſſi que la perpendiculaire ſera facilement trouuée.

Car le quarré SO, eſt eſgal aux quarrez de SX & XO. Si donc le quarré de XO (c'eſt à dire 25) eſt ſouſtraict du quarré SO (qui con-tient 169) il reſtera 144 pour le quarré de SX, deſquels la racine quarrée 12, ſera la iuſte longueur de la perpendiculaire SX.

COROLLAIRE III.

Les deux coſteʒ d'vn triangle oxigone donneʒ auec le contenu d'ice-luy, ſe pourra trouuer le troiſieſme coſté.

Comme ſoyent les deux coſtez NO 14, & NS 15 donnez auec le

contenu 84, faut diuiſer 84 par le coſté NO 14, & le quotient 6, ſera la moitié de la perpendiculaire SX: Icelle perpendiculaire ſera donc de 12, le quarré de laquelle (144) ſouſtraict du quarré de NS (225) reſtera le nombre 81, pour le quarré de la ligne NX, *par la 47 du 1*: la racine quarrée duquel nombre (9) eſtant la longueur de NX, ſouſtraicte de NO, reſtera 5 pour la longueur XO: mais les quarrez de SX & XO (c'eſt à dire 169) ſont eſgaux au quarré de SO: la racine quarrée donc de 169 (ſçauoir 13) ſera la iuſte longueur de SO.

Que ſi les coſtez d'vn oxigone ne ſont point dicibles.

Cherchez le troiſiéme nombre proportionnel, apres le quarré du coſté comprenant l'angle aigu ſur lequel tombe la perpendiculaire, & l'vn des rectangles, duquel le quarré du coſté ſouſtenant ledit angle, eſt different des deux autres quarrez des coſtez: Et iceluy nombre ſouſtrait du quarré du coſté comprenant le meſme angle (ſur lequel ne tombe point la perpendiculaire) reſtera le nombre de la perpendiculaire.

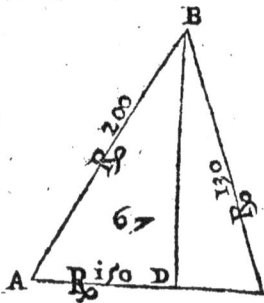

Soit la puiſſance de AB 200; de AC 150; de BC 130, & ſoit ſouſtraict 200 de 150 & 130 (qui ſont 280 (reſtera 80, dont la puiſſance AB differe des puiſſances de AC, BC: la moitié donc (ſçauoir 40) eſt eſgale au rectangle de AC, CD. Soit le troiſieſme proportionnel apres 150 & 40, le nombre 10 & 2 tiers pour le quarré de DC, lequel ſouſtraict de BC (qui eſt 130) reſtera 119 & 1 tiers pour le quarré de la perpend. le quart duquel (qui eſt le quarré de la moitié d'icelle) multiplié par 150, produit 4475, dont la racine quarrée (preſque 67) eſt le contenu du triangle oxigone donné: lequel par ce moyen eſt meſuré comme rectangle, ayant AC en longueur, & la moitié de BD en largeur. Voyla donc, tant en l'ambligone que en l'oxigone vne meſure plus preciſe qu'en cherchant la racine de chacun coſté.

Le meſme aire viendra auſſi ſi on poſe pour baſe le coſté AB. Car adiouſtant enſemble les deux quarrez de AB, & AC, viendront 350, deſquels ayant oſté le quarré de l'autre coſté BC, & pris la moitié du reſte 220, on aura 110, pour le rectangle de la baſe AB, & diſtance de l'angle A à la perpend. tombant de C ſur ladite baſe, le quarré duquel rectangle (ſçauoir eſt 12100) eſtant diuiſé par le quarré de ladite baſe, viendront 60 ½ pour le quarré de ladite diſtance ou ſegment, lequel quarré eſtant oſté de celuy de AC 150, reſteront 89 ½ pour le quarré de la perpend. & partant icelle perpend. ſera √89 ½, qui multipliée par la moitié de la baſe AB, c'eſt à dire par √50, viendront comme deuant 4475, dont la racine quarrée (qui eſt preſque 67) donne l'aire dudit triangle ABC. Iceluy aire ſera encore trouué poſant BC pour baſe, &c.

COROLLAIRE IV.

Les choſes cy-deuant ainſi demonſtrées, il s'enſuyura que tout triangle ſera égal au quarré, duquel le coſté ſera la moyenne proportionnelle, entre la baſe & la moitié de ſa perpendiculaire.

Comme ſoit le triangle BCH, reduit en parallelogramme rectangle BF: la ligne CF ſera donc eſgale à la moitié de la perpendiculaire GH. Soit prolongée la baſe BC iuſques à D, en ſorte que CD ſoit eſgale à CF. Soit auſſi prolongée CF vers E, & ſoit faict le demy cercle DEB. Il eſt éuident *par la 5 du 2*, que le rectangle compris de BC, CD, auec le quarré de GC, eſt eſgal au quarré de la moitié de BD, c'eſt à dire GE. Que ſi le quarré de l'entre-moyenne GC commun, eſt oſté, il reſtera que le quarré de EC ſera eſgal au rectangle BF: car le quarré GE vaut les quarrez de GC & EC, *par la 47 du 1*. Or que EC ſoit moyenne entre BC & CD, il appert: car *par la 8, du 6*, le triangle BEC eſt équiangle à EDC, telle raiſon a donc BC à CE que CE à CD, *par la 4 du 6*.

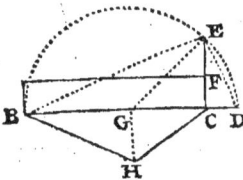

Ce que i'ay penſé neceſſaire à declarer, pour ſeruir és demonſtrations ſuyuantes.

Or tout ainſi qu'au chap. 2. nous auons inſeré pluſieurs belles propoſitions concernant les triangles rectangles, ainſi auſſi en rapporterons-nous icy pluſieurs concernant non ſeulement les triangles oxigone, dont eſt parlé en ce chap. mais qui s'addaptent auſſi à toutes ſortes & eſpeces de triangles, & d'autres qui ſont peculieres à quelque eſpece ſeulement.

1. *Eſtant cogneu le coſté d'vn triangle equilateral; trouuer l'aire d'iceluy.*

D'autant que tirant vne perpend. d'vn angle compris par deux coſtez égaux d'vn triangle ſur l'autre coſté, elle le couppe en deux également; ſi du quarré d'vn deſdits coſtez égaux on oſte le quarré de la moitié de la baſe, reſtera le quarré de la perpendiculaire, qui multiplié par ledit quarré de la moitié de la baſe, donnera le quarré de l'aire du triangle. Parquoy le coſté d'vn triangle équilateral eſtant 12: le quarré d'iceluy ſera 144, & le quarré de la moitié 6 ſera 36, qui oſté de 144, reſtent 108, pour le quarré de la perpendiculaire du triangle, qui multiplié par le quarré 36, produit 3888 pour le quarré de l'aire du triangle; & partant iceluy est $\sqrt{}$ 3888, qui est presque 62 $\frac{11}{31}$. Soit encore vn triangle équilateral, dont chasque costé soit $\sqrt{}$ 20 : le quarré dudit costé sera donc 20, & celuy de la moitié 5; & la soustraction faicte restent 15, qui multipliez par 5, viennent 75, dont la racine quarrée $\sqrt{}$ 75, est l'aire du triangle. Ainsi le triägle équilateral dont chasque costé est seulement 1, l'aire est $\sqrt{}\frac{13}{16}$. Et d'autant que les figures semblables sont entr'elles, comme les quarrez de leurs costez homologues; faisant que comme 1 est au quarré du costé de quelconque triangle équilateral proposé, ainsi $\sqrt{}\frac{3}{16}$ soit à vn 4e nombre proportionnel, iceluy sera l'aire du triangle. Parquoy ayant multiplié par soy-mesme le quarré du costé d'vn triangle équilateral proposé, si on multiplie derechef le produict par 3; ce qui viendra estant diuisé par 16, donnera le quarré de l'aire du triangle. Es petits nombres, si on multiplioit seulement le quarré du costé proposé par 13, & le produit diuisé par 30, viendroit aussi l'aire assez precis.

2. *Estant cogneu l'aire d'vn triangle équilateral ; le costé d'iceluy triangle sera trouué.*

Car d'autant que par les 19 & 20. p. 6. les figures semblables sont entr'elles en raison doublée de leurs costez homologues, en laquelle sont aussi les quarrez desdits costez, & que l'aire du triangle équilateral, dont le costé est seulement 1, est $\sqrt{}\frac{1}{16}$; faisant que comme $\sqrt{}\frac{1}{16}$ est à l'aire proposé, ainsi 1, soit à vn 4e nombre prop. iceluy sera le quarré du costé cherché; c'est à dire qu'ayant multiplié le quarré de l'aire donné par 16, & diuisé le pro duict par 3, viendra le quarré de quarré du costé du triangle: parquoy prenant la racine quarrée dudit produict, & derechef la racine quarrée de celle-cy, viendra ledit costé du triangle. Ainsi estant proposé à trouuer le costé d'vn triangle équilateral dont l'aire est 60 ; ie quarre 60, & viennent 3600, qui multipliez par 16, donnent 57600, qui diuisez par 3, viennent 19200, dont la racine censicensique est $\sqrt{}\sqrt{}$ 19200, & autant est le costé du triangle, c'est à dire 1.$\frac{77}{100}$ peu plus. Or és petits nombres, si ayant multiplié l'aire donné par 30, on diuise le produict par 13 : viendra assez precisément le quarré du costé du triangle : Ainsi en l'exemple cy-dessus; multipliant 60 par 30, viennent 1800, qui diuisez par 13. le quotient 138$\frac{6}{13}$ est le quarré du costé du triangle, dont la racine est $\sqrt{}$ 138$\frac{6}{13}$, ou presque 11$\frac{10}{13}$, & tel est le costé du triangle; tellement que ledit costé seroit trouué plus grand par ceste maniere que par le precedent seulement de $\frac{9}{1300}$.

3. *Estant cogneus les trois costez d'vn triangle isoscelle ; cognoistre l'aire.*

Il faut oster du quarré de la moitié de la base le quarré du costé, & restera le quarré de la perpendiculaire, qui multiplié par ledit quarré de la moitié de la base, sera produict le quarré de l'aire, lequel on aura aussi par les regles precedentes, sçauoir est multipliant ladite moitié de la base par ladite perpendiculaire. Ainsi les costez d'vn triangle isoscelle estans chascun de 13, & la base 10 : ie quarre 13, & viennent 169, desquels i'oste le quarré de la moitié de la base 5, qui est 25, & restent 144, qui multipliez par ledit quarré 25, sont produits 3600, dont la racine quarrée 60, est l'aire du triangle.

4. *Le contenu d'vn triangle isoscelle estant cogneu, & l'vn des trois costez ; lesdits costez seront trouuez.*

Car

Car si l'aire & la base du triangle sont cogneus, diuisant ledit aire par la moitié de ladite base, viendra la perpendiculaire, le quarré de laquelle estant ioinct au quarré de ladite moitié de la base, viendra le quarré du costé : Ainsi l'aire d'vn triangle isoscelle, dont la base est 8 estant 12 ; ie diuise 12 par 4, & viennent 3, dont le quarré 9, estant adiousté au quarré 16, viennent 25 pour le quarré du costé du triangle, qui partant est 5. Mais si l'aire est cogneu, & l'vn des costez ; la moitié de la base sera trouuée, & la perpendiculaire, comme il est enseigné à la 12.p. des rectangles ; car l'aire dudit triangle isoscelle, est aussi celuy du parallelog. rectangle, dont la diagonale est égale au costé du triangle isoscelle : tellement que selon ladite prop. les costez du rectangle seront bien trouuez : mais pour discerner lequel sera moitié de la base du triangle proposé, il est besoing d'auoir la cognoissance de l'espece de l'angle du sommet dudit triangle. Car lors que ledit angle est aigu, le plus petit costé trouué est moitié de ladite base du triangle ; & lors qu'il est droict, icelle moitié est égale à la perpendiculaire ; mais quand il est obtus, le moindre costé trouué est la perpendiculaire : Ce qui est si manifeste par la figure d'vn rhombe, dont le costé est celuy du triangle isoscelle, qu'il n'est besoing d'employer temps à le demonstrer. Parquoy l'aire d'vn triangle isoscelle, dont le costé est 10, estant 48 ; i'oste le double dudit aire du quarré du costé 100, & restent 4, qui est quarré de la differonce de la perpendiculaire à la moitié de la base, & partant icelle perpend. est 2 ; Et adioustant ledit quarré 4 au quadruple du triangle, qui est 192, viennent 196, dont la racine quarrée 14, est l'aggregé de la perpend. & de la moitié de la base ; & partant puisque leur difference est 2, l'vne sera 6, & l'autre 8 : tellement que si l'angle opposé à ladite base est aigu, icelle base sera 12 ; mais s'il est obtus, elle sera 16.

5. Estant cogneuë la perpendiculaire tombant de l'vn des angles d'vn triangle sur le costé opposé, la difference des segmens faicts par icelle, & la difference des costez ; les trois costez du triangle seront trouuez, & par consequent l'aire du triangle.

Car puisque par la demonstration du 18. prob. Geom. de Henrion, il est manifeste que comme la difference des quarrez des differences des segmens de la base, & des costez, est à l'aggregé de la susdite difference & quadruple du quarré de la perpendiculaire ; ainsi le quarré de la difference des costez est au quarré de la base, & ainsi aussi le quarré de la difference des segmens est au quarré de l'aggregé des costez : ayant osté du quarré de la difference des segmens de la base celuy de la difference des costez, & adiousté ce qui restera au quadruple du quarré de la perpendiculaire, soit faict que comme le dit reste est audit aggregé ; ainsi le quarré de la difference des costez soit à vn autre, viendra le quarré de la base du triangle ; mais faisant qu'ainsi soit le quarré de la difference des segmens à vn autre, viendra le quarré de l'aggregé des costez. Ainsi la perpendiculaire d'vn triangle estant 12, la difference des costez 7, & la difference des segmens de la base 11 : Pour trouuer les trois costez, soient pris les quarrez desdites differences, qui seront 49, & 121, le moindre desquels soit soustraict du plus grand, & resteront 72, que i'adiouste à 576 quadruple de 144 quarré de la perpendiculaire, & viennent 648 : puis soit faict que comme le reste 72 est à l'aggregé 648, ainsi 49 quarré

L

de la difference 7 foit à vn autre, & viendront 441, dont la racine 21 eſt pour la baſe : Mais faiſant que comme 72 eſt à 648, ainſi 121 quarré de la difference 11, foit à vn autre, viendront 1089, dont la racine quarrée 33 eſt l'aggregé des coſtez ; & partant l'vn eſt 13, & l'autre 20 : multipliant donc la baſe 21 par 6, moitié de la baſe, viendront 126 pour le contenu du triangle. Soit encore vn triangle duquel la perpendiculaire foit 12, la difference des ſegmens 4, & la difference des coſtez 2 : Pour trouuer les coſtez par voye Algebraïque, poſons que le moindre ſegment de la baſe foit 1℞ : Donc le plus grand ſegment ſera, 1℞ + 4 : Or le quarré du moindre ſegment eſtant ioinct au quarré de la perpend. eſt produict le quarré du moindre coſté du triangle : iceluy quarré ſera donc 1q + 144. Mais le quarré du plus grand ſegment auec celuy de ladite perpendiculaire eſt auſſi égal au quarré du plus grand coſté du triangle ; & partant iceluy quarré ſera 1q + 8℞ + 160 : Parquoy le moindre coſté ſera $\sqrt{}$ (1q + 144), & le plus grand $\sqrt{}$ (1q + 8℞ + 160). Et pour ce que 2 eſt l'excez du plus grand coſté par-deſſus le moindre, il y aura égalité entre 2 + $\sqrt{}$ (1q + 144), & $\sqrt{}$ (1q + 8℞ + 160 :) donc auſſi entre leurs quarrez, qui ſont 1q + 148 + $\sqrt{}$ (16q + 2304), & 1q + 8℞ + 160 : oſtons de chaſque coſté 1q + 148, & reſteront $\sqrt{}$ (16q + 2304) égaux à 8℞ + 12 : prenons les quarrez, & viendront 16q + 2304 égaux à 64q + 192℞ + 144 : oſtons de part & d'autre 16q, & 192℞ + 144, reſteront 48q égaux à 2160 — 192℞ ; tellement qu'vn quarré vaudra 45 — 4℞ ; & partant 1℞ vaudra 5 : le moindre ſegment ſera donc 5, le plus grand 9, la baſe 14, le moindre coſté 13, & le plus grand 15. Multipliant donc ladite baſe 14 par la moitié de la perpendiculaire, viendront 84 pour l'aire du triangle.

Or ce probleme eſt conſiderable, veu qu'ayant eſté propoſé par Regiomontanus, & par luy refould ſeulement par voye Algebraïque, il a depuis eſté ſubiect d'exercice aux plus ſubtils Mathematiciens, entre leſquels le tref-docte Cyriac en ſes animaduerſions a defnoué tous les nœuds & difficultez qui pouuoient arriuer ſur ce probleme.

6. *Eſtant cogneuë la baſe d'vn triangle, la perpendiculaire, & la difference des coſtez : leſdits coſtez ſeront trouuez.*

Car de la meſme demonſtration du prob. precedent on peut colliger que comme la difference des quarrez de la baſe & difference des coſtez, eſt à l'aggregé d'icelle difference des quarrez au quadruple du quarré de la perpendiculaire, ainſi le quarré de la difference des coſtez eſt au quarré de la difference des ſegmens de la baſe faicts par la perpendiculaire : Parquoy ayant oſté du quarré de la baſe cogneuë, celuy de la difference des coſtez, & adiouſté le reſte au quadruple du quarré de la perpendiculaire ; ſi on faict que comme ledit reſte eſt audit aggregé, ainſi le quarré de la difference des coſtez foit à vn autre, viendra le quarré de la difference des ſegmens de la baſe ; & partant faiſant puis apres que comme la difference des coſtez eſt à la difference des ſegmens, ainſi la baſe foit à vn autre, viendra l'aggregé des coſtez, & partant chacun d'iceux ſera cogneu, puis que leur difference eſt cogneuë. Soit donc vn triangle dont la baſe eſt 14, la perpendiculaire 12, & la difference des coſtez 2 : Le quarré de la baſe 14 eſt 196, duquel i'oſte le quarré de la difference des coftez 2, qui eft 4, & reftent 192, que i'adioufte à 576 quadruple de 144 quarré de la perpendiculaire 12, & viennent 768 : faifant donc que comme le refte 192, eft à l'aggregé 768, ainfi 4 quarré de la difference des coftez foit à vn autre, viendront 16, dont la racine quarré 4 eft la difference des fegmens de la bafe faicts par la perpendiculaire : Maintenant faifons que comme la difference des coftez 2, eft à icelle difference des fegmens 4, ainfi la bafe 14 foit à vn autre, & viendront 28 pour l'aggregé des coftez, dont la difference eft 2 ; & partant le moindre fera 13 & l'autre 15. Soit encore vn triangle, dont la bafe eft 21, la perpendiculaire 12, & la difference des coftez 7. Pofons que le moindre fegment de la bafe foit 1ℛ : donc l'autre fegment fera 21—1ℛ ; & partant les quarrez d'iceux fegmens feront 1q, & 1q+441—42ℛ, à chafcun defquels eftant adioufté le quarré de la perpendiculaire 12, fçauoir eft 144, viendront 1q+144, & 1q+585—42ℛ, pour les quarrez des deux coftez du triangle ; & par confequent iceux coftez feront 𝒱(1q+144), & 𝒱(1q+585—42ℛ.) Et puifque la difference defdits coftez eft 7, adiouftant 7 au moindre cofté 𝒱(1q+144,) viendront 𝒱(1q+144)+7 égaux à 𝒱(1q+585—42ℛ): dôt auffi leurs quarrez 1q+193+𝒱(196q+28224) & 1q+585—42ℛ feront égaux : oftons de part & d'autre 1q+193, & refteront 𝒱(196q+28224) égaux à 392—42ℛ : prenons les quarrez, & viendront 196q+28224 égaux à 1764q+153664—32928ℛ: Adiouftons de part & d'autre 32928ℛ, & oftons 196q+28224 ; nous aurons 1568q égaux à 32928ℛ—125440 : Parquoy chafque quarré vaudra 21ℛ—80 ; & par confequent 1ℛ vaudra 5 : (nous prenons tant icy qu'ailleurs la moindre racine, quand nous voyons que la grande n'eft propre à la chofe donnée.) Le moindre fegment de la bafe fera donc 5, le quarré duquel eftant ioinct à celuy de la perpendiculaire, vient 169, dont la racine quarrée 13 eft pour le moindre cofté, & partant le plus grand fera 20.

Or quand nous parlons de la difference des fegmens de la bafe faicts par la perpendiculaire, nous entendons qu'elle tombe dedans le triangle, & couppe la bafe en deux parties inégales, comme és exemples cy-deffus : Car quant aux triangles, efquels la perpendiculaire tombe dehors, il ne viendra pas la difference des fegmens, ains la bafe d'vn autre triangle dont les coftez feront égaux à ceux du propofé, & la difference des fegmens égale à la bafe donnée: Neantmoins fuiuant les analogies cy-deffus on paruiendra toufiours à la cognoiffance des coftez de quelconques triangles, c'eft à dire que faifant que comme le refte trouué eft à l'aggregé, ainfi le quarré de la difference des coftez foit à vn autre ; & puis apres que comme ladite difference des coftez eft au cofté ou racine quarrée du nombre trouué, ainfi la bafe donnée foit à vn autre, viendra toufiours l'aggregé des coftez. Ainfi la difference des coftez d'vn triangle eftant 2, la bafe 4, & la perpendiculaire 12 ; Soit faict que comme 12 eft à 588, ainfi 4 foit à vn autre, & viendrôt 196, dont la racine quarrée eft 14: Soit auffi faict que comme la difference 2 eft à 14, ainfi la bafe 4 foit à vn autre, & viendront 28 pour l'aggregé des coftez, & partant ils font 13 & 15. Soit encore vn triangle dont la bafe eft 9, la perpendiculaire 12, & la difference des coftez 3 : faifant que comme 72 eft à 648, ainfi 9 foit à vn autre, viendront 81, dont la racine quarrée est 9; & faisant derechef que comme la difference 3 est à 9, ainsi la base 9 soit à vn autre, viendront 27 pour l'aggregé des costez; & partant ils seront 12 & 15: tellement que l'vn d'iceux sera le mesme que la perpendiculaire, & partant le triangle est rectangle.

On cognoistra donc par l'operation où tombera la perpendiculaire, & partant quel sera le triangle: Car si le quarré trouué est moindre que celuy de la base donnée, ladite perpendiculaire tombera dedans le triangle; mais s'il est plus grand, dehors; & si égal, elle sera vn costé du triangle: Neantmoins on cognoistra encore cela, diuisant seulement le quarré de la base par la difference des costez; & si l'exces du quotient par-dessus ladite difference des costez est plus grand que le double de la perpendiculaire, icelle perpendiculaire tombera dedans le triangle; s'il est moindre, dehors; & si égal, elle sera costé du triangle: ce que nous demonstrerons ainsi.

Soit premierement vn triangle ABC, duquel la perpendiculaire A D couppe la base BC en deux segmens inegaux; & du poinct A comme centre, & interuale du moindre costé AB soit descrit le cercle BEF, qui couppe la base BC en E, & le costé AC en F, tellement que EC est la difference des segmens de la base, & FC la difference des costez: Ie dis que le quarré de la base BC appliqué sur la difference des costez FC, donne vne latitude, dont l'exces par-dessus ladite difference FC est plus grand que le double de la perpendiculaire AD. Soit continué le costé CA iusques à ce qu'il rencontre la circonference en G. D'autant que par le Corol. de la 36. p. 3. le rectangle de BC, EC est égal au rectangle de GC, FC, iceluy rectangle de BC, CE estant appliqué sur CF, donnera la latitude ou costé CG, dont l'exces par-dessus la difference CF est le diametre GF, lequel est plus grand que le double de la perpendiculaire AD, le semidiametre AB estant plus grand qu'icelle perpend. AD par la 19. p. 1. Mais par la 2. p. 2. le quarré de BC est plus grand que le rectangle de BC, EC: donc iceluy quarré de BC estant appliqué sur ladite difference CF, donnera vn costé, duquel l'exces par-dessus icelle difference FC, sera beaucoup plus grand que ladite perpendiculaire AD.

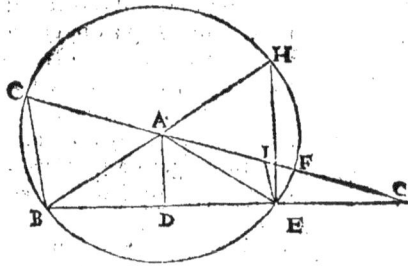

2. Soit le triangle AEC, duquel la perpendiculaire AD tombe hors le triangle sur le costé CE prolongé iusques à la circonference B: ayant descrit le cercle BGH, & tiré le diametre BAH, soit menée HE, laquelle sera double de la perpendiculaire AD; BH & BE estant couppées en deux également par icelle AD: finalement ayant ioinct BG, soit tirée EI parallele à BG. Puisque le rectangle de BC, EC est égal au rectangle de GC, FC par le susdit Corollaire de la 36. p. 3. comme GC est à BC, ainsi EC est à FC. Mais aussi comme GC est à BC, ainsi IC est à EC par la 4. p. 6. Donc comme IC est à EC, ainsi EC est à FC; & partant par la 17. p. 6. le quarré de EC sera égal au rectangle de

IC, FC. Parquoy le quarré de EC eſtant appliqué ſur la différence FC, viendra IC, dont l'excez par-deſſus FC eſt IF, que ie dis eſtre moindre que EH double de la perpendiculaire AD. Car puiſque BG, EI ſont paralleles, comme GI eſt à IC, ainſi BE eſt à EC par la 2. p. 6. & partant BE eſt à GI, comme EC eſt à IC. Mais EC eſt moindre que IC, (car nous auons demonſtré que FC, EC, & IC ſont prop.) Donc auſſi BE ſera moindre que GI. Et d'autant que par la 2. p. 6. EH & AD ſont paralleles, l'angle BEH ſera droict, eſtant égal au droict ADB par la 29. p. 1. & par la 47. p. 1. le quarré de BH eſt égal aux deux quarrez de BE, EH : Mais le quarré de GF eſt égal à celuy de BH : Donc le quarré de GF, moins celuy de BE, ſera égal au quarré de EH : Parquoy le meſme quarré de GF eſtant diminué du quarré de GI, plus grand que celuy de BE, reſtera vn plan moindre que ledit quarré de EH. Mais par la 4. p. 2. le quarré de GF eſt égal aux deux quarrez de GI, IF, & deux fois le rectangle d'icelles GI, IF : donc le quarré de GF, moins le quarré de GI, ſera égal au quarré de IF, & deux fois le rectangle de GI, IF : Parquoy le quarré de IF, & deux fois le rectangle de GI, IF, ſeront moindre que le quarré de EH : donc le ſeul quarré de IF, ſera beaucoup moindre qu'iceluy quarré de EH ; & partant la ligne IF ſera auſſi moindre que la ligne EH double de la perpendiculaire AD.

3. La troiſieſme partie eſt ſi manifeſte par la premiere figure & demonſtration de la 36. p. 3. qu'il n'eſt beſoing de nous y arreſter d'auantage.

7. Eſtant cogneuë la perpendiculaire d'vn triangle, la différence des ſegmens de la baſe faicts par icelle, & l'aggregé des coſtez ; les trois coſtez du triangle ſeront trouuez, & par conſequent auſſi le contenu d'iceluy.

Car par la demonſtration du prob. 119. de Henrion, il eſt éuident que comme la différence d'entre le quarré de l'aggregé des coſtez, & celuy de la différence des ſegmens eſt à la différence d'entre ledit quarré de l'aggregé, & le compoſé du quarré de ladite différence des ſegmens auec le quadruple de celuy de la perpendiculaire, ainſi ledit quarré de l'aggregé des coſtez eſt au quarré de la baſe ; & ainſi auſſi le quarré de la différence des ſegmens eſt au quarré de la différence des coſtez : Parquoy ayant oſté le quarré de la différence des ſegmens de celuy de l'aggregé des coſtez, & mis le reſte à part, ſoit adiouſté ledit quarré de la différence des ſegmens au quadruple du quarré de la perpendiculaire, & oſtez le produict du quarré dudit aggregé des coſtez ; puis faictes que comme le premier reſte eſt à celuy-cy, ainſi ledit quarré de l'aggregé ſoit à vn autre, & viendra le quarré de la baſe : Mais faiſant qu'ainſi ſoit ledit quarré de la différence des ſegmens à vn autre, viendra le quarré de la différence des coſtez. Ainſi la perpendiculaire d'vn triangle eſtant 12, l'aggregé des iambes 33, & la différence des ſegmens de la baſe 11 : pour trouuer les coſtez du triangle, ſoient pris les quarrez de l'aggregé des iambes, & de la différence des ſegmens, qui ſeront 1089 & 121 : le moindre deſquels quarrez ſoit oſté du plus grand, & reſteront 968, leſquels ſoient gardez à part : puis i'adiouſte ledit quarré 121 auec 576 quadruple du quarré de la perpendiculaire, & ſeront 697, leſquels ſoient oſtez deſdits 1089 quarré de l'aggregé des iambes, & reſteront 392 : Maintenant ſoit faict que comme le premier reſte

L. iij.

968 est à celuy-cy 392, ainsi 1089 quarré de l'aggregé soit à vn autre. & viendront 441, pour le quarré de la base du triangle, qui partant sera 21 : Mais faisant que comme lesdits 968 sont ausdits 392, ainsi 121 quarré de la difference des segmens soit à vn autre nombre, viendront 49, pour le quarré de la difference des costez, qui partant sera 7 : Et puisque l'aggregé d'iceux costez est 33, le moindre sera 13, & l'autre 20. Multipliant donc la base 21 par la moitié de la perpendiculaire, sçauoir est par 6, viendront 126 pour le contenu du triangle proposé.

Soit encore vn triangle, duquel la perpendiculaire estant 12, l'aggregé des costez est 28, & la difference des segmens de la base 4. Posons que le moindre costé soit 1℞ : Donc l'autre sera 28—1℞ ; & partant leurs quarrez seront 1q, & 1q+784—56℞ : de chascun desquels ostons le quarré de la perpendiculaire 144, & resteront 1q—144 pour le quarré du moindre segment, & 1q+640—56℞ pour le quarré du plus grand segment ; & partant lesdits segmens seront $\sqrt{}$ (1q—144), & $\sqrt{}$ (1q+640—56℞.) Et puisque l'excez desdits segmens est 4, adioustons 4 au moindre segment, & viendront $\sqrt{}$ (1q—144) +4 égaux au plus grand segment $\sqrt{}$(1q+640—56℞), prenons les quarrez de part & d'autre, & viendront 1q—128+$\sqrt{}$(64q—9216) égaux à 1q+640—56℞. Ostons 1q—128 de chascun, & resteront $\sqrt{}$ (64q—9216) égaux à 768—56℞ : prenõs les quarrez, & viẽdront 64q—9216 égaux à 31369+589824—86016℞: Adioustons de part & d'autre 9216, & viendront 64q égaux à 31369+599040 —86016℞: adioustons encore 86016℞, & viendront 64q+86019℞ égaux à 31369+599040: Ostons finablement de part & d'autre 64q, & 599040, & resteront 86016℞—599040 égaux à 30729: Parquoy 1q vaudra 28℞—195 ; & partant 1℞ vaudra 13: donc le moindre costé sera 13, l'autre 15, & la base 14: laquelle estant multipliée par 6 moitié de la perpendiculaire, viendront 84 pour le contenu du triangle.

8. *La base d'vn triangle estant donnée, la perpendiculaire, & aussi la raison des iambes, icelles seront trouuez.*

Car faisant que comme la moitié de la difference des segmens de la base, couppée selon la raison donnée, est au moindre segment, ainsi le plus grand segment soit à vn autre, iceluy sera l'aggregé des extrémes de trois proportionnelles, desquelles la perpendiculaire donnée est la moyenne, & chascune d'icelles extrémes, la distance de ladite perpendiculaire, iusques au poinct de la susdite section : Ce que nous demonstrerons sommairement ainsi qu'il ensuit, delaissant au Lecteur à veoir ce que les doctes Viettes, Cyriac, & Andresson ont faict & remarqué sur ce prob. lequel auoit ja esté traicté par Regiomontanus & Nonius, mais par voye Algebraïque seulement.

Soit vn triangle ABC, duquel la perpendiculaire est BD, qui tombant dans ledit triangle couppe la base AC en deux segmens inégaux, desquels le moindre est AD, & le plus grand DB : icelle base soit aussi couppée en deux également & à angles droicts par la ligne EFG, afin qu'en icelle soit le centre du cercle ABCG, qui circonscrit le triangle ABC, & qu'elle couppe la periphere AGC en deux également en G, ainsi qu'il appert par le Corol. de la 1.p. 3. & 30. p. du mesme liure: estant donc mené la ligne droicte BHG, elle couppera l'angle ABC en deux également par la 27. p. 3. & la bafe AC felon la raifon des coftez AB, BC par la 3. p. 6. Finablemēt fur icelle BG, & au point B foit efleuée la perpendiculaire BI fi grande qu'elle aille rencontrer la bafe CA prolongée en I. (Ce qui doit aduenir, les deux angles IBD, AHB eſtans moindres que deux droiĉts.) Et puiſque les angles HBI, HFG font droiĉts, & les angles BHI, HFG égaux par la 15. p. 1. lestriangles IBH, GHF font

équiangles ; & par la 4. p. 6. comme IH eſt à HB, ainſi GH eſt à HF; & par la 16. p. 6. le reĉtangle de IH, HF fera égal au reĉtangle de BH, HG. Mais par la 35. p. 3. iceluy reĉtangle de BH, HG eſt égal au reĉtangle de AH, HC : donc le reĉtangle de IH, HF fera auſſi égal au reĉtangle de AH, HC; & partant par la 16. p. 6. comme HF eſt à HA, ain-fi HC eſt à HI. Mais icelle HI eſt oppofée à l'angle droiĉt IBH, duquel tombe la perpendiculaire BD : dōc par le Corol. de la 8. p. 6. icelle BD eſt moyenne prop. entre les fegmens ID, DH; & partant IH eſt l'aggregé des extrémes de trois prop. dont la perpend. BD eſt la moyenne, & DH moindre extréme, la diſtance de ladite perpend. au poinĉt de feĉtion H, auquel la bafe eſt couppée felon la raifon des coſtez AB, BC.

Que fi la perpendiculaire tombe hors le triangle, comme eſt icy KL, qui tombe hors le triangle AKC, on demonſtrera en la mefme maniere que deſſus, que comme HF eſt à HA, ainſi HC fera à HI; & ce ayant defcrit vn cercle à l'entour dudit triangle AKC, mené KM, & la perpendiculaire KI fi longue qu'elle aille rencontrer la bafe CA prolongée. La ligne HI eſt donc l'aggregé des extrémes de trois proportionnelles, la perpendiculaire KL la moyenne, & LH la plus grande defdits extrémes, laquelle eſt la diſtance de ladite perpendiculaire au poinĉt de feĉtion H faiĉt felon la raifon des coſtez AK, KC. Nous auons donc demonſtré ce qui eſtoit propofé.

Si donc la bafe AC eſt 42, la perpendiculaire BD, ou KL 36, & la raifon des coſtez eſt comme 13 à 15 ; foit premierement trouué chafque fegment AH, HC, faifant que comme 28 (qui eſt l'aggregé des termes de la raifon donnée) eſt à 13, ainſi la bafe 42 foit à vn autre, & viendront $19\frac{1}{2}$ pour le moindre fegment AH; & partant l'autre fegment HC eſt $22\frac{1}{2}$, & HF moitié de la difference defdits fegmens $1\frac{1}{2}$: faifant donc que HF $1\frac{1}{2}$ eſt à AH $19\frac{1}{2}$, aifin HC $22\frac{1}{2}$ foit à vn autre, viendront $292\frac{1}{2}$ pour HI, dont la moitié eſt $146\frac{1}{4}$, & le quarré d'icelle $\frac{342225}{16}$ duquel eſtant oſté $\frac{20736}{16}$ quarré de la perpendiculaire, reſtent $\frac{321489}{16}$, dont la racine quarrée $141\frac{3}{4}$ eſtant oſtée de ladite moitié $146\frac{1}{4}$, reſteront $4\frac{1}{2}$, pour la moindre extréme DH, qui oſtée de AH $19\frac{1}{2}$, reſtēt 15 pour AD moindre des fegmens faiĉts par la perpendiculaire BD; &

partant le costé AB sera de 39, & BC de 45. Mais ladite racine $141\frac{3}{4}$ estant adioustée à la susdite moitié $146\frac{1}{4}$ viendront 288 pour la plus grande extréme HL, de laquelle estant osté le segment AH $19\frac{1}{2}$, resteront $268\frac{1}{2}$ pour la distance AL, & partant la toute LC sera $310\frac{1}{2}$: adioustons donc à chascun des quarrez d'icelles LA, LC, le quarré de KL, & viendront $\frac{293553}{4}$ & $\frac{390825}{4}$ pour les quarrez des costez AK & KC; & partant ils seront $\sqrt{\frac{293553}{4}}$ & $\sqrt{\frac{390825}{4}}$. Or iceux sont entr'eux en la raison donnée, sçauoir est comme 13 à 15; car multipliant les extrémes $\sqrt{\frac{293553}{4}}$ & 15 entr'eux, & aussi les milieux $\sqrt{\frac{390825}{4}}$ & 13 entr'eux, prouient vn mesme nombre, sçauoir est $\sqrt{\frac{66049425}{4}}$.

Or nous ne parlons point icy de la raison d'égalité, pource que quand telle raison est donnée, la cheutte de la perpendiculaire, & aussi le poinct de section faicte en la base selon ladite raison, aduiennent en vn mesme poinct, sçauoir est au milieu de ladite base, comme appert par ce qui est demonstré tant en la 3.p.6. qu'au scholie de la 26.p.1. Parquoy le quarré de ladite moitié de la base estant adiousté au quarré de la perpendiculaire, viendra le quarré de chasque costé du triangle.

Nous trouuerons encore par autre maniere lesdits costez: Soit donc derechef le triangle ABC, ayant les mesmes choses que deuant données, & soit couppé l'angle ABC en deux également par la ligne BH, afin que la base AC soit aussi couppée en H, selon la raison des costez AB, BC; & ayant pris BR égale à AB, soit menée HR, & du poinct R abbaissé la perpendiculaire RS. Or puisque la base AC est 42, & la perpendiculaire BD 36, le contenu du triangle ABC sera 756.

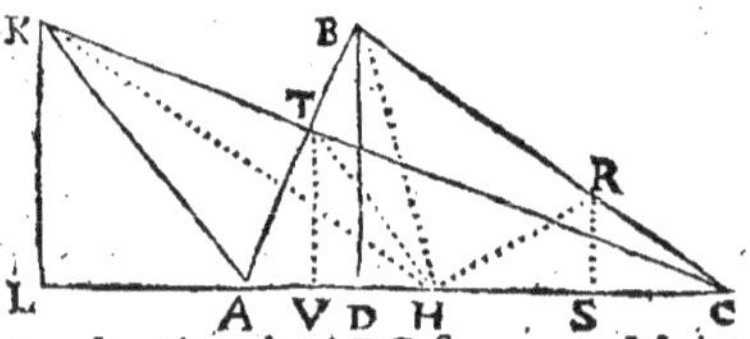

Mais par la 1.p.6. les triangles ABC, ABH, & HBC sont entr'eux comme leurs bases AC, AH, & HC: Faisant donc que comme AC 42 est à AH $19\frac{1}{2}$, ainsi le contenu du triangle ABC 756 soit à vn autre, viendront 351 pour le contenu du triangle AHB; lequel on auroit aussi multipliant la base AH par la moitié de la perpend. BD 18: le contenu de l'autre triangle HBC sera donc 405. Mais les deux triangles ABH, HBR ont le costé BH commun, & les costez AB, BR égaux, & les angles ABH, HBR aussi égaux; & partant ils sont égaux par la 4.p.1. & la base HR égale à AH sera $19\frac{1}{2}$. Ostant donc le contenu du triangle ABH de celuy de ABC, resteront 54 pour le contenu du petit triangle HRC, qui diuisé par la base HC $22\frac{1}{2}$, viendront $2\frac{2}{5}$ pour la moitié de la perpendiculaire RS, & partant icelle est $4\frac{4}{5}$, dont le quarré estant osté de celuy de HR, resteront $\frac{35721}{100}$ pour le quarré de HS; & partant icelle HS sera $18\frac{9}{10}$, & par consequent le reste SC sera $3\frac{3}{5}$. Et d'autant que les triangles rectangles BDC, RSC sont équiangles, faisant que comme RS $4\frac{4}{5}$ est à SC $3\frac{3}{5}$, ainsi BD 36 soit à vn autre, viendront 27 pour DC; & partant l'autre segment AD sera 15. Maintenant les deux triangles rectangles AKD, KDC ont chascun les deux costez de l'angle droict cogneus; & partant le costé AK sera trouué de 39, & KC de 45, comme deuant. Quant aux costez AK, KC, du triangle AKC, ils seront aussi trouuez en la mesme maniere, ayant pris KT égale à AK; & tiré HT, TV;

telle

tellement que VH fera trouuée de $18\frac{9}{10}$, comme HS, & icelle iointe à HC, viendront $41\frac{4}{5}$ pour VC, au moyen de laquelle, LC fera trouuée de $310\frac{1}{2}$, & partant LA de $268\frac{1}{2}$, &c.

Or il appert qu'eſtant cognuë la baſe, l'aire, & la raiſon des coſtez ; qu'iceux coſtez feront trouuez tout ainſi que deſſus, puiſque diuiſant l'aire par la moitié de la baſe, viendra la perpendiculaire.

Or nous mettrõs encore icy l'operatiõ Algebraïque de Regiomontanus : Soit vn triangle duquel la baſe ſoit 20, la perpendiculaire 5, & la raiſon du moindre coſté au plus grand ſoit comme 3 à 5. Poſons que la difference des ſegmens de la baſe faicts par la perpendiculaire ſoit 2 ℞ : Donc le reſte de la baſe, qui eſt le double du moindre ſegment ſera 20—2℞ ; & partant iceluy ſegment ſera 10—1℞, & l'autre 10+1℞ : les quarrez d'iceux ſegmens ſeront donc 1q+100—20℞, & 1q+20℞+100 ; à chaſcun deſquels eſtãt adiouſté 25, quarré de la perpendiculaire, viendront 1q+125—20℞, & 1q+20℞+125, pour les quarrez des coſtez du triangle. Et puiſque leſdits coſtez ſont entre eux comme 3 à 5, leurs quarrez ſeront entr'eux comme 9 à 25 ; & partant 1q+125—20℞ eſt à 1q+20℞+125, comme 9 à 25 ; tellement que multipliant les extrémes entr'eux, & les moyens auſſi entr'eux, les produicts ſeront égaux, ſçauoir eſt 25q+3125—500℞ à 9q+180℞+1125. Adiouſtant & ſouſtrayant choſes égales de part & d'autre, viendront finablement 16q égaux à 680℞—2000 : & partant la valleur de 1℞ ſera $\frac{85}{4}$—$\sqrt{\frac{5125}{16}}$. Et puiſque le moindre ſegment a eſté trouué de 10—1℞, iceluy ſera $\sqrt{\frac{5125}{16}}$—$11\frac{1}{4}$, & ſon quarré $453\frac{1}{8}$—$\sqrt{165322\frac{17}{64}}$, auquel eſtant adiouſté 25, quarré de la perpendiculaire, viendront $478\frac{1}{8}$—$\sqrt{165322\frac{17}{64}}$, pour le quarré du moindre coſté, & partant iceluy coſté ſera $\sqrt{(478\frac{1}{8}—\sqrt{165322\frac{17}{64}})}$. Or le plus grand ſegment a eſté trouué de 10+1℞ ; Iceluy ſera donc $31\frac{1}{4}$—$\sqrt{\frac{5125}{16}}$, & ſon quarré $1303\frac{1}{8}$—$\sqrt{1275634\frac{49}{64}}$, auquel adiouſtãt le quarré de la perpendiculaire viendront $1328\frac{1}{8}$—$\sqrt{1275634\frac{49}{64}}$ pour le quarré du plus grand coſté du triangle, qui partant ſera $\sqrt{(1328\frac{1}{8}—\sqrt{1275634\frac{49}{64}})}$. Il faut donc que comme 3 eſt à 5, ainſi $\sqrt{(478\frac{1}{8}—\sqrt{165322\frac{17}{64}})}$ ſoit à $\sqrt{(1328\frac{1}{8}—\sqrt{1275634\frac{49}{64}})}$, & par conſequent que le produict des extrémes ſoit égal à celuy des moyens.

Or nous auions encore mais icy pluſieurs autres problemes, mais pour la commodité des Imprimeurs, qui n'auoient telle quantité de chiffres & autres caractères qu'il en eſtoit beſoin pour mettre & inferer tous leſdits problemes de ſuitte, nous les auons transferé à la fin du chapitre ſuiuant, & diſperſez çà & là parmy d'autres que l'ordre ne permettoit eſtre mis ailleurs qu'à la fin dudit chapitre.

Par quel moyen eſt trouuée la capacité de tout triangle, ſans autre perquiſition que des coſteℤ.

CHAP. V.

Si les trois coſteℤ d'vn triangle ſont ſouſtraicts ſeparément de la moitié

M

du circuit dudit triangle, les trois differences, desquelles vn chascun costé est different de la moitié du circuit, multipliées, sçauoir la premiere par la seconde, & le produict par la troisiesme, & tiercement tout le produict par icelle moitié du circuit du triangle, la racine quarrée du dernier produict, sera le nombre du contenu du triangle.

POur exemple, soit le triangle ABC, duquel les costez sont 13, 14, & 15: ioincts ensemble font 42, la moitié est 21: de laquelle ie leue 13, restent 8 : de laquelle encores ie leue 14, restent 7 : & d'icelle encor ie leue 15 & restent 6. Ie multiplie donc la premiere difference 8, par la seconde 7, & le produict est 56, lequel ie multiplie par la troisiesme difference 6, & le produict est 336 : ie multiplie encores ce nombre par la moitié du circuit du triangle 21, dont prouient 7056, desquels la racine quarrée 84, est la capacité du triangle proposé. Cela se prouue ainsi qu'il s'ensuit.

Mais il faut estre aduerty, que si le costé d'vn quarré, multiplie deux fois quelque nombre, le produict sera égal à ce qui sera faict du quarré du mesme costé multiplié par ce mesme nombre, par les 16, 17, 18.p.du 7. & par la 7.p.du 9.

Soit donc inscript au triangle le cercle, *par la 4. du 4*, & soient tirées *par la 18. du 3*, les perpendiculaires KG, KH, KI, qui serôt égales, soient aussi tirées KA, KB, & KC. Si donc on multiplie la moitié des trois costez AB, BC, CA, par KG, on obtiendra le contenu cherché *par le 3. ch. de ce liure*.

Or entre le quarré de la ligne AD, (laquelle nous posons estre égale à la moitié du circuit du triangle, comme il sera monstré) & le quarré de GK, le rectangle compris soubs AD, GK (c'est à dire l'aire du triangle ABC) est le moyen proportionnel: d'autant que le quarré de AD est soubs mesme haulteur qu'iceluy rectangle, & cestuy, soubs mesme haulteur que le quarré de K G. Maintenant la ligne BG est égale à BI : CI à CH: AG à AH, *par la 26 du 1*. Si donc AB est pro-

longée iufques à D, en forte que BD foit égale à IC : il eft euident
que AD fera la moitié du circuit du triangle. Soit apres tirée en
angles droicts la ligne DF, iufques à ce qu'elle rencontre la ligne
droicte AKF. Apres foit prolongée AC iufques à E , en forte que
CE foit égale à BI:alors AE fera égale à AD, foit auffi tirée EF,la-
quelle fera égale à DF *par la 4 du 1*,(d'autant qu'elles font fubtenden-
tes, vne chacune de la moitié de l'angle du poinct A.) Soit auffi me
née FC : Apres foit faicte BL égalle à BD , & foyent tirées FB, FL.
Il eft manifefte que le quarré de FC (eftant égal aux quarrez de CE,
EF)n'excedera le quarré de FB,que de ce que le quarré de CE(c'eft à
dire CL) excedera le quarré de DB, ou BL. Il s'enfuit donc (*comme
on peut colliger de la 13 du 2*) que FL eft perpendiculaire fur BC,& par
confequent l'angle BLF droict. La figure donc quadrangulaire
DBLF, ayant deux angles droicts, nous faict cognoiftre que les autres angles DBL & DFL, font égaux à deux droicts, *comme on peut
colliger de là 32 du 1*, Comme font auffi DBL, & ABL *par la 13 du 1*.
Si donc le commun angle DBL eft ofté, les deux reftans DFL &
ABL feront égaux: C'eft à dire le demy angle DFB au demy angle
ABK, dont s'enfuyura que le triangle GKB, fera équiangle à BDF,
& que le rectangle compris foubs GK, DF, fera égal au rectangle de
GB, BD, *par la 16 du 6*.

Or le quarré de GK, eft au rectangle compris foubs DF, GK,
comme la ligne GK à la ligne DF, *par la premiere du 6* : laquelle eft
comme AG à AD *par la 4 du 6*. Parquoy la raifon de AG à AD, fera
comme le quarré de KG au rectangle compris foubs DF, KG, c'eft à
dire au rectangle de GB, BD , *par la 11 du 5*. Voila donc quatre grandeurs proportionnelles : Sçauoir comme la ligne AG, eft à la ligne
AD, ainfi eft le quarré de la perpendiculaire KG, au rectangle de
GB, BD : Tellement qu'en multipliant le quarré de la perpendiculaire GK par la ligne AD, il en fera produict autant, comme en
multipliant le rectangle de GB, BD, par la ligne AG, *par la 16 du 6*,
(Qu'eft multiplier les trois differences, côme il fera môftré cy apres)
& ce produict fera 336 : mais fi ce produict eft multiplié derechef par
AD, il en fera faict 7056, qu'eft autant comme fi le quarré de AD
multiploit le quarré de KG, *comme il a efté dit* : donc la racine quarrée 84, eft la moyenne proportionnelle entre le quarré de AD & le
quarré de KG, *par le corollaire de la 17 du 6*, & par confequent éga-
e à la capacité du triangle ABC, eftant l'aire du triangle moyen.

entre lefdicts deux quarrez, *comme il a efté dit.*

Or que GB, BD, & AG foyent les trois differences, il fe prouue ainfi. La ligne AD eft la moitié du circuit du triangle, la ligne AB faict 14, BD fera donc 7 (c'eft à dire IC) qui eft l'vne des differences, de laquelle le cofté AB eft moindre que AD.

Secondement BG eft égalle à BI, *par la 26 du* 1, laquelle BI doit contenir 8, eftant BC de 15. Il s'enfuit donc, que GD eft égale au cofté BC, & differe de AD, de la ligne AG, qui eft vne autre difference contenant 6. Tiercement, BD eft égale à IC (c'eft à dire à HC) & GA à HA, *par la 26 du* 1: il refte donc manifefte le cofté AC eftre different de AD, de la ligne GB (qui eft 8) *ce qu'il falloit demonftrer.*

Cecy eft aufsi demonftré au chap. 2. du 5.l. de la Geometrie de Henrion : & i'eftime que fa demonftration fera trouuée plus facile & intelligible que celle-cy : & pour en faciliter la pratique, nous mettrons encore icy deux exemples; la premiere d'vn triangle ambligone, & l'autre d'vn rectangle. Soit donc vn triangle, dont les coftez foient 7, 15, & 20 : i'adioufte iceux coftez, & font 42; la moitié eft donc 21, de laquelle i'ofte chafque cofté & reftent 14, 6, & 1: lefquels reftes multipliez entr'eux, font 84, ½ qui multipliez par la moitié 21, donnent 1764, dont la racine 42 eft l'aire du triangle propofé. Les coftez d'vn triangle foient encore 6, 8 & 10: l'aggregé d'iceux eft 24, la moitié 12, & la difference d'icelle moitié à chafque cofté eft 6, 4, & 2, lefquelles differences multipliées entr'elles produifent 48, qui multipliez par ladite moitié 12, oft produict 576, dont la racine 24 eft le contenu du triangle. Venons maintenant aux prop. & problemes cy-deuant promis.

1. *Les coftez d'vn triangle eftans cogneus ; le diametre du cercle infcriptible en iceluy fera trouué.*

Car puifque par la demonftration de noftre Autheur, il appert que le rectangle fait foubs la moitié du circuit de quelcóque triangle, & le femy-diametre du cercle infcript en iceluy, eft égal au contenu dudit triangle; ayant trouué ledit aire du triangle, fi on le diuife par la moitié du circuit, viendra au quotient le femy-diametre du cercle propofé. Ainfi pour trouuer le diametre du cercle GHI infcript au triangle ABC, dont les coftez font cogneus, fçauoir eft 13, 14, & 15 ; foit cherché l'aire dudit triangle, lequel eftant trouué de 84, foit diuifé iceluy nombre par 21, moitié du circuit dudit triangle, & viendront 4 pour le femy-diametre GK; & partant le diametre entier eft 8.

D'auantage, puifque tant le rectangle compris foubs la bafe d'vn triangle, & la perpendiculaire tombante fur icelle, que celuy faict foubs la moitié du circuit dudit triangle, & le femy-diametre du cercle infcript; comme la moitié du perimetre ou circuit du triangle eft à la bafe, ainfi la perpendiculaire fera au diametre du cercle: Parquoy ayant trouué la perpendiculaire du triangle cy-deffus ABC eftre 11⅕, faifant que comme 21 moitié du circuit eft à la bafe BC 15, ainfi ladite perpendiculaire 11⅕ foit à vn autre, viendra de re-

chef 8 pour le diametre dudit cercle G H I. Ledit diametre pourroit aussi
estre trouué par les sinus : car puisque les trois costez sont cogneus, on
trouuera les angles, & puis apres on aura vn triangle A K B, dont les angles
seront cogneus, & la base A B ; tellement qu'on cognoistra l'vn des costez
comme A K, par le moyen duquel on trouuera GK.

2. *Les costez d'vn triangle estans cogneus, les distances de chascun des angles iusques au*
centre du cercle inscript en iceluy seront cogneus, & aussi les segmens de chascun desdits
costez faicts par les poincts d'attouchemens dudit cercle.

Car, puisque par la demonstration precedente il appert que A D, moitié des costez du triangle A B C,
est composée du costé A B, & du
segment C I ; si de ladite moitié A D
21 on oste ledit costé A B 14, restera
B D, ou C I de 7 ; & partant l'autre
segment B L sera 8 : Et puisque les
deux segmens qui comprennent
chasque angle du triâgle sont égaux,
le segment B G sera 8 ; & partant A G
& A H chascun de 6, & C H de 7.
Quant aux distances A K, B K & C K,
elles sont hypotenuses des trois triâ-
gles rectangles A K G, B K G, & C K I,
lesquels (ayant trouué par la precedente prop. le semy-diametre K G
de 4) ont les deux costez de l'angle
droict cogneus ; & partant A K sera
trouuée de √52, B K de √80, & C K √65. Posons encore que A B soit 15, BC 20,
& A C 7 : la moitié de l'aggregé d'iceux costez est 21, & le semy-diametre 2 ;
ostons de ladite moitié 21, A B 15, & resteront 6 pour le segment C I ; & partant les segmens égaux B I, B G seront chascun 14 ; & A G, A H, 1, & C H 6 :
Mais la distance A K sera donc seulement √5 ; B K √200 ; & C K √40.

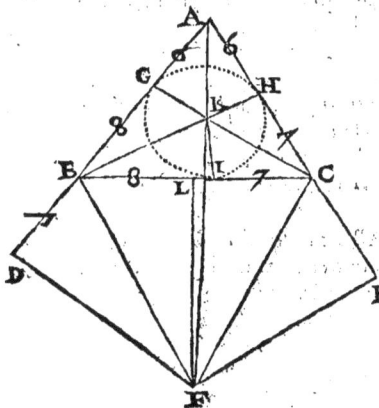

Les mesmes choses pouroient aussi estre trouuées par les sinus, mais non si
precisément que par la voye cy-dessus, pource que la table des sinus n'estant
d'elle mesme exacte, ce qui en viendra ne le sera aussi ; toutesfois les erreurs
sont insensibles. Si donc on veut proceder par ladite voye des sinus ou de-
my-cordes, soient trouuez premierement les angles dudit triangle oxigone
A B C, qui seront, sçauoir A 67 d. 22 m. 49 sec. B 53 d. 8 m. 9 sec. & C 59 d. 29
m. 2 sec. tellement que chascun des triangles A K B, B K C a deux angles cogneus, & vn costé ; & partant les autres costez A K, B K, & C K seront trouuez,
sçauoir est A K enuiron 7 $\frac{6}{19}$, B K 8 $\frac{17}{19}$, & C K 8 $\frac{1}{16}$: Maintenant chascun des
triangles rectangles A K G, B K I & A K H a les angles cogneus, & vn costé ; &
partant les autres costez seront trouuez, sçauoir est le semy-diametre K G
4 ; le segment A G 6, B I 8, & A H 6 ; & par consequent les segmens restans
seront, sçauoir B G 8, C I 7, & C H 7. Mais presuposant la demonstration
cy-dessus, le segment A G estant trouué, il ne seroit besoing chercher les au-

ties, veu que par iceluy segment A G ils peuuent estre cogneus.

3. *Le diametre d'vn cercle inscript en vn triangle estant cogneu, & aussi la proportion*
des costez d'iceluy triangle, lesdits costez seront trouuez.

Car ayant trouué le diametre du cercle inscriptible au triangle faict des termes de la proportion donnée ; iceluy diametre sera à chasque terme, comme
le diametre donné est au costé homologue, veu que les triangles sont
équiangles. Parquoy le diametre d'vn cercle inscript dans vn triangle, dont
les costez sont entr'eux comme les nombres 3, 4 & 5, estant 12 : le diametre
du cercle inscript dans le triangle, ayant pour costez ces nombres 3, 4 & 5,
sera trouué par la 1. prop. estre 2 ; & faisant que comme 2 est à 3, ainsi 12 soit à
vn autre, viendra 18 pour le moindre costé cherché ; que comme 2 est à 4,
ainsi 12 soit à vn autre, viendront 24 pour le moyen costé ; & que comme 2
est à 5, ainsi 12 soit à vn autre, viendront 30 pour le plus grand costé ; tellement que 18, 24 & 30, sont les costez du triangle, auquel peut estre inscript
vn cercle ayant le diametre de 12, & selon la proportion donnée.

4. *Estans cogneus les costez d'vn triangle, duquel les angles soient couppez en deux*
également par lignes droictes qui couppent aussi les costez opposez ; les segmens tant d'i-
ceux costez, que d'icelles lignes seront trouuez.

Soit le triangle ABC, duquel le costé AB est 13, AC 15, & BC 14 ; & les angles A, B, & C sont couppez en deux également par les lignes droictes AD
BE, CF, lesquelles s'entrecouppent en G : Ie dis
que les segmens AF, BF, AE, CE, BD, CD, AG,
GD, BG, GE, CG, & GF peuuent estre cogneus.
Car puisque les angles A, B & C sont couppez en
deux également par les lignes AD, BE, & CF, qui
couppent aussi les bases opposées, les segmens de
chascune d'icelles seront entr'eux comme les deux
autres costez ; par la 3. p. 6. & partant comme AB
est à AC, ainsi BD sera à DC ; & en composant
comme BAC est à AC, ainsi BC sera à DC : Iceluy
DC sera donc 7 $\frac{1}{2}$; & partant BD 6 $\frac{1}{2}$: Par mesme
raison comme ABC sera à BC, ainsi AC sera à CE, qui partant sera 7 $\frac{2}{3}$, &
AE 7 $\frac{1}{3}$: Semblablement comme ACB est à CB, ainsi AB est à BF, qui partant sera 6 $\frac{8}{29}$, & AF 6 $\frac{21}{29}$: voila donc desia les segmens des costez cogneus :
Et quant à ceux des lignes couppantes AD, BE & CF, nous demonstrerons
premierement qu'icelles s'entrecouppent mutuellement en vn seul poinct
G. D'autant que AB est à AC, comme BD est à DC ; en permutant AB sera à
BD, comme AC à CD : tellement que les angles B & C des triangles ABD,
ACD, qui ont vne mesme base AD, estans couppez en deux également par
les lignes BE, CF ; icelles lignes coupperont aussi ladite base AD en la raison
des costez desdits angles, & par consequent en vn mesme poinct G, puis
qu'icelles raisons sont vne mesme, & les costez homologues de mesme part.
Maintenant donc le poinct G estant le centre du cercle inscriptible en iceluy
triangle, les semy-diametres d'iceluy cercle, tombant au poinct d'attouchement des costez dudit triangle ABC & les segmens de chasque costé faicts

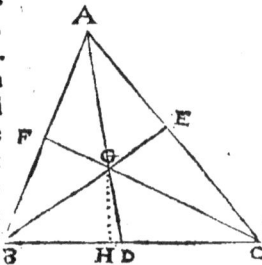

par lefdits femy-diametres feront cogneus par les chofes cy-deuant dictes, ou auffi les fegmens AG, BG, & CG ; par le moyen defquels il fera aifé de trouuer les fegmens reftans GD, GE & GF: comme pour exemple, voulant cognoiftre BG & GD ; ie trouue premierement que le femy-diametre ou perpendiculaire GH eft 4 ; le fegment BH 6, qui ofté de BD 6½, refte ½ pour HD : le triangle BGD a donc les deux fegmens de la bafe BH, HD cogneus, & la perpendiculaire GH ; & partant puifque par la 47. p. 1. le quarré du cofté oppofé à l'angle droit H eft égal aux deux quarrez des deux autres coftez, BG fera γ 52, & GD γ 16 ¼ : Procedant en la mefme maniere és autres triangles, les fegmens feront cogneus, fçauoir AG γ 65, qui adiouftez à GD γ 16¼, viendront γ 146¼ pour toute la ligne AD : FG γ 16 64/841, & GC γ 80, qui adiouftez enfemble donnent γ 167 673/841 pour toute la ligne CF : GE γ 16 4/81 qui adiouftez à BG γ 52, donnent γ 125 67/81 pour toute la ligne BE. Nous auons donc trouué toutes les lignes propofées.

Les mefmes lignes pourroient auffi eftre trouuées affez aifément par les finus : Car puifque les trois coftez du triangle ABC font donnez, les trois angles feront trouuez, puis apres tous les triangles ABG, ABD, BGC, BEC, & BFC auront chafcun deux angles cogneus, & vn cofté, & partant le refte d'iceux fera trouué, qui fera le requis.

5. *Eftans cogneus les coftez d'vn triangle, lefquels foient couppez en deux également par lignes droictes menées des angles oppofez ; icelles lignes feront cogneues, & auffi les fegmens d'icelles faicts par l'vr interfection.*

Afin de rendre l'operation de cecy plus facile & intelligible, nous demonftrerons au prealable que lefdites lignes s'entrecouppent mutuellement en vn poinct ; & que les fegmens de deuers les angles font doubles des autres.

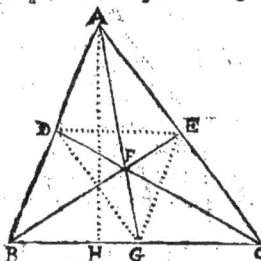

Soit vn triangle ABC, duquel deux coftez AB & AC foient couppez en deux également és poincts D & E par les lignes droictes BE, CD, qui s'entrecouppent en F, par lequel poinct foit menée de l'angle A la ligne droicte AFG : ie dis que le cofté BC eft auffi couppé en deux également en G, & que le fegment BF eft double du reftant FE ; CF de FD ; & AF de FG. Car ayant tiré la ligne droicte DE, elle fera parallele à BC par la 2. p. 6. AD eftant à DB comme AE à EC ; & par la 35. p. 1. les triangles BDC, CED feront égaux, defquels oftant le commun BFC, les reftans BDF, CEF ferôt égaux. Mais par la 1. p. 6. le triangle ADF eft égal au triangle BDF, & le triangle AEF au triangle CEF : donc tout le triangle AFB fera égal à tout le triangle AFC. Mais comme le triangle AFB eft au triangle BFG, ainfi le triangle AFC eft au triangle CFG, eftant en mefme raifon que les bafes AF, FG, par la 1. p. 6. donc les triangles BFG, CFG feront égaux, & les bafes BG, CG égales; tellement que le cofté BC fera couppé en deux également en G. Et d'autant que comme AB eft à AD, ainfi BC eft à DE ; icelle BC eft double de DE : Mais les triangles DFE eftans équiangles, comme BC eft double de DE, ainfi auffi BF fera double de

FE; & CF de FD : Par mesmes raisons AF sera double de FG : appert donc
ce qui estoit proposé à demonstrer ; & d'auantage que les trois poincts de
section estans ioincts par lignes droictes, que tout le triangle sera diuisé en
4 triangles égaux. Maintenant pour cognoistre icelles lignes AG, BE, CD,
soit trouué la perpendiculaire tombante de chasque angle sur son costé opposé, & les segmens dudit costé faicts par icelle perp. comme pour exemple, voulant trouuer la ligne AG, soit trouué la perpendiculaire AH, qui sera
12, (le costé AB estant 13, BC 14 & AC 15;) & le segment BH 5, qui osté de BD
7, restera 2 pour HG, dont le quarré 4 estant adiousté au quarré de AH,
qui est 144, viennent 148, dont la racine quarrée $\sqrt{148}$ est pour la ligne AG :
Et puis qu'elle est triple de FG, AF sera $\sqrt{65\frac{7}{9}}$, & FG $\sqrt{16\frac{4}{9}}$. Et procedant ainsi
pour les autres lignes ; BE sera $\sqrt{126\frac{1}{4}}$, BF $\sqrt{56\frac{1}{4}}$, FE $\sqrt{14\frac{1}{36}}$, CD $\sqrt{168\frac{1}{4}}$, CF
$\sqrt{74\frac{7}{9}}$, & FD $\sqrt{18\frac{25}{36}}$. Et quant aux lignes qui conioignent les poincts de section
des costez, elles seront aisément cogneuës s'il en est besoin ; chascune estant
moitié du costé opposé ; tellement que DE sera 7, DG 7 $\frac{1}{2}$ & EG 6 $\frac{1}{2}$.

　　Les mesmes choses pourront aussi estre trouuées par la computation des
triangles rectilignes ; car puisque les trois costez du triangle sont cogneus,
& couppez en deux également, il y aura en chasque triangle deux costez cogneus, & l'angle qu'ils comprennent.

6. *Estant cogneu le semy-diametre d'vn cercle inscript dans vn triangle, dont les seg-*
mens de l'vn des costez d'iceluy, faicts par le poinct d'attouchement dudit cercle, soient
aussi cogneuz ; les deux autres costez du triangle seront trouuez.

　　Soit le triangle oxigone ABC, dans lequel est inscript le cercle EFG, du
centre duquel tombent les semy-diametres DE, DF, DG aux points d'attou-

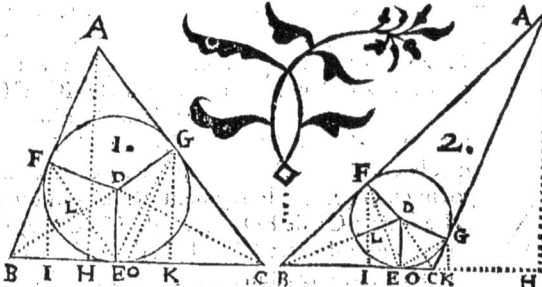

chemens E, F, G ;
estans chascun 4, &
les segmens BE 6,
EC 8 ; Ie dis que les
costez AB, AC
peuuent estre trou-
uez. Car il appert
par les choses de-
monstrées és pre-
cedentes prop. que
BF sera 6, CG 8, BD
$\sqrt{52}$, & CD $\sqrt{80}$: des poincts F, A, G soient abbaissées les perpendicul. FI, AH
& GK. D'autant que les triangles rectangles BFD, BED ont les costez
égaux, estant menée la ligne droicte FE, elle couppera BD à angles droicts en
L ; & partant les triangles BED, DLE sont semblables ; & comme BD $\sqrt{52}$ est
à BE 6, ainsi DE 4 sera à EL $\sqrt{11\frac{1}{13}}$, & partant son double FE sera $\sqrt{44\frac{4}{13}}$: Ainsi
EG sera trouuée de $\sqrt{51\frac{1}{4}}$. Parquoy les triangles isoscelles BFE, CGE ont les
trois costez cogneus, & partant les perpendiculaires, & segmens faicts par
icelles seront trouuez, sçauoir est FI 5 $\frac{7}{13}$, BI 2 $\frac{4}{13}$, GK 6 $\frac{1}{4}$ & KC 4 $\frac{4}{4}$. Maintenant puisque les triangles ABH, FBI sont semblables, & aussi AHC, GKC ;
comme FI 5 $\frac{7}{13}$ est à BI 2 $\frac{4}{13}$, c'est à dire comme 1 à $\frac{5}{12}$, ainsi AH est à HB ; &
　　　　　　　　　　　　　　　　　　　　　　　　　　　　　　com

comme GK $6\frac{2}{5}$ eſt à KC $4\frac{4}{5}$, c'eſt à dire comme 1 à $\frac{3}{4}$, ainſi AH ſera à HC: Parquoy BH ſera à HC, comme $\frac{5}{12}$ à $\frac{3}{4}$; & partant BC 14 eſtant diuiſé ſelon ceſte raiſon, BH ſera 5 & HC 9. Et comme IB $2\frac{4}{13}$ eſt à BF 6, ainſi BH 5 ſera à 13, autant ſera donc AB: & comme KC $4\frac{4}{5}$ eſt à CG 8, ainſi HC 9 ſera à AC 15.

Mais le triangle eſtant ambligone, comme en la ſeconde figure, en laquelle ſuppoſé que BE ſoit 6, EC 1, & le ſemy-diametre DE 2; BD ſera $\sqrt{40}$, CD $\sqrt{5}$, EF $\sqrt{14\frac{2}{5}}$, EG $\sqrt{3\frac{1}{5}}$, FI $3\frac{3}{5}$, BI $4\frac{4}{5}$, GK $\frac{4}{5}$, & CK $\frac{3}{5}$: Parquoy BH ſera à CH, comme $1\frac{1}{3}$ à $\frac{3}{4}$; & partant BC à BH, comme $\frac{7}{12}$ à $1\frac{1}{3}$: icelle BH ſera donc 16, & CH 9; & partant comme IB $4\frac{4}{5}$ eſt à BF 6, ainſi BH 16 ſera à AB 20; & auſſi comme CK $\frac{3}{5}$ eſt à CG 1, ainſi CH 9 ſera à AC 15.

Or ayant trouué comme dit eſt BI, IF, CK, GK, ſi du poinct G on conçoit eſtre menée GO parallele à FB; les triangles FBI, GOK ſeront ſemblables; & partant les coſtez GO & KO ſeront trouuez: quoy faict le triangle GOC, qui eſt ſemblable au triangle ABC, aura les coſtez cogneus; & partant on trouuera encore les deux coſtez AB, AC.

Leſdits coſtez ſeroient encore trouuez bien plus promptement par la computation des triangles: Car les triangles rectangles BDE, CDE ont chaſcun les deux coſtez de l'angle droict cogneus; & partant les angles EBD, ECD ſeroient trouuez; Et puiſque ils ſont moitiez des angles ABC, ACB, le triangle ABC auroit deux angles cogneus & vn coſté: & par conſequent les deux autres coſtez AB, AC ſeroient trouuez par la 6. p. des triangles de Henrion.

Les meſmes coſtez ſeront encore trouuez aſſez facilement par Algebre: Et pour ce faire poſons que le ſegment AF ſoit 1℞: donc auſſi AG, qui luy eſt égal, ſera encore 1℞: ainſi AB ſera 6 + 1℞, & AC 8 + 1℞: Parquoy tout le circuit du triangle ſera 28 + 2℞, & la moitié 14 + 1℞; tellement que les differences des coſtez à icelle moitié ſeront 1℞, 8, & 6; leſquelles differences & moitié eſtans multipliées entr'elles, produiſent 48q + 672℞ pour la valeur du quarré de l'aire du triangle. Mais ladite moitié du circuit eſtant multipliée par le ſemy-diametre du cercle inſcript, produit auſſi l'aire du triangle: Parquoy multipliant icelle moitié du perimetre 14 + 1℞ par ledit ſemy-diametre 4, viendront 56 + 4℞, pour la valeur de l'aire du triangle, qui multipliée par ſoy-meſme, viendront 3136 + 448℞ + 16q, qui partant ſeront égaux au quarré cy-deſſus trouué, ſçauoir eſt à 48q + 672℞: oſtons de part & d'autre 16q, & 448℞, & reſterent 3136 égaux à 32q + 224℞: tellement que 1q ſera égal à 98 — 7℞: & 1℞ ſera trouuée valoir 7. Donc adiouſtant 7 à chaſque ſegment BF, CG, viendront 13 & 15 pour les coſtez AB, & AC.

7. *Eſtans cogneus les trois coſtez d'vn triangle inſcript dans vn cercle; le diametre d'iceluy cercle ſera auſſi cogneu.*

Au cercle ABC ſoit inſcript le triangle ABC, duquel le coſté AB eſt 13, BC 14, & AC 15: Ie dis que AD diametre du cercle peut eſtre cogneu. Car ayant tiré la perpendiculaire AE, & ioinct DC, les triangles ABE, ADC ſeront ſemblables, les angles ABE, ADC eſtans égaux par la 21. p. 3. & les angles à E & C droicts: Parquoy comme AE eſt à AB, ainſi AC ſera à AD. Or puiſque les trois coſtez du triangle ſont cogneus, la perpendiculaire AE

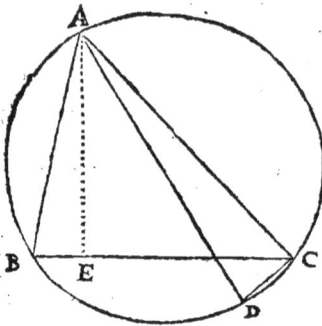

sera trouuée de 12 ; & partant les trois quantitez A E 12, A B 13, & A C 15 sont maintenant cogneuës: la 4e A D sera donc trouuée de 16 $\frac{1}{4}$.

Or si vn seul costé du triangle estoit cogneu, & l'angle opposé, ledit diametre seroit aussi trouué par la doctrine des sinus: Car il appert par ce qui est demonstré à la 33. p. 3. que si on conçoit estre construit sur le costé cogneu vn triangle isoscelle, dont les costez soient le semy-diametre du cercle, les angles d'iceluy triangle seront cogneus, ceux de dessus la base ou costé cogneu, estans chascun complement de l'angle donné: & partant ledit semy-diametre sera trouué par la 6. p. des triangles rectilignes de Henrion. Ou bien ledit diametre sera encore cogneu comme nous dirons cy apres à la 20.p.

8. *Le diametre d'vn cercle estant cogneu, & la proportion des costez du triangle inscriptible en iceluy ; lesdits costez peuuent estre trouuez.*

Car ayant trouué le diametre du cercle circonscriuant le triangle faict des termes de la proportió donnée, comme iceluy diametre trouué sera à chascun des termes de ladite prop. ainsi le diametre donné sera à chasque costé homologue du triangle requis. Ainsi le diametre d'vn cercle estát 24, & que la proportion des costez d'vn triangle inscript en iceluy cercle soit comme 2, 3, & 4 : La perpend. du triangle faict de ces trois termes 2, 3, & 4 est $\gamma 2 \frac{7}{64}$, & le diametre du cercle circonscriuant ledit triangle est $\gamma 17 \frac{9}{135}$: faisant donc que comme $\gamma 17 \frac{9}{137}$ est à chasque terme 2, 3, & 4, ainsi le diametre proposé 24 soit à d'autres, seront trouuez $\gamma 135$, $\gamma 303 \frac{3}{4}$, & $\gamma 540$, pour les costez du triangle, à l'entour duquel estant descrit vn cercle, le diametre d'iceluy sera 24 ; & la perpendiculaire d'iceluy triangle tombante sur le plus grand costé $\gamma 540$, sera $\gamma 71 \frac{49}{158}$.

9. *Estant cogneus deux angles d'vn triangle, & l'aggregé de deux costez d'iceluy triangle ; les trois costez seront trouuez.*

Car d'autant que les costez sont entr'eux, comme les sinus des angles opposez, en composant, comme l'aggregé des sinus sera à l'vn d'iceux, ainsi l'aggregé des costez sera au costé opposé au sinus pris : Ainsi au triãgle ABC, l'angle B estant de 60 degrez, & l'angle C de 70, mais l'aggregé des costez opposez AB, AC 70 : pour discerner lesdits costez, i'assemble 86603, & 93969 sinus des angles opposez ausdits costez, & font 180672, & faisant que comme ce nombre est à 86603, sinus de 60 degrez, ainsi l'aggregé donné 70, soit à vn autre, viendront enuiron 33 $\frac{5}{9}$ pour le costé opposé AC ; & partant le costé AB est 36 $\frac{4}{9}$: & quant à l'autre costé BC, il sera aussi trouué de 29 $\frac{1}{3}$ peu plus.

Que si l'aggregé n'eust esté des costez opposez aux angles cogneus, neantmoins iceux costez eussent aussi esté cogneus en la mesme maniere, prenant

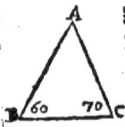

les sinus des angles opposez à iceux. Et si l'aggregé des trois costez estoit donné, auec deux angles, chascun d'iceux costez seroient aussi trouuez en la mesme maniere, assemblant les sinus des trois angles.

10. *Estant cognen l'aire d'vn triangle, & la proportion des costez; iceux costez penuent
estre trouuez.*

Car d'autant que par la 19.p.6. les triangles semblables sont en raison doublée de leurs costez homologues, c'est à dire en mesme raison que les quarrez desdits costez homologues; ayant trouué l'aire du triangle construit des
termes de la proportion donnée, ou de quelconques autres nombres qui
soient entr'eux selon ladite prop. comme ledit aire trouué sera au quarré de
chasque terme, ou costé du triangle, ainsi l'aire proposé sera au quarré du costé homologue du triangle requis. Ainsi l'aire d'vn triangle dont les costez
sont entr'eux comme 2, 3, & 4, estant γ1215: Ie cherche l'aire du triangle faict
de ces trois termes 2, 3, & 4, & trouue qu'il est $\gamma 8\frac{7}{16}$: puis ie fais que comme iceluy aire $\gamma 8\frac{7}{16}$ est à 4, quarré du terme 2, ainsi l'aire proposé γ1215 soit
à vn autre, & viennent γ48 pour le moindre costé cherché; & procedant de
mesme auec les deux autres termes 3 & 4, seront trouuez γ108, & γ192,
pour les deux autres costez du triangle.

Lesdits costez pourroient aussi estre trouuez par Algebre, mais à cause
que l'operation en est beaucoup plus longue que par la voye precedente,
nous n'en dirons rien.

Or puisque les costez sont en mesme raison que les sinus des angles opposez; il est manifeste qu'estans cogneus l'aire d'vn triangle, & deux angles d'i-
celuy, que les costez seront trouuez en la mesme maniere que dessus.

Pareillement si la perpendiculaire est cogneuë auec la proportion des costez, ou bien auec deux angles, il ne sera difficile de trouuer lesdits costez, ce
que nous auons dit cy dessus estant bien entendu.

11. *Estans cogneus les segmens de la base faicts par la perpendiculaire, & l'aggregé des
iambes; icelles seront trouuées.*

Soit le triangle ABC, duquel la perpendiculaire AD couppe la base BC
en deux segmens, desquels BD contient 16, & DC 5; mais l'aggregé des costez AB, AC est 33: Ie dis que chascun d'iceux peut estre trouué. Car ayant
descrit du centre A, & interualle du moindre
costé AC, vn cercle EFG; il appert que BG sera
l'aggregé des costez AB, AC; & BF la difference
d'iceux, mais BE la difference des segmens, laquelle sera cogneuë, puisque lesdits segmens le
sont. Or par le Corrol. de la 36.p. 3. le rectangle
de BG, BF sera égal au rectangle de BC 21, BE 11;
& partant il sera 231, qui diuisé par l'aggregé BG
33, viendront 7, pour la difference BF; & par consequent FG sera 26, le costé AB 20, & le costé AC 13.

Or le segment BD soit encore 9, DC 5, & l'aggregé des costez AB, AC
28. Posons que AB soit 1 $\frac{1}{2}$: donc AC sera 28—1 $\frac{1}{2}$: tellement que les quarrez
d'iceux costez seront 1 q, & 784+1 q—56 $\frac{1}{2}$: & de chascun d'iceux quarrez

eſtant oſté le quarré du ſegment correſpondant, reſteront $1q$—81,& 759+$1q$
—56 ℞, pour le quarré de la perpendiculaire AD : Il y a donc égalité entre
$1q$—81, & 759+$1q$—56 ℞ : Adiouſtons & ſouſtrayons de part & d'autre ſelon les preceptes deſdites équations, & viendront finablemeut 56 ℞ égales
à 840 : Parquoy la valeur de 1℞ ſera 15 : & partant le coſté AB ſera 15, & le
coſté AC 13.

Il eſt donc manifeſte que ſi au lieu de l'aggregé des coſtez, leur difference
eſt donnée, qu'iceux coſtez ſeront auſſi trouuez : Et en oultre que ſi les coſtez
ſont cogneus, & la difference des ſegmens de la baſe ; icelle baſe ſera auſſi
trouuée.

12. *Eſtans cogneus les ſegmens faiĉts par la perpendiculaire, & la raiſon des deux iam-*
bes; icelles pourront eſtre trouuées.

Car ſoit le triangle ABC en la figure precedente, duquel les ſegmens BD,
DC ſoient cogneus, & auſſi la raiſon du coſté AB au coſté AC : en diuiſant
icelle raiſon, celle de BF à FA ſera auſſi cogneuë, & par conſequent celle de
BF à FG, & encore celle de BF à BG. Mais le reĉtangle faiĉt ſoubs la difference des ſegmens BE, & l'aggregé d'iceux BC, eſt égal au reĉtangle faiĉt
ſoubs la difference des coſtez BF, & aggregé d'iceux BG : Nous auons donc
le contenu du reĉtangle cogneu, & la raiſon des coſtez ; & partant iceux coſtez ſeront trouuez comme il eſt dit au 2. Corol. du chap. 1. de ce liure. Le
ſegment BD ſoit donc 9, & le ſegment DB 4, la difference BE 5 ; mais le coſté AB ſoit au coſté AC comme 3 à 2. En diuiſant icelle raiſon de 3 à 2, viendra 1 à 2 pour la raiſon de BF à FA ; & partant BF ſera à FG double de FA,
comme 1 à 4, & par conſequent BF ſera à BG, comme 1 à 5 : Mais multipliant BC 13 par BE 5, viendront 65, pour le contenu du reĉtangle de GBF ;
& partant iceluy diuiſé par le terme de la raiſon 5, viendront 13, dont la racine quarrée $\gamma 13$ eſt pour la difference BF : Mais multipliant ledit contenu 65,
par ledit terme 5, viendront 325, dont la racine quarrée $\gamma 325$, eſt pour l'aggregé BG : duquel oſtons la difference BF $\gamma 13$ & reſteront $\gamma 208$ pour FG ;
& partant la moitié $\gamma 52$ ſera pour le coſté AC, qui oſté de BG $\gamma 325$, reſteront $\gamma 117$ pour l'autre coſté AB.

Le ſegment BD ſoit encore 18, & le ſegment DC 10, mais le coſté BA ſoit
au coſté AC comme $1\frac{1}{17}$ à 1. Poſons que AB ſoit 15 ℞ : donc AC ſera 13 ℞ : Parquoy les quarrez d'iceux coſtez ſeront $225q$, & $169q$: oſtons de chaſcun le
quarré du ſegment correſpondant, & reſteront $225q$—324, & $169q$—100 ;
chaſcun deſquels reſtes eſt le quarré de la perpendiculaire AD : tellement
qu'il y a équation entre ces deux nombres $225q$—324, & $169q$—100 ; laquelle équation eſtant reduite viendra entre $56q$, & 224 : Parquoy $1q$ vaudra 4, &
par conſequent la valeur de 1℞ ſera 2 : Parquoy le coſté AB ſera 30, & AC
16.

Or les coſtez AB, AC eſtans cogneus, & la raiſon des ſegmens BD, DC ;
il eſt manifeſte qu'en la meſme maniere la baſe BC ſera trouuée.

13. *Eſtans cogneus la baſe d'vn triangle, l'aggregé des iambes, & l'angle du ſommet ;*
icelles iambes pourront eſtre cogneuës, & auſſi les deux autres angles.

Car il appert par la conſtruĉtion Geometrique de ce probleme, qui eſt le

113 de Henrion, qu'ayant conceu vn triangle, dont la base soit la donnée, vn costé l'aggregé donné, & l'angle du sommet, la moitié du donné ; si on trouue les deux autres angles d'iceluy triangle par la 9. p. des triangles recti-lignes dudit Henrion, on aura les angles du triangle proposé cogneus, & la base d'iceluy : & partant les deux costez seront trouuez par la 6. p. desdits triangles. Ainsi estant proposé vn triangle, la base duquel soit 21, l'aggregé des deux costez 33, & l'angle du sommet 75 d. 46 m. Soit imaginé vn triangle dont la base soit 21, vn des costez 33, & l'angle du sommet 37. d. 53. m. Donc les deux autres angles seront trouuez, sçauoir celuy opposé audit aggregé 33 peu plus de 74 d. 47 m. (Presupposant que iceluy soit aigu, car il peut aussi estre obtus) & l'autre de 67. d. 20. m. Maintenant soit conceu vn autre triangle ayant pour base la donnée 21, l'angle du sommet, le donné 75. deg. 46. m. & l'vn de dessus ladite base, le dernier trouué 67. d. 20. m. partant l'autre sera 36. d. 54. m. les costez seront donc trouuez, sçauoir l'vn 20, & l'autre 13.

Regiomonté en la 15. prop. du 2. liure de ses triangles enseigne deux moyens, pour souldre ceste prop. au premier desquels correspond celuy cy dessus ; & pour l'intelligence du second, soit le triangle ABC, duquel la base BC soit 14, l'aggregé des deux costez AB, AC 28, & l'angle du sommet A de 59. deg. 29. m. 23. sec. L'angle donné A soit couppé en deux également par la ligne droicte AD, en laquelle & au poinct E soit le centre du cercle in-script FGH, qui touche les costez du triãgle és poincts F, G, H, ausquels

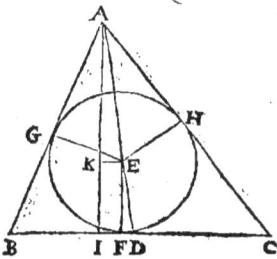

soient menées du centre E les lignes droictes EF, EG, EH, qui seront perpédiculaires ausdits costez du triãgle, par la 18. p. 3. & de l'angle don-né A, soit tirée perpendiculairement sur la base BC la ligne droite AI. Or icelle AI tombera en-tre le costé AB, & la ligne coupante AD, si le-dit costé AB est moindre que le costé AC ; car l'angle ABC sera plus grand que l'angle ACB par la 18. p. 1. & partant les deux angles ABD, BAD qui sont égaux à l'angle ADC, par la 32. p. 1. seront plus grands que les deux DAC, ACD, ausquels est égal ADB par la mesme 32. p. 1. Donc ADC est plus grand que ADB, & partant ladite perpendiculaire doit tomber du costé de AB, comme il est demonstré au scholie de la 17. p. 1. Pour mesmes raisons le demy diame-tre EF tombe entre B & D : Finablement du centre E soit tirée EK perpendi-culaire à AI. Maintenant il appert par le Corol. de la 36. p. 3. que BG est égale à BF, & CH à CF ; & partant AG, AH sont ensemble la difference de l'ag-gregé des iambes AB, AC, à la base BC ; c'est à dire 14 ; Et puisque par la 26. p. 1. ou Coroll. de la 36. p. 3. icelles AG, AH sont égales entr'elles, chascune d'icelle sera 7. Le triangle rectangle AHE a donc le costé AH cogneu, & l'angle aigu EAH, estant 29. d. 44. m. 41. sec. ½ moitié de l'angle donné A : Parquoy le costé AE sera trouué d'enuiron $8\frac{1}{16}$, & le semy-diametre EH 4. Or puis qu'il a esté demonstré cy-deuant que l'aire du triangle est produict multipliant la moitié du circuit par le femy-diametre du cercle infcript en iceluy; fi nous multiplions 21, moitié du perimetre du triangle ABC par le femy-diametre 4, viendront 84 pour l'aire dudit triangle propofé. Mais iceluy aire eft auffi produit multipliant la moitié de la bafe BC par la perpendiculaire AI : & partant fi nous diuifons l'aire 84 par 7 moitié de la bafe BC, viendront 12 pour ladite perpendiculaire AI : de laquelle eftant ofté KI, qui eft égal au femy-diametre EF 4 par la 34.p. 1. reftera AK 8: Parquoy le triangle rectangle AKE a les deux coftez AK, AE cogneus ; & partant l'angle KAE fera trouué d'enuiron 7.d.8.m. $\frac{1}{4}$, qui ofté de l'angle GAE 29. d. 44.m. 41. feconde $\frac{1}{2}$, moitié de l'angle A donné, refteront 22.d.36.m.26.fec. $\frac{1}{2}$ pour l'angle BAI : le triangle rectangle ABI a donc l'angle aigu BAI cogneu, & le cofté AI 12; & partant le cofté AB fera trouué de 13; & par confequent l'autre cofté AC fera 15.

14. *Eftans cogneus la bafe d'vn triangle, la perpendiculaire tombante fur icelle, & l'aggregé des iambes ; chafcune d'icelles iambes pourra eftre cogneuë.*

L'operation precedente eftant bien entenduë, celle-cy n'eft difficile, c'eft pourquoy difons fommairement qu'au triangle ABC, la bafe BC eftant 14, la perpendiculaire AI 12, & l'aggregé des coftez BAC 28 ; BG, CH enfemble feront 14, eftant égales à BF, FC ; & partant chafcune des égales AG, AH 7 ;

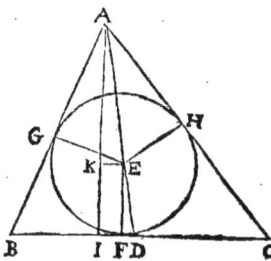

& l'aire dudit triangle fera 84, qui diuifé par 21, moitié du circuit, donne 4 pour le femy - diametre du cercle infcript FGH ; & partant le triangle rectangle AGE ayant deux coftez cogneus AG 7 & GE 4, on trouuera l'angle GAE, & le cofté A E ; tellement que le triangle AKE aura deux coftez cogneus AK 8, & AE 8 $\frac{1}{14}$, & partant l'angle KAE fera trouué, lequel eftant ofté de l'angle GAE cy-deuant cogneu, reftera l'angle GAI cogneu : Parquoy le triangle rectangle ABI aura vn cofté AI cogneu, & l'angle aigu BAI; & par confequent le cofté AB fera trouué.

Autrement. Puifque l'aire d'vn triangle eft produict par la bafe, & moitié de la perpendiculaire, & auffi le quarré d'iceluy par la moitié du circuit multipliée alternatiuement par la difference des coftez à icelle ; multiplions la bafe BC 14 par 6 moitié de la perpendiculaire AI, & viennent 84 pour l'aire du triangle propofé ABC, dont le quarré 7056, eftant diuifé par ladite moitié du circuit 21, donne 336, qui diuifez par 7 difference d'icelle moitié 21 à la bafe 14, donnent 48, qui eft le produict de la multiplication des differences des coftez AB, AC à ladite moitié 21; l'aggregé defquelles differences nous auons monftré cy-deuant eftre égale à la bafe du triangle : iceluy aggregé eft donc 14 : Parquoy il faut partir 14 en deux nombres qui multipliez entr'eux produifent 48, & nous trouuerons par la 6. p. du chap. 1. qu'iceux nombres font 6 & 8 : Oftons donc iceux nombres de ladite moitié du circuit 21, & refteront 15 pour le plus grand cofté AC, & 13 pour le moindre AB.

Il y a encore plufieurs autres manieres, par lefquelles on peut fouldre ceſte prop. deſquels nous mettrós ſeulement ceſte Algebraïque. Poſons que le moindre coſté AB ſoit 14—1R; l'autre coſté AC ſera donc 14+1R: Adiouſtons les trois coſtez enſemble, la ſomme ſera 42 ; la moitié 21, de laquelle oſtons chaſque coſté, & reſteront pour les differences 7, 7+1R, & 7—1R: multiplions ladite moitié 21, par ces differences, & viendront finablement 7203—147 q pour le quarré de l'aire du triangle : Mais la baſe BC 14 eſtant multipliée par la moitié de la perpend. 6, donne 84 pour ledit aire, dont le quarré eſt 7056: Il y a donc égalité entre 7056, & 7203—147 q; donc auſſi entre 147, & 147 q: Parquoy la valeur de 1R ſera 1 ; & partant le moindre coſté AB ſera 13, & le coſté AC 15.

Or eſtant cogneu l'aire, la baſe, & la ſomme des coſtez; iceux coſtez ſeront trouuez en la meſme maniere que deſſus.

15. *Eſtans cogneuë la baſe d'vn triangle, la difference des iambes, & l'angle du ſommet, leſdites iambes pourront eſtre trouuées.*

Car ſoit le triangle ABC, duquel la baſe BC ſoit 21, l'angle du ſommet A 75. d. 46. m. & CD difference des coſtez AB, AC ſoit 7 : Ie dis que leſdits coſtez AB, AC ſeront trouuez. Car ayant mené la ligne BD, le triangle ABD ſera iſoſcelle, dont les angles de deſſus la baſe BD ſeront cogneus, eſtans chaſcun de 52. d. 7. m. Et partant l'angle BDC ſera de 127. d. 53. m. Le triangle BDC a donc deux coſtez cogneus BC, CD, & l'angle BDC ; & partant l'angle CBD ſera trouué d'enuiron 15. d. 15. m. qui adiouſté à l'angle ABD 52. d. 7. m. viennent 67. d. 22. m. pour l'angle total ABC: Maintenant le triangle propoſé ABC a les deux angles A & B cogneus, & le coſté BC ; & partant le coſté AC ſera trouué de 20, & le coſté AB de 13.

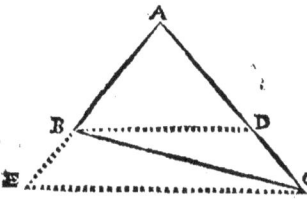

Or ſi au lieu de l'angle A, celuy de la baſe C eſtoit cogneu, le triangle BDC auroit auſſi deux coſtez cogneus, & l'angle qu'ils comprennent: partant l'angle D ſera trouué, puis AB. Mais ſi au lieu dudit angle A, l'angle ABC eſtoit le cogneu; prolongeant AB, iuſques en E, tellement que BE ſoit égale à la difference donnée, & ioignant EC, le triangle BCE auroit les deux coſtez BC, BE cogneus, & l'angle EBC qu'ils comprennent; & partant les deux autres angles ſeront trouuez comme il eſt dit en la 8. p. des triangles de Henrion, le moindre deſquels eſtant oſté du plus grand E, reſtera l'angle ACB: tellement que le triangle ABC aura les angles cogneus & vn coſté, & partant le reſte ſera trouué comme dit eſt.

16. *Eſtant cogneu la difference des ſegmens de la baſe d'vn triangle, l'aggregé des coſtez, & l'angle du ſommet ; les trois coſtez du triangle peuuent eſtre trouuez.*

Soit le triangle ABC, & que de l'angle B tombe ſur la baſe AC la perpendiculaire BD ; & du centre B, & interualle du moindre coſté BC ſoit deſcrit le cercle CEF, qui couppe la baſe CA en E, tellement que AE eſt la difference des ſegmens AD, DC; & ſoit continué le coſté AB iuſques en F, afin que AF ſoit l'aggregé des coſtez AB, BC: Ie dis que ſi l'angle du ſommet

B eſt cogneu, la difference AE, & l'aggregé AF, que les coſtez AB, AC & BC pourront eſtre cogneus. Car ayant mené les lignes EF, CF; l'angle CEF ſera moitié de l'angle CBF par la 20. p. 3. Mais iceluy angle CBF eſt cogneu,

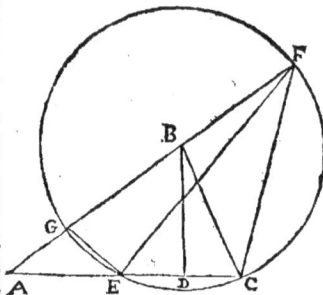

eſtant la difference du cogneu ABC à deux droicts: donc CEF ſera auſſi cogneu; & partant AEF le ſera pareillement: Parquoy le triangle AFE aura deux coſtez cogneus AF, FE, & vn angle oppoſé; & partant les angles reſtans ſeront trouuez: Ce faict le triangle AFC aura les deux angles A & ABC cogneu, auec l'aggregé des deux coſtez AB, BC; & partant les coſtez dudit triangle ſeront trouuez comme il eſt enſeigné à la 9. prop. Ainſi la difference AE eſtât 11, l'aggregé des coſtez AB, BC 33, & l'angle du ſommet ABC 75. d. 46. m. l'angle CBF ſera 104. d. 14. m. & partant CEF 52. d. 7. m. & AEF 127. d. 53. m. Parquoy l'angle AFE ſera trouué de 15. d. 15. m. & par conſequent l'angle A ſera de 36. d. 52. m. & l'angle C de 67. d. 21. m. & par la 9. prop. le coſté AB ſera trouué de 20, BC de 13, & la baſe AC de 21.

Que ſi au lieu de l'angle du ſommet ABC, l'angle A eſtoit cogneu, il eſt manifeſte que leſdits coſtez du triangle pourroient auſſi eſtre trouuez: Car le triangle AFE auroit touſiours deux coſtez cogneus, & l'angle A qu'ils comprennent, & partant l'angle AEF ſeroit trouué comme il eſt enſeigné en la 8. p. des triangles de Henrion: Parquoy CEF ſeroit auſſi cogneu, le double duquel eſtant oſté de deux droicts, reſteroit l'angle du ſommet ABC cogneu; tellement que le triangle ABC auroit deux angles cogneus, & l'aggregé des coſtez AB, BC, comme deſſus.

17. *Eſtant cogneuë la difference des ſegmens de la baſe d'vn triangle, la difference des coſtez, & l'angle du ſommet; les trois coſtez peuuent eſtre trouuez.*

Soit vn triangle ABC, de l'angle du ſommet duquel tombe ſur la baſe AC la perpendiculaire BD, & du centre B, & interualle du moindre coſté BC ſoit deſcrit le cercle CEGF, qui couppe ladite baſe AC en E, & le coſté AB en G; tellement que AE eſt la difference des ſegmens AD, DC; & AG la difference des coſtez AB, BC: ie dis que ſi leſdites differences AE, AG ſont cogneuës, & auſſi l'angle du ſommet B, que les coſtez AB, AC, & BC le ſeront auſſi. Soit prolongé le coſté AB, iuſques à ce qu'il rencontre la circonference en F, & ioinct GE, EF & CF. D'autant que le quadrilatere BGFC eſt inſcript au cercle, les angles oppoſez GEC, GFC ſont égaux à deux droicts par la 22. p. 3. Mais les angles GEC, GEA ſont auſſi égaux à deux droicts par la 13. p. 1. Donc les deux angles GEC, GFC ſeront égaux aux deux angles GEC, GEA; & partant oſtant le commun GEC, reſtera l'angle GFC égal à l'angle GEA. Mais par la 20. p. 3. l'angle A B C au centre eſt double de l'angle AFC, en la circonference: donc auſſi l'angle A B C ſera double de l'angle AEG. Mais iceluy ABC eſt cogneu: donc auſſi AEG ſera cogneu. Parquoy le triangle AGE aura les deux coſtez AE,

AG

AG cogneus, & aussi l'angle AEG opposé à AG, auec l'espece de l'angle AGE;
(car iceluy est obtus estant égal aux deux GFE & GEF, qui est droict par la 31.p.
3.) Parquoy les deux angles AGE, & A seront trouuez par la 9. p. des triangles
de Henrion. Le triangle AFE aura donc les angles cogneus auec le costé AE;
& partant le costé AF sera trouué, & par consequent aussi les costez AB, BC:
donc le triangle AFC, ou bien ABC aura les angles cogneus & vn costé; partant la base AC sera trouuée. Soit donc la difference AE 11, la difference AG 7,
& l'angle B 75.d.45.m. L'angle AEG sera donc 37. d. 52. m. $\frac{1}{2}$, & partant l'angle
obtus AGE sera trouué d'enuiron 105. d. 15. $\frac{2}{3}$ m. & A peu plus de 36. d. 52. m.
Parquoy l'angle AEF sera 127. d. 52 $\frac{1}{2}$ m. & AFE 15. d. 15 $\frac{1}{2}$ m. Le costé AF sera
donc trouué de 33, & partant le costé AB sera 20, & le costé BC 13. Et puisque
l'angle A est de 36.d.52.m.& l'angle ABC de 75.d.45.m. la base AC sera trouuée
de 21.

Or il est manifeste que si au lieu de l'angle du sommet B, celuy opposé au
moindre costé BC estoit cogneu, que lesdits costez du triangle seroient aussi
trouuez: Car le triangle AGE auroit deux costez cogneus, & l'angle qu'ils
comprennent; & partant les autres angles seroient trouuez, comme il est enseigné en la 8.p. des triangles de Henrion: Ce faict le triangle AFE auroit les
angles cogneus, & le costé AE ainsi que deuant, &c.

18. *Estant cogneu l'angle du sommet d'vn triangle, l'vn des costez qui comprennent ice-*
luy, & la difference de l'autre costé à la base; les deux costez incogneus peuuent estre
trouuez.

Soit le triangle ABC, duquel l'angle du sommet B soit cogneu, comme aussi
le costé BC, & la difference d'entre l'autre costé AB & la base AC: ie dis qu'i-
ceux costez AB, AC, peuuent estre cogneus. Car
ayant faict AD égale à AC, & ioinct CD; BD sera la
difference de AB à AC: Et d'autant que l'angle ABC
est cogneu, l'angle DBC le sera aussi: ainsi le triangle DBC a les deux costez BC, BD cogneus, & l'angle qu'ils comprennent; partant les deux autres
angles BDC, BCD seront trouuez, & celuy-cy osté
de celuy-là (en la premiere figure, mais adiousté
au reste de deux droicts en la seconde,) donnera
l'angle ACB: tellement que le triangle proposé
ABC aura deux angles cogneus & vn costé BC,
partant les deux autres costez seront trouuez.
Si donc l'angle ABC de la premiere figure est de 112. deg.37 $\frac{1}{4}$ m. le costé BC 13,
& la difference du costé AB à la base AC 9: au triangle BDC, l'angle CBD sera 67.
d.22 $\frac{1}{4}$ m. le costé BD 9, & le costé BC 13: partant l'angle BDC sera trouué de
71. d. 33 $\frac{3}{4}$ m, & l'angle BCD de 41. d. 3. m. $\frac{1}{2}$. Et puisque le triangle ADC est
isoscelle, les angles ACD, ADC seront égaux: & partant ostant BCD de
BDC, resteront 30. d. 30 $\frac{1}{4}$ m. pour l'angle BCA: tellement que le triangle
ABC a les deux angles ABC, BCA cogneus, & le costé BC; & partant l'autre angle A sera de 36.d.52 $\frac{1}{2}$ m. le costé AB 11, & la base AC 20.

Mais l'angle B (en la seconde figure) soit 30.d. 30. $\frac{1}{4}$ m. le costé BC 13, & la

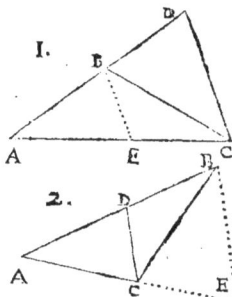

difference de la bafe AC au cofté AB 9 : donc le triangle DBC a l'angle B cogneu, & les les deux coftez qui le comprennent : partant l'angle BDC fera trouué de 108. d. 26 $\frac{1}{4}$ m. & l'angle BCD de 41. d. 3 $\frac{1}{2}$ m. qui adioufté à ACD, ou ADC, qui font chafcun de 71. d. 33 $\frac{1}{2}$ m. refte de BDC, & viendront 112. d. 37 $\frac{1}{4}$ m. pour tout l'angle ACB : partant l'angle A fera trouué de 36. d. 52 $\frac{1}{2}$ m. le cofté AB 20, & la bafe AC 11.

Or fi au lieu de l'angle du fommet eftoit cogneu celuy oppofé au cofté cogneu ; il eft manifefte que les deux autres coftez pourroient auffi eftre trouuez : Car alors le triangle BDC auroit l'angle BDC cogneu, & les deux coftez BC, BD, &c. Mais fi l'angle ACB eftoit cogneu, il appert auffi que lefdits coftez pourroient encore eftre trouuez : car ayant faict AE égale à AB & tiré BE, les triangles CBE auroient deux coftez cogneus, & l'angle qu'ils comprennent, &c.

19. L'angle du fommet d'vn triangle eftant cogneu, & l'vn des coftez qui le comprennent, & auffi l'aggregé des deux autres coftez, iceux coftez pourront eftre trouuez.

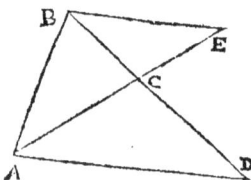

Soit le triangle ABC, duquel l'angle du fommet B foit cogneu, comme auffi le cofté AB, & l'aggregé des deux autres coftez AC, BC : Ie dis que chafcun d'iceux peut eftre cogneu. Car ayāt continué BC iufques en D, en forte que CD foit égal à AC, & ioinct AD ; le triangle ABD aura les deux coftez AB, BD cogneus, & l'angle B qu'ils comprennent ; partant l'angle D fera trouué par la 8. p. des triangles de Henrion, au double duquel eft égal l'angle ACB : Parquoy le triangle ABC aura les deux angles B & ACB cogneus, & le cofté AB ; & par confequent chafcun des coftez AC, & CB fera trouué. Soit donc l'angle B de 67. d. 22 $\frac{1}{2}$ m. le cofté AB 21, & l'aggregé de la bafe AC & cofté BC, fçauoir eft BD 33 : L'angle D fera trouué d'enuiron 37. d. 52 $\frac{1}{2}$ m. partant ACB qui eft double d'iceluy fera 75. d. 45. m. Le triangle ABC a donc les deux angles B & BCA cogneus auec le cofté AB ; & par confequent la bafe AC fera trouuée de 20, qui oftez de l'aggregé 33, refteront 13 pour le cofté BC.

Or fi au lieu de l'angle du fommet eftoit cogneu celuy oppofé au cofté cogneu, il eft manifefte que lefdits deux coftez pourroient auffi eftre trouuez : Car puifque l'angle BCA oppofé audit cofté cogneu AB, eft double de l'āgle D ; iceluy angle D feroit auffi cogneu ; tellement que le triangle ABD auroit deux coftez cogneus, & vn angle ; partant l'angle B feroit trouué, & puis apres la bafe AC. Mais fi l'angle BAC euft efté le cogneu, lefdits coftez euffent encore efté trouuez, prolongeant AC au lieu de BC, afin que AE fuft l'aggregé, & le triangle ABE auroit deux coftez cogneus, & l'angle qu'ils comprennent comme cy-deffus.

20. Eftant cogneu l'aire d'vn triangle, la bafe, & vn angle d'icelle ; trouuer les autres coftez.

Soit le triangle ABD, duquel l'aire eft 84, la bafe BD 14, & l'angle B 53. d. 7 $\frac{5}{8}$ m. il faut trouuer les coftez AB, AD. Il eft manifefte que diuifant l'aire

84 par la moitié de la baſe, viendra la perpendiculaire AC, qui ſera 12 : le triangle rectangle ABC a
donc vn coſté cogneu AC, & vn angle oblique B;
partant le coſté AB ſera trouué de 15, & le ſegment
BC de 9 ; & par conſequent CD ſera 5: le triangle
ACD a donc les deux coſtez de l'angle droict cogneus ; & partant l'hypotenuſe AD ſera trouuée
de 13.

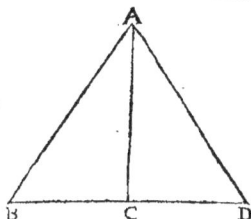

21. *Eſtant cogneu l'aire d'vn triangle, vn angle de la baſe,*
la ſomme des iambes, & la raiſon de la difference d'icelles iambes à la difference des
ſegmens de la baſe ; trouuer les trois coſtez du triangle.

Soit vn triangle ABC, le contenu duquel eſt 504, l'angle C 67.d.22.m.49.
ſec. l'aggregé des coſtez AB, AC, qui eſt BG 66, & la raiſon de la difference
BE à la difference BF, ſoit comme 11 à 7 : Il faut
trouuer les coſtez AB, AC & BC. Or par les choſes demonſtrées cy-deuant, il appert que comme BG eſt à BC, ainſi BE eſt à BF : faiſant donc
que comme 11 eſt à 7, ainſi 66 ſoit à vn autre,
viendront 42 pour la baſe BC; tellement que diuiſant l'aire donné 504 par la moitié d'icelle
baſe, viendront 24 pour la perpendiculaire AD.
Le triangle rectangle ADC a donc vn coſté cogneu, & vn angle aigu ; partant le coſté AC ſera trouué de 26, qui oſtez de l'aggregé 66, reſtent 40 pour
le coſté AB.

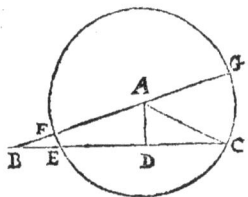

Or puiſque par le moyen de la raiſon des differences BE, BF, & de l'aggregé BG nous auons trouué la baſe, & puis apres la perpendiculaire, il eſt manifeſte, qu'eſtans ſeulement cogneus l'aire du triangle, l'aggregé des coſtez,
& la raiſon deſdites differences, qu'on peut auſſi cognoiſtre leſdits coſtez du
triangle : Car ayant trouué la baſe & la perpendiculaire, comme dit eſt, les
iambes ſeront trouuées comme il eſt enſeigné à la 14. p. de ce chap.

22. *Eſtant cogneuë la baſe d'vn triangle, la perpendiculaire, & l'angle du ſommet ; les*
deux coſtez peuuent eſtre trouuez.

Soit vn triangle ABC, duquel la baſe AC ſoit cogneuë, comme auſſi la perpendiculaire BD, & l'angle du ſommet ABC:
Ie dis que les coſtez AB, BC peuuent eſtre
trouuez. Car ayant deſcrit à l'entour du triangle le cercle ABCE, duquel le diametre EF
couppe la baſe AC en deux également en G,
ſoit ioinct AF, & mené BH parallele à DG.
D'autant que le diametre EF couppe la baſe
AC à angles droicts ; l'arc AEC ſera couppé
en deux également en E, & l'angle AFG ſera
moitié de ABC; & partant cogneu, comme
auſſi AG : tellement que le triangle rectangle
AFG a vn coſté cogneu, & vn angle aigu : donc les deux autres coſtez AF

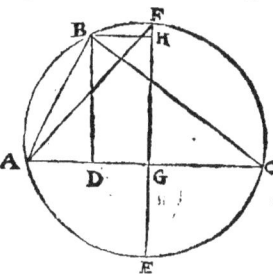

O ij

FG feront trouuez. Mais d'autant que AG eſt moyenne proportionnelle entre FG, & GE; icelle GE fera auſſi cogneuë; & partant tout le diametre FE. Et puiſque BD eſt cogneuë, GH ſon égale le ſera auſſi, qui oſtée de GF, mais adiouſtée à GE, on aura les deux lignes EH, HF cogneuës, entre leſ-quelles BH eſt moyenne proportionnelle, & ſinus de l'arc BF; & partant iceluy arc ſera pareillement cogneu, lequel eſtant adiouſté à l'arc FC, (qui eſt auſſi cogneu par le moyen de l'angle FAC,) mais ſouſtraict de ſon égal FA, on aura les arcs BFC, & BA cogneus: Parquoy le triangle ABC aura les angles cogneus, & la baſe AC: donc les coſtez AB, BC feront trouuez.

Ainſi la baſe AC eſtant 21, la perpendiculaire BD 12, & l'angle du ſommet ABC 75. d. 45. m. L'angle AFG ſera de 37. d. 52 $\frac{1}{2}$ m. & partant l'angle FAC ſera de 52. d. 7 $\frac{1}{2}$ m. & l'arc FC, ou FA 104. d. 15. m. Mais le coſté AG eſt 10 $\frac{1}{2}$: partant le coſté FG ſera trouué de 13 $\frac{1}{4}$, par lequel eſtant diuiſé 220 $\frac{1}{2}$ quarré de AG, viendront 8 $\frac{3}{8}$ pour GE; & partant tout le diametre EF ſera 21 $\frac{2}{3}$. Et d'autant que GH eſt égale à DB 12, HE ſera 1 $\frac{1}{2}$, & EH 20 $\frac{1}{6}$, qui multipliez entr'eux, donnent $\frac{121}{4}$, dont la racine quarrée 5 $\frac{1}{2}$ eſt pour BH ſinus de l'arc BF, lequel ſera trouué de 50760; partant iceluy arc contient 30. d. 30 $\frac{1}{4}$ m. & iceluy eſtant adiouſté à l'arc CF 104. d. 15. m. viendront 134. d. 45 $\frac{1}{4}$ m. pour l'arc BFC; mais oſté reſteront 73. d. 44 $\frac{3}{4}$ m. pour l'arc AB: & par conſequent l'angle BAC ſera de 67. d. 22 $\frac{1}{4}$ m. & l'angle ACB de 36. d. 52 $\frac{3}{8}$ m. Le triâgle propoſé ABC a donc maintenant les angles cogneus, & la baſe AC; & partant le coſté AB ſera trouué de 13, & BC de 20.

Or ſi l'angle donné ABC eſtoit obtus, l'operation n'en ſeroit differente: Mais s'il eſtoit droict, elle ſeroit facile, pource que la baſe AC ſeroit diametre du cercle, & la perpendiculaire BD ſinus de l'arc AB; partant iceluy arc, & par conſequent l'angle ACB, ſeroit aiſément cogneu.

Mais il eſt manifeſte, que ſi au lieu de l'angle du ſommet, l'vn de ceux de deſſus la baſe eſtoit cogneu, comme pour exemple BAC; les deux coſtez AB, BC ſeroient encores plus aiſément trouuez: car le triangle rectangle ABD auroit vn angle aigu cogneu, & le coſté AD; & partant les deux coſtez AB, & AD ſeroient trouuez; & par conſequent auſſi DC: tellement que le triangle rectangle DBC auroit les deux coſtez de l'angle droict cogneus; & partant l'autre coſté BC ſeroit trouué.

23. *Eſtant cogneue la baſe d'vn triangle, l'angle du ſommet, & la ligne droicte, laquelle tirée dudit angle à ladite baſe, la couppe en deux également; les deux iambes du triangle peuuent eſtre trouuées.*

Soit le triangle ABC, duquel la baſe AC ſoit cogneuë, comme auſſi l'angle du ſommet ABC, & la ligne BD, qui couppe la baſe AC en deux également: ie dis que les coſtez AB, BC peuuent eſtre trouuez. A l'entour du triangle ABC ſoit circonſcript le cercle ABECF, duquel le centre ſoit G, & le diametre EF, qui couppe à angles droicts la baſe AC en D: puis ayant continué la ligne BD, iuſques à ce qu'elle rencontre la circonference en H, ſoit tirée GIK à angles droicts ſur icelle BH, afin qu'elle la couppe en deux également en I, & la circonference BAH en K; & ſoit ioinct CG. Or d'autant que le diametre EF couppe la baſe AC en angles droicts, la circonference AFC ſera couppée en deux également en F : partant l'angle FGC fera égal à l'angle ABC. Parquoy le triangle rectangle GDC a le coſté DC cogneu, & l'angle aigu DGC ; & partant DG, & le ſemy-diametre GC ſeront trouuez. Et puiſque par la 35. p. 3. le rectangle de AD, DC eſt égal au rectangle de BD, DH ; diuiſant le quarré de AD par BD, viendra DH : tellement que la toute BH (qui eſt la corde de l'arc BAH) ſera cogneuë ; & par conſequent DI : Donc le triangle rectangle DIG aura les deux coſtez DI, DG cogneus : partant l'angle IGD, ou l'arc FK, ſera trouué. Mais l'arc AF eſt auſſi cogneu à cauſe de l'angle donné ABC : oſtant donc d'iceluy l'arc FK, reſtera cogneu l'arc AK, lequel eſtant oſté de l'arc BK, moitié de l'arc BAH, reſtera auſſi cogneu l'arc AB ; & par conſequent l'angle ACB. Nous aurons donc au triangle ABC, deux angles cogneus, & vn coſté : partant les deux coſtez AB, AC ſeront trouuez. Or la baſe AC ſoit 21, l'angle ABC 75. d. 45. m. & la ligne BD 13 $\frac{1}{3}$: l'angle DGC ſera donc auſſi 75. d. 45. m. & le coſté DC 10 $\frac{1}{2}$; partant le ſemy-diametre GC ſera trouué de 10 $\frac{5}{8}$, & DG $\frac{1}{3}$. Or le quarré de AD 10 $\frac{1}{2}$ eſt 110 $\frac{1}{4}$, qui diuiſé par BD 13 $\frac{1}{3}$, donne 8 $\frac{11}{88}$, pour DH, qui adiouſtez à icelle BD, viendront 21 $\frac{243}{440}$ pour la toute BH ; & par conſequent la moitié BI ſera 10 $\frac{681}{880}$, & ID 2 $\frac{373}{880}$. Mais BI eſt ſinus de l'arc BK : iceluy arc ſera donc preſque 84. d. 7. m. Et puis qu'au triangle rectangle GID, les coſtez GD, DI ſont cogneus, l'angle IGD ſera trouué d'enuiron 65. d. 22. m. qui oſtez de l'angle donné 75. d. 45. m. reſtent 10. d. 23. m. pour l'arc AK, qui oſté de l'arc BAK 84. d. 7. m. reſteront 73. d. 44. m. pour l'arc AB ; & partant l'angle ACB ſera de 36. d. 52. m. Le triangle ABC a donc les deux angles ABC & ACB cogneus, auec la baſe AC : partant le coſté AB ſera trouué de 13, & le coſté BC de 20.

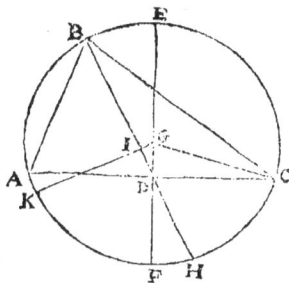

Or ſi au lieu de l'angle du ſommet, l'vn des deux de la baſe eſtoit cogneu, comme pour exemple BAC ; leſdits deux coſtez AB. BC ſeroient encore plus facilement cogneus ; pource que le triangle ABD auroit deux coſtez cogneus, & vn angle oppoſé : partant l'autre coſté AB ſeroit trouué ; & puis apres le triangle ABC auroit deux coſtez cogneus, & l'angle qu'ils comprennent ; & par conſequent l'autre coſté ſeroit trouué.

24. *Eſtant cogneuë la ligne droicte qui couppe l'angle du ſommet en deux également, & la baſe en deux ſegmens auſſi cogneus ; les deux coſtez peuuent eſtre trouuez.*

Soit le triangle ABC, duquel l'angle du ſommet eſt couppé en deux également par la ligne droicte AD cogneuë, & auſſi les ſegmens de la baſe BD, DC : Ie dis que les coſtez AB, AC peuuent eſtre cogneus. Car ayant deſcrit à l'entour d'iceluy triangle le cercle BACE, & continuée AD iuſques à ce qu'elle rencontre la circonference en E, d'iceluy poinct ſoit tiré le diametre EFGH, lequel couppera la baſe BC en deux également, puiſque la ligne AE couppe l'angle BAC en deux également, & par conſequent auſſi l'arc BEC en E. Et d'autant que par la 35. p. 3. le rectangle compris ſoubs les

ſegmens BD, DC eſt égal au rectangle compris ſoubs AD, DE ; icelle DE
ſera trouuée, eſtant quatrieſme proportionnelle aux trois cogneuës AD, BD

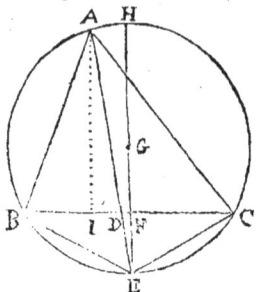

& DC. Mais DF eſtant la difference du moindre ſegment BD, à la moitié BF, ſera auſſi cogneuë. Parquoy le triangle rectangle DEF aura
deux coſtez cogneus ; & partant l'autre coſté EF
ſera trouué. Mais ayant tiré la perpendiculaire
AI, les deux triangles rectangles AID, EFD ſont
équiangles : partant comme DE ſera à AD, ainſi
EF ſera à AI, & FD à DI : tellement que DI ſera
cogneuë, & icelle eſtant oſtée de BD, reſtera BI
auſſi cogneu ; & par conſequent auſſi IC. Les
deux triangles rectangles ABI, ACI ont donc
chaſcun les deux coſtez de l'angle droict cogneus ; & partant les deux coſtez
AB & AC le ſeront auſſi. Si donc la ligne AD eſt $\sqrt{146\frac{1}{4}}$, & le ſegment BD
$6\frac{1}{2}$, mais DC $7\frac{1}{2}$: Multipliant leſdits ſegmens BD, DC entr'eux, viennent
$48\frac{3}{4}$, qui diuiſez par AD $\sqrt{146\frac{1}{4}}$, viennent $\sqrt{16\frac{1}{4}}$ pour DE. Mais puiſque
BC eſt 14, la moitié BF eſt 7, de laquelle eſtant oſté le ſegment BD $6\frac{1}{2}$,
reſte $\frac{1}{2}$ pour DF, dont le quarré eſtant oſté du quarré de DE, reſtent $\sqrt{16}$:
partant EF eſt 4. Et d'autant que comme DE $\sqrt{16\frac{1}{4}}$ eſt à DA $\sqrt{146\frac{1}{4}}$, ainſi
EF 4 eſt à AI ; & DF $\frac{1}{2}$ à DI : Icelle AI ſera 12, & DI $1\frac{1}{2}$, qui oſté de BD
$6\frac{1}{2}$ reſtent 5 pour BI, mais adiouſté à DC, donne 9 pour IC. Maintenant
les quarrez de AI, IB adiouſtez enſemble font 169, dont la racine 13 eſt
pour le coſté AB : Mais les quarrez de AI, IC, font enſemble 225, dont la racine 15 eſt pour le coſté AC.

▪ Or qui voudra operer par les ſinus, le pourra faire, veu que AE eſt la corde de l'arc ABE, & BC celle de l'arc BEC, par le moyen deſquels arcs il ſera aiſé de cognoiſtre les angles du triangle propoſé ABC.

*25. Si vne ligne droicte couppant l'angle du ſommet en deux également, couppe la baſe à
angles inégaux, deſquels l'vn ſoit cogneu, & auſſi les ſegmens de ladite baſe ; les deux
coſtez du triangle peuuent eſtre trouuez.*

Soit le triangle ABC, duquel l'angle du ſommet BAC eſt couppé en deux
également par la ligne droicte AD, qui couppe la baſe BC à angles inegaux,
l'vn deſquels (ſçauoir ADB) ſoit cogneu, & les ſegmens BD, DC : Ie dis que
les coſtez AB, AC ſeront auſſi cogneus. Car comme en la precedente, DF
difference de la moitié BF au moindre ſegment BD ſera cogneuë : tellement que le triangle rectangle EDF a vn coſté cogneu, & l'angle aigu EDF,
iceluy eſtant égal à l'angle ADB cogneu ; & partant les deux coſtez ED, EF
ſeront trouuez ; & puis apres AD quatrieſme proportionnelle aux trois grandeurs cogneuës ED, BD & DC : Et procedant en outre comme en la precedente, on paruiendra finablement à la cognoiſſance des coſtez AB, AC.

Soit donc le triangle ABC, auquel l'angle ADB ſoit 82. d. 52 $\frac{1}{2}$ m. le ſegment
BD $6\frac{1}{2}$, & le ſegment DC $7\frac{1}{2}$: donc la moitié de la baſe BF ſera 7, & DF $\frac{1}{2}$:
mais l'angle EDF, (qui eſt égal à ADB,) 82. d. 52 $\frac{1}{2}$ m. Parquoy le coſté EF ſera
trouué d'enuiron 4, & DE de $4\frac{1}{32}$, par lequel eſtant diuiſé $48\frac{3}{4}$, produict des

ſegmens BD, DC, viendront 12 $\frac{1}{31}$ pour AD : Et puiſque comme DE 4 $\frac{1}{31}$ eſt
à AD 12 $\frac{3}{31}$, ainſi EF 4 eſt à AI ; & DF $\frac{1}{2}$ à DI ; icelle perpendiculaire AI ſera
12, & DI 1 $\frac{1}{2}$: oſtant donc DI 1 $\frac{1}{2}$ de BD 6 $\frac{1}{2}$, reſtera BI 5, qui oſté de toute la
baſe BC, reſtera IC 9. Et puiſque les triangles rectangles AIB, AIC ont chaſ-
cun les deux coſtez de l'angle droict cogneus, le coſté AB ſera trouué de 13, &
AC de 15.

26. *Eſtans cogneus les coſtez d'vn triangle, diuiſer iceluy en tant de parties égales qu'on
voudra par lignes menées de l'vn des angles au coſté oppoſé, & trouuer chaſque coſté d'i-
celles parties couppees.*

Soit le triangle ABC, duquel le coſté AB ſoit 14, le coſté BC 13, & la baſe
AC 15 : Il faut diuiſer iceluy triangle en trois parties égales par lignes menées
de l'angle B à la baſe AC, & trouuer les lignes de chaſque partie. La baſe AC
ſoit diuiſée en tel nombre de parties égales qu'il eſt requis, ſçauoir eſt en trois
par les poincts D, & E, & tiré les lignes droictes BD, BE. Or il eſt manifeſte
que les trois triangles ABD, DBE, & EBC ſont égaux, & que les baſes AD,
DE & EC ſont chaſcune de 5 : ne reſte donc plus
qu'à trouuer les deux lignes BD, & BE. Puiſque
les coſtez du triangle ABC ſont cogneus, la perpendiculaire BF ſera trouuée de 11 $\frac{1}{5}$, le ſegment AF
de 8 $\frac{2}{5}$, & FC de 6 $\frac{3}{5}$: partant DF ſera 3 $\frac{2}{5}$, & FE 1 $\frac{3}{5}$:
Parquoy le quarré de BD eſtant égal aux deux
quarrez de BF, DF, & celuy de BE aux deux de
BF, FE ; icelle BD ſera γ 137, & BE γ 128.

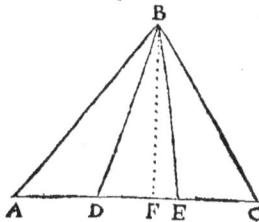

Les meſmes lignes BD, & BE pourroient auſſi
eſtre trouuées par les ſinus : Car puiſque les trois coſtez du triangle ABC
ſont cogneus, les angles d'iceluy peuuent eſtre trouuez ; & puis apres les
triangles ABD, BEC auroient chaſcun deux coſtez cogneus, & l'angle
qu'ils comprennent : partant l'autre coſté ſeroit trouué.

Or s'il faloit de l'angle B mener vne ligne qui diuiſe le triangle ſelon vne
raiſon donnée, comme pour exemple, que la partie de deuers A ſoit à la
partie de deuers C, comme 4 à 3 : il faudroit diuiſer icelle baſe AC ſelon
ladite raiſon ; faiſant que comme 7 eſt à 4, ainſi 15 ſoit à vn autre, & viendront
8 $\frac{4}{7}$ pour le ſegment de ladite baſe vers A, & partant l'autre ſeroit 6 $\frac{3}{7}$: Et quãt
à la ligne couppante, elle ſeroit trouuée, tout ainſi que deſſus.

27. *Eſtans cogneus les coſtez d'vn triangle, duquel il faut oſter vne partie requiſe par
vne ligne parellele à l'vn deſdits coſtez ; trouuer les coſtez d'icelle partie.*

Soit le triangle ABC, duquel le coſté AB eſt 14, le coſté AC 13, & la baſe
BC 15 ; & du contenu d'iceluy (qui eſt 84) il en faut retrancher 30 par la ligne
DE parallele à la baſe BC : trouuer les coſtez AD, AE & DE. D'autant que
BC, DE ſont paralleles, les triangles ABC, ADE ſont ſemblables ; & partant
ils ſont entr'eux en raiſon doublée des coſtez homologues, en laquelle ſont
auſſi les quarrez d'iceux coſtez : Parquoy comme le triangle ABC 84 eſt au
triangle ADE 30, ainſi le quarré du coſté AB, qui eſt 196, eſt au quarré du coſté
AD, qui ſera 70 ; dont la racine eſt γ 70, & autant eſt ledit coſté AD : ainſi
AE ſera trouué de γ 60 $\frac{5}{14}$, & DE de γ 80 $\frac{5}{14}$.

28. *Eſtans cogneus les coſtez d'vn triangle, lequel il faut coupper en tant de parties éga-les qu'on voudra, par lignes paralleles à l'vn des coſtez; trouuer les coſtez de chaſque partie.*

Soit le triangle ABC, duquel le coſté AB eſt 14, le coſté AC 13, & la baſe

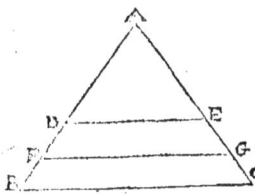

BC 15; tellement que le contenu d'iceluy triangle eſt 84 : Et il le faut diuiſer en trois parties égales par lignes paralleles à la baſe BC, & trouuer les coſtez de chaſcune deſdites parties. Puis qu'il faut partir iceluy triangle ABC en trois parties égales, chaſcune d'icelle ſera 28. Et procedant comme au probleme precedant, le coſté AD ſera trouué de γ 65 $\frac{1}{3}$, AE γ 56 $\frac{1}{3}$, & DE γ 75. Main-tenant conceuons le triangle AFG eſtre double de ADE, ou les deux tiers de ABC, c'eſt à dire 56; & trouuons les coſtez d'iceluy par la meſme voye que deſſus, faiſant que comme 84 eſt à 56, ainſi 196 quarré de AB ſoit à 130 $\frac{2}{3}$, dont la racine quarrée γ 130 $\frac{2}{3}$ ſera pour AF, de laquelle eſtant oſtée AD γ 65 $\frac{1}{3}$, reſteront γ 130 $\frac{2}{3}$ — γ 65 $\frac{1}{3}$ pour DF : Mais icelle AF eſtant oſtée de AB 14, reſteront 14 — γ 130 $\frac{2}{3}$ pour BF : en la meſme maniere AG ſera trou-uée de γ 112 $\frac{2}{3}$, qui oſtée de AC, reſteront 13 — γ 112 $\frac{2}{3}$ pour GC ; mais oſtant AE γ 56 $\frac{1}{3}$ d'icelle AG, reſteront γ 112 $\frac{2}{3}$ — γ 56 $\frac{1}{3}$ pour EG : Ainſi FG ſera trou-uée de γ 150. Mais elle ſera auſſi trouuée plus promptement, à cauſe que le quarré d'icelle eſt double du quarré de DE; & pareillement celuy de AF double de celuy de AD, & celuy de AG, double de celuy de AE: Et par ainſi il eſt manifeſte qu'il eſt aiſé de trouuer les coſtez de quelconque partie requiſe d'vn triangle propoſé, ſoit qu'on procede par la raiſon des quarrez des coſtez ou autrement : Bref, ayant multiplié le coſté du triangle par telle partie d'iceluy qu'il ſera requis, la racine quarrée donnera le coſté homologue : Comme pour exemple, voulant que le triangle ADE ſoit vn quart du triangle ABC; ie multiplie le coſté AB 14 par le quart d'iceluy co-ſté, ſçauoir eſt par 3 $\frac{1}{2}$, & viennent 49, dont la racine quarrée 7 eſt pour le coſté AD. Mais voulant que le triangle AFG ſoit $\frac{2}{3}$ de ABC : pour trouuer le coſté FG, ie multiplie le coſté BC 15 par les $\frac{3}{5}$ d'iceluy, qui ſont 9, & vien-nent 135, dont la racine quarré γ 135 eſt ledit coſté FG, ainſi des autres co-ſtez, & parties requiſes.

29. *Eſtans cogneus les coſtez d'vn triangle, en l'vn deſquels eſt donné vn poinct, du-quel il faut mener vne ligne droicte qui diuiſe le triangle en deux parties, qui ayent en-tr'elles vne raiſon donnée; trouuer les coſtez d'icelles parties.*

Or afin que l'operation numeralle ſoit plus intelligible, nous rappor-terons icy la conſtruction Geometrique de ce probleme qui eſt le 48. des memoires Mathematiques de Henrion. Soit donc le triangle ABC, & le poinct donné D, duquel il faut mener vne ligne droicte qui diuiſe le trian-gle en deux parties, telles que celle qui ſera vers A ſoit à l'autre vers C, com-me E à F. Soit diuiſé le coſté AC en G ſelon la raiſon donnée, puis ayant me-né DB, ſoit tirée GH parallele à icelle DB; puis menée DH, qui couppera le-dit triangle ABC en deux ſegmens qui ſeront entr'eux ſelon ladite raiſon donnée, ainſi qu'il eſt demonſtré audit 48 prob. de Henrion.

Main-

Maintenant appliquons les nombres : le costé AB soit 15, BC 13, & la base AC 14, en laquelle est le poinct D distant de A par AD 8, & la raison de E à F soit 3 à 4. Soit donc couppée la base AC 14, selon icelle raison, faisant que comme 7 est à 3, ainsi 14 soit à vn autre, qui sera 6 pour AG; & partant GD sera 2. Et puisque les trois costez du triangle ABC sont cogneus, la perpendiculaire BI sera trouuée de 12, & le segment AI 9 : tellement que GI sera 3, & DI 1 : Mais GH estant parallele à DB, les triangles ABD, AHG sont sem blables; partant comme AD 8 est à AB 15, ainsi AG 6 sera à AH 11¼, & par consequent HB sera 3¾. Maintenant soit conceu que du poinct H tombe vne perpendiculaire HK, afin que les triangles ABI, AHK soient semblables; & partant que comme AB 15 est à BI 12, ainsi AH 11¼ soit à HK 9, & comme AB 15 à AI 9, ainsi AH 11¼ soit à AK 6¾; & par consequent KD sera 1¼. Le triangle rectangle HKD a donc les deux costez de l'angle droict cogneus; & partant l'autre costé HD sera trouué de $\sqrt{82\frac{2}{16}}$. Nous auons donc trouué les costez des segmens AHD, & HBCD qui sont entr'eux, comme 3 à 4. Car puisque la base AC est 14, & la perpendiculaire BI 12, l'aire du triangle ABC sera 84, qui diuisez selon la raison de 3 à 4, viennent 36 & 48 : Il faut donc que l'aire du triangle AHD soit 36. Or nous auons trouué que la perpendiculaire HK est 9, & la base AD a esté posée de 8 : donc le contenu d'iceluy triangle AHD est 36 : & partant appert ce qui estoit proposé.

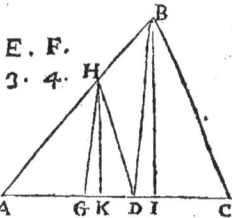

30. *Estans cogneus les costez d'vn triangle, qu'il faut diuiser en tant de parties égales qu'on voudra par lignes droictes menées d'vn poinct donné en l'vn desdits costez; trouuer les costez de chascune desdites parties.*

Pour faciliter & rendre plus intelligible l'operation numeralle de ce probleme, nous en rapporterons encore icy la construction Geometrique. Soit vn triangle ABC, & le poinct donné D, duquel il faut mener des lignes qui diuisent ledit triangle ABC en trois parties égales. Ayant ioinct BD, & couppé AC en trois parties égales és poincts E & F; d'iceux poincts soient menées les lignes droictes EG, FH, paralleles à BD : puis du poinct D soient menées les lignes DG, DH, lesquelles diuiseront le triangle ABC en trois parties égales AGD, GBHD, & DHC, ainsi qu'il est demonstré au 49. prob. de Henrion

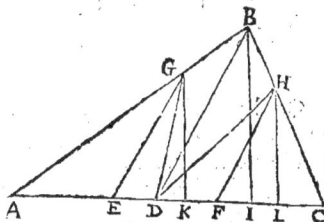

Venons maintenant à l'operation numeralle : Le costé AB soit 20, BC 13, & AC 21; & la distance de A au poinct D 10. Puisque AC est couppé en trois également en E & F; le segment ED sera 3, & DF 4 : Et les lignes GE, BD, HF estans paralleles, les triangles ABD, AGE, & DBC, FHC sont semblables; & comme AD 10 est à AB 20, ainsi AE 7 sera à AG 14; & partant GB est 6 : pareillement comme DC 11 est à CB 13, ainsi CF 7 est à CH, qui sera 8 9/11, & par consequent HB sera 4 2/11. Maintenant fi on conçoit que des poincts G, B , H tombent les perpendiculaires GK, BI, & HL ; les triangles ABI, AGK, & DBC, LHC feront femblables. Mais puifque les coftez du triangle ABC font cogneus ; la perpendiculaire BI fera trouuée de 12, le fegment AI 16, & l'autre fegment IC 5 : donc comme AB 20 eft à BI 12, ainfi AG 14 fera à GK $8\frac{2}{5}$: & comme AB 20 eft à AI 16, ainfi AG 14 eft à AK $11\frac{1}{5}$; & partant KD fera $1\frac{1}{5}$. Item comme BC 13 eft à BI 12, ainfi HC $8\frac{2}{11}$ fera à HL $7\frac{7}{11}$; & comme BC 13 eft à CI 5, ainfi HC $8\frac{2}{11}$, fera à CL $3\frac{1}{11}$; & partant DL fera $7\frac{9}{11}$. Les triangles rectangles GKD, & HLD ont maintenant les deux coftez de l'angle droit cogneus, & par confequent le cofté GD fera trouué de γ 72, & DH γ 119 $\frac{13}{111}$. Voila donc tous les coftez des trois fegmens du triangle ABC trouuez ainfi qu'il eftoit requis : & felon iceux coftez trouuez, chafcun des triangles AGD, DHC, fera trouué contenir 42, qui eft le tiers de 126 contenu du triangle donné ABC ; & partant le quadrilatere DGBH fera l'autre tiers dudit triangle donné.

Or nous euffions peu mettre encore icy plufieurs autres problemes fur le fubiect des triangles , lefquels pour briefueté nous delaiffons iufques à vne autre fois, & viendrons au chap 6. de noftre Autheur.

De la mefure des rhombes , & rhomboïdes.

CHAP. VI.

Les rhombes font mefurez , en multipliant l'vne de leur diagonale par la moitié de l'autre, & le produict fera le contenu du rhombe.

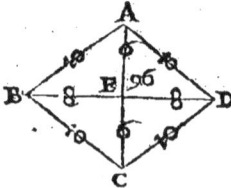

COmme du rhombe ABCD , la diagonalle DB foit 16, & AC 12 : ie multiplie 16 par 6, & trouue 96 pour le contenu : la raifon eft éuidente, d'autant que le rhombe eft diuifé par fa diagonalle en deux triangles égaux, *comme la figure le monftre.*

Quelqu'vn voulant mefurer le contenu d'vne piece de terre, prez, vignes, ou autre chofe de figure quadrilatere , laquelle il eftime eftre vn rhombe, pour en eftre certain il faut mefurer, ou tous les coftez auec vn angle , ou bien deux coftez feulement auec deux angles oppofez, lefquels eftans trouuez égaux, & non droicts, ledit quadrilatere fera vn rhombe : Ce que vous cognoiftrez encore, fi ayant fiché deux piquets à deux angles oppofez, comme pour exemple és angles B & D , & ouuert voftre compas de proportion à angle droict, vous allez le long de la diagonalle BD, iufques à ce qu'eftant venu en quelque lieu E , l'vne des iambes dudit compas eftant felon ladite diagonalle BD , vous puiffiez voir par les pinulles de l'autre iambe le poinct A ; & ledit compas demeurant ainfi difpofé, fi le rayon vifuel venant de A vers E,

va rencontrer l'autre angle C, la figure proposée ABCD sera quarrée ou
rhombe; tellement que mesurant BE & EA, on paruiendra à la cognoissance de l'aire dudit rhombe, comme dit icy nostre Autheur.

Or si ayant cognu par quelque maniere que ce soit, que le quadrilatere
proposé est vn rhombe, on ne pouuoit mesurer actuellement sur le champ
les diagonalles, il faudroit obseruer l'vn des angles : Ce faict on auroit l'hypotenuse d'vn triangle rectangle, (sçauoir est le costé dudit rhombe)l'vn des
angles aigus, lequel seroit moitié de l'angle obserué : partant on pourroit
trouuer les deux costez de l'angle droict dudit triangle, comme il est enseigné en la 3. prop. des triangles rectilignes de Henrion, lesquels deux costez
estans multipliez entr'eux, donneroient l'aire dudit rhombe comme dit icy
nostre Autheur.

COROLLAIRE I.

De là s'ensuit, que les diametres estans donnez, on trouuera le costé du
rhombe.

Car les quarrez des deux demy diametres ioincts ensemble
font égaux au quarré du costé, *par la 47. du 1*, comme le quarré de
AE 36, ioinct auec le quarré de EB 64, faict 100, desquels la racine
10, est la longueur du costé AB.

Il est aussi manifeste que le costé du rhombe estant donné, & l'vn des diametres, on trouuera l'autre diametre : Car le quarré du demy diametre cogneu estant osté de celuy du costé, restera le quarré de la moitié du diametre qui estoit incogneu. Comme le quarré de BE 64, osté du quarré de AB
100, restent 36, desquels la racine 6 est la longueur du semy-diametre AE.

Item, si l'vn des angles du rhombe est cogneu, auec le costé, ou l'vn des
diametres, le reste sera aussi cogneu. Car la moitié de l'angle cogneu sera
l'angle aigu d'vn triangle rectangle, dont l'vn des costez sera donné.
Comme l'angle A estant 106. deg. 15 ⅓ m. & le diametre BD 16; le triangle
rectangle ABE aura l'angle BAE de 53 d. 7 ⅔ m. & le costé BE 8; partant
l'autre angle aigu ABE sera 36. d. 52 ⅓ m. le costé AB 10, & le semy-diametre
AE 6.

En outre, puis que le contenu du rhombe est égal au rectangle compris
d'vn des diametres, & de la moitié de l'autre, ou bien égal au double du rectangle, qui a pour costez les semy-diametres dudit rhombe, & pour diagonalle le costé d'iceluy; il est manifeste que nous pourrions mettre icy autant
de propositions concernant les rhombes, que nous en auons mis à la fin du
chap. 1. de ce liure sur le subiect des rectangles : Mais d'autant que les solu-
tions en sont peu differentes, nous laissons cela aux Lecteurs qui s'y vou-
dront exercer : Car de grossir ce liure d'icelles propositions, i'estime que
ce seroient repetitions & redites inutiles.

Les rhomboïdes se mesurent, en mulsipliant l'vne de leur diagonalle,

par la perpendiculaire, qui tombe de l'angle opposé sur icelle : ou en mul-
tipliant l'vn des coſtez, par la perpendiculaire qui tombe de l'autre coſté
oppoſé, & parallele sur iceluy : & le produict ſera l'aire d'iceluy rhomboïde.

Comme ſoit le rhomboïde EFGH, duquel la diagonalle HF,
contienne 16, & la perpendiculaire EI, 3 : ie
multiplie 16 par 3, dont prouient 48 pour le
contenu de tout le rhomboïde, & ce d'autant
qu'il eſt reduict en deux triangles égaux : tellement que la diagonalle ainſi multipliée par toute la perpendiculaire produict tout le contenu des deux triangles, qui compoſent le
rhomboïde.

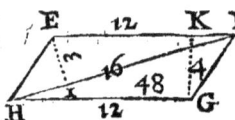

Ou autrement, multiplie la ligne EF (que nous poſons de 12) par
la perpendiculaire KG de 4, & le produict ſera de meſme : Et ce
d'autant que le parallelogramme rectangle qui aura meſme baſe &
haulteur, ſera egal au rhomboïde donné, *par la 35 du 1.*

Or pour cognoiſtre ſi vn quadrilatere qu'on voit eſt vn Rhomboïde, il
faut meſurer tous les coſtez, & tous les angles, & ſi on trouue ſeulement
les oppoſez égaux, ledit quadrilatere ſera vn rhomboïde : Ou bien ayant
trouué ſeulement deux coſtez oppoſez égaux, ſi les deux angles qu'ils font
auec l'vn des deux autres coſtez ſont inegaux entr'eux, mais égaux enſemble
à deux droicts ; icelle figure ſera auſſi vn rhomboïde.

Quant à la diagonalle & perpendiculaire, elles ſeront cogneuës, les meſurant mechaniquement ſur le champ, ou bien par la doctrine des triangles,
ayant obſerué quelques angles & coſtez, ainſi qu'il a eſté dit cy-deuant. Or
tout ainſi qu'au chap. precedent, nous auons enſeigné à partir & diuiſer les
figures triangulaires, auſſi ferons-nous icy les parallelogrammes : & puis
apres nous rapporterons auſſi quelques autres prob. concernans particulie-
rement le rhombe & rhomboïde.

1. *Eſtans cogneus les coſtez d'vn parallelogramme, lequel il faut diuiſer en tant de par-*
ties égales qu'on voudra par lignes paralleles à l'vn des coſtez ; trouuer les coſtez de chaſ-
que partie.

Soit le parallelogramme ABCD qu'il faut diuiſer (pour exemple) en 5 parties égales par lignes paralleles au coſté AB,
qui eſt de 30, mais AD de 50 ; & trouuer les
coſtez de chaſque partie. Soit diuiſé le coſté
AD en autant de parties qu'il en eſt requis,
ſçauoir eſt en 5, és poincts E, F, G, H, & mené les lignes EI, FK, GL, HM paralleles à
AB : Il eſt éuident que le parallelogramme
ABCD eſt diuiſé en cinq parallelogrammes
égaux AI, EK, FL, GM, & HC par la 38. p. 1.

ou 1. du 6. chaſcun deſquels a deux coſtez égaux à AB 30, & les deux autres

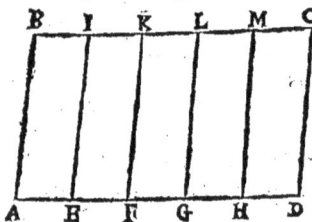

oppoſez chaſcun de 10, puiſque AD 50 eſt couppé en 5 parties égales.

Or s'il eſtoit requis coupper ledit parallelogramme ſelon vne raiſon ou proportion dōnée, il eſt manifeſte qu'il n'y auroit qu'à coupper le coſté AD ſelon ladite raiſon ou proportion, puis tirer les paralleles de chaſque poinct de ſection.

2. Eſtans cogneus les coſtez d'vn parallelogramme, qu'il faut diuiſer en tant de parties égales qu'on voudra par lignes paralleles à l'vne des diagonalles d'iceluy auſſi cogneuë; trouuer les lignes ou coſtez de chaſque partie.

Soit vn parallelogramme ABCD, duquel le coſté AB eſt 12, BC 21, & la diagonalle AC 30 : Il faut partir iceluy parallelogramme (pour exemple) en trois parties égales par lignes droictes paralleles à la diagonalle AC. Nous auons enſeigné au 28. prob. du chap. precedent à diuiſer vn triangle en tant de parties égales qu'on voudra par lignes droictes paralleles à l'vn des coſtez: Et puiſque par la 34. p. 1. la diagonalle AC couppe le parallelogramme ABCD en deux triangles égaux ABC, ACD, il eſt manifeſte qu'ayant diuiſé l'vn d'iceux triangles en autant de parties égales qu'il eſt requis coupper le parallelogramme, deux d'icelles parties du triangle ioinctes en ſemble en feront vne ſeulement du parallelogramme ; c'eſt pourquoy le requis eſt aiſé à donner, ledit 28 prob. eſtant bien entendu. Veu donc qu'il faut coupper le parallelogramme en trois parties égales, il eſt beſoing ſeulement de trouuer les coſtez du triangle DEF qui ſoit les ⅔ du triangle ADC, afin que le reſte ACFE en ſoit vn tiers, qui ioinct auec AGHC ſon égal, le tout AGHCFE ſoit vn tiers du parallelogramme propoſé ABCD, & les triangles GBH, EFD auſſi chaſcun vn tiers : trouuons donc les coſtez d'icelles parties. Puiſque DEF doit eſtre les ⅔ de ACD, multiplions le coſté AD 21, par les deux tiers d'iceluy, ſçauoir eſt par 14, & viendront 294, dont la racine quarrée eſt $\sqrt{294}$, qui eſt pour DE, & BH ſon égale; & partant AE & HC ſont chaſcune 21—$\sqrt{294}$: Mais multipliant DC 12 par les deux tiers 8, viendront 96, dont la racine quarrée $\sqrt{96}$ eſt le coſté DF, ou ſon égal BG, & partant chaſcun des reſtes CF, AG ſera 12—$\sqrt{96}$. Ne reſte donc plus à trouuer que le coſté EF ou GH, lequel on aura, faiſant que comme AB 12 eſt à AC 30, ainſi BG $\sqrt{96}$ ſoit à vn autre GH, qui ſera donc $\sqrt{600}$.

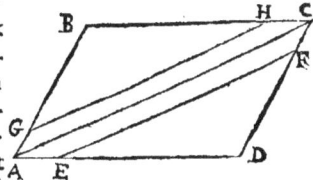

Que ſi le nombre des parties requiſes eſtoit pair, l'operation ſeroit plus aiſée. Car couppant chaſque triangle ABC, ADC, en la moitié d'iceluy nombre de parties demandées, on auroit le requis.

Or qui voudroit faire ladite diuiſion ſelon vne raiſon ou proportion donnée, il faudroit proceder tout ainſi que deſſus, ayant couppé le coſté ſelon ladite raiſon ou proportion. Comme pour exemple, voulant coupper ledit parallelogramme ABCD en deux parties, dont celle vers B ſoit à celle de la part de D, comme 5 à 7; Il eſt manifeſte que de 12 parties que contient tout le parallelogramme, il en faut prendre ſeulement 5 vers l'angle B ; tellement que le triangle ACD en contiendra 6, & le triangle ABC autant: parquoy il faut coupper ledit triangle ABC par la ligne GH, en forte que le triangle GBH foit $\frac{1}{6}$ dudit triangle ABC, c'est à dire quintuple de AGHC : Ce que nous ferons, multipliant AB 12 par les $\frac{5}{6}$ d'iceluy, c'est à dire par 10, & viendront 120, dont la racine quarrée γ 120 est pour BG; & partant AG fera 12—γ 120 : Mais multipliant BC 21 par les $\frac{5}{6}$ d'iceluy, & viendront γ 377 $\frac{1}{2}$, pour BH, & partant le reste HC fera 21—γ 377 $\frac{1}{2}$: & faifant que comme AB 12 est à AC 30, ainfi BG γ 120 foit à GH, icelle fera trouuée de γ 750.

3. *Eftans cogneus les coftez, & la diagonalle d'vn parallelogramme, qu'il faut diuifer en tant de parties égales qu'on voudra par lignes menées de l'vn des angles d'iceluy ; trouuer les coftez de chafque partie.*

Soit vn parallelogramme ABCD, duquel le costé AB est 15, BC 20, & la diagonalle AC 25 : Il faut diuiser ledit parallelogramme en quatre parties égales par lignes droictes menées de l'angle A, & trouuer les costez de chafcune defdites parties. D'autant que les parties propofées font en nombre pair, & que les triangles ABC, ACD font chafcun moitié du parallelogramme ; il est manifeste que fi on diuife chafcun defdits triangles en deux parties égales, comme nous auons enfeigné au probleme 26. du chap. precedent, que tout ledit parallelogramme ABCD fera diuifé en quatre parties égales : Il n'y a donc qu'à coupper les coftez oppofez BC, CD en deux également és poincts E & F, & mener les lignes droictes AE & AF, lefquelles auec la diagonalle AC coupperont le parallelogramme ABCD en 4 parties égales ABE, AEC, ACF & AFD : & le costé AE fera trouué de γ 325, mais AF γ 456 $\frac{3}{4}$.

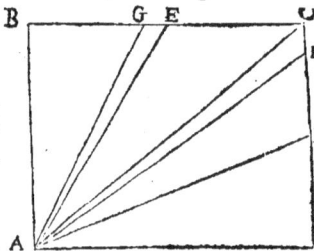

Que fi le nombre des parties propofées estoit impair, comme pour exemple 5, il faudroit prendre la 5e partie de BC, & de DC, vers C, & diuifer le reste tirant vers B & D, comme dit est cy-deffus.

Si auffi la diagonalle AC n'eust esté cogneuë, ains celle de B à D, oppofée à l'angle A, il eust fallu trouuer les angles du parallelogramme par la 7. p. des triangles de Henrion, par le moyen defquels on eust trouué puis apres la diagonalle AC, voire mefmes les perpendiculaires neceffaires pour la cognoiffance des coftez, comme nous auons dit aux 26. prob. du chap. precedent.

Que fi on vouloit faire ladite diuifion felon vne raifon ou proportion donnée, il n'y auroit qu'à coupper les coftez oppofez felon icelle, obferuant ce que nous auons dit au prob. precedent : Comme pour exemple, s'il falloit diuifer ledit parallelogramme en trois parties qui foient entr'elles comme 2, 3, & 4 : l'aggregé de ces nombres est 9 ; tellement que tout le parallelogramme propofé estant 9, l'vne des parties d'iceluy en doit contenir 2, l'autre 3, & la 3e 4. Et à caufe que ledit nombre 9 est impair, il faut conceuoir que chafque moitié dudit parallelogramme contienne auffi 9, & doubler auffi les termes de la proportion donnée ; & ainfi ils feront 4, 6, & 8, felon lefquels foient diuifez les coftez oppofez à l'angle A : Ainfi foit couppé de BC le segment BG, qui soit les $\frac{4}{5}$ d'iceluy, tellement que GC ne contiendra plus que $\frac{2}{5}$, & partant le second terme de la proportion, sçauoir est $\frac{6}{5}$, tombera au costé CD, duquel il faut donc prendre $\frac{1}{5}$, & soit CH; tellement que le reste HD sera $\frac{4}{5}$ de tout CD: & ayant tiré les lignes AG, AH, les trois parties ABG, AGCH, & AHD, seront entr'elles comme 4, 6, & 8, ou bien 2, 3 & 4, ainsi qu'il appert par la 1.p.6.

4. *Estans cogneus les costez, & la diagonalle d'vn parallelogramme, qu'il faut diuiser en deux parties qui soient entr'elles selon vne raison donnée, par vne ligne droicte menée d'vnpoinct donné en l'vn des costez; trouuer les costez de chasque partie.*

Afin de rendre l'operation numeralle de ce probleme plus intelligible, nous rapporterons la construction Geometrique, non seulement pour diuiser vn parallelogramme, mais aussi quelconque figure rectiligne proposée.

Soit vn parallelogramme ABCD, & vn poinct E donné au costé AD, duquel poinct il faut mener vne ligne droicte qui diuise ledit parallelogramme, en sorte que la partie vers A soit à la partie vers D, selô vne raison donnée F à G. Du poinct donné E, soient menées aux angles opposez B & C les lignes droictes EB, EC, qui diuisent la figure donnée en triangles ABE, EBC, & ECD, puis soient trouuées les lignes HI, IK, & KL qui soient entr'elles comme lesdits trois triangles; (ce qui se faict construisant des rectangles égaux ausdits triangles, & de mesme haulteur:) en apres la ligne totalle HL soit couppée en M, selon la raison donnée de F à G: & d'autant que le poinct de section M tombe en la ligne IK homologue au triangle EBC, soit diuisé le costé BC opposé à l'angle BEC au poinct N; tellement que BN soit à NC, comme IM à MK; & estant tirée la ligne EN, elle diuisera le parallelogramme ABCD selon la raison de F à G, ainsi qu'il estoit requis, & comme il est demonstré au probleme 93 de Henrion.

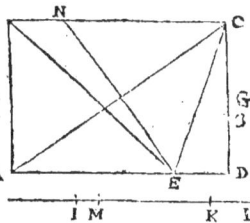

Maintenant appliquons les nombres: le costé AB soit 15, BC 20, & la diagonalle AC 25; la distance AE 16, & la raison de F à G comme 2 à 3. Or puisque le triangle ABC a les costez cognus, les angles d'iceluy seront trouuez, & par consequent seront aussi cognus ceux des triangles ACD, ABE, EBC, & ECD; tellement que l'aire de chascun d'iceux triangles ABE, EBC & ECD pourront estre trouuez; & soient iceux 120, $187\frac{1}{2}$, & $67\frac{1}{2}$; lesquels il faut reduire en rectangles de mesme haulteur, laquelle (pour exemple) soit 10: les bases HI, IK, & KL seront donc 12, $18\frac{3}{4}$ & $6\frac{3}{4}$; tellement que la toute HL sera $37\frac{1}{2}$, qui couppée en M, selon la raison de 2 à 3, le segment HM sera 15, & ML $22\frac{1}{2}$; & partant IM sera 3, & MK $15\frac{3}{4}$: Il faut donc coupper BC 25 en N, selon la raison de 3 à $15\frac{3}{4}$; & BN sera trouuée de 4, & par consequent NC sera 21: Ne reste donc plus à trouuer que la ligne couppâte EN, qui le sera à cause que le triangle ENC a les deux costez EC, CN cognus auec l'angle qu'ils comprennent, ou plustost la perpendiculaire, & les segmens de la base: & icelle sera $\sqrt{369}$.

Or ſi vn angle du parallelogramme eſtoit cogneu au lieu de la diagonallë, l'operation n'en ſeroit que plus prompte. Et par meſme maniere que deſſus, on peut coupper le parallelogramme en tant de parties égales qu'on voudra, couppant la ligne HL en tel nombre de parties égales qu'il ſera requis coupper le parallelogramme, & puis apres les coſtez du parallelogramme homologues aux baſes où tomberont les ſections, comme il apparoiſtra au chapitre ſuiuant.

Des trapezes, & autres figures irregulieres.

CHAP. VII.

Les trapeſes, & autres figures rectilignes irregulieres, tombent auſſi ſoubs la meſure & ſans difficulté, eſtans reduicts en triangles, ou parallelogrammes.

COmme le trapeſe MNOP, duquel les deux coſtés parallels MN, PO, ſoient 5 & 10: ie multiplie OT, (c'eſt à dire 7 & demy) par la ligne perpendiculaire MT qui contient 4, & le produict 30, eſt le contenu du trapeſe MNOP : car il vaut autant comme le parallelogramme MSOT, eſtant le triangle MPT de dehors, égal à celuy qui y eſt adiouſté NSO : *comme on peut colliger tant des definitions des parallelogrammes, comme de la 4 & 34 du 1.*

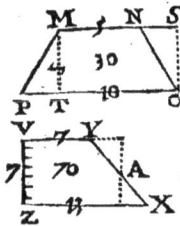

Le trapeſoïde VYXZ, qui a deux angles droicts, eſt meſuré en ceſte ſorte. Regarde combien ZX eſt plus long que VY, & poſe que ce ſoit de 6, eſtans VY de 7, & ZX de 13 : duquel auantage prend la moitié, & l'adiouſte à VY, tu auras 10, leſquels multipliés par VZ (c'eſt à dire par 7) feront 70 pieds, pour le contenu vniuerſel du trapeſe : la raiſon de ce eſt, d'autant que le rectangle contenu ſoubs 10 & 7 (eſtant le triangle XA égal au triangle AY) eſt égal au trapeſe donné.

COROLLAIRE I.

Les autres trapeſoïdes ſont meſurez eſtans reduicts en triangles.

Comme de la tablette ABCD, eſtant couppée en deux triangles par la ligne droicte AC, le contenu ſera facilement trouué, en

meſu-

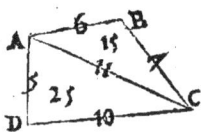

mesurant lestriangles à part, *comme il a esté mon-*
stré cy-deuant : Comme pour exemple le triangle
ABC a trois costés de 11,7,6, qui font 24, la moitié est 12, de laquelle ie leue 7, restent 5, ie leue 6,
reste 6, ie leue 11 & reste 1 : ie multiplie donc 5 par
6, dont prouient 30 : puis ce produict multiplié par l'autre difference
1, ne faict que 30 : puis derechef 30 multiplié par 12, prouient 360,
desquels la racine quarrée 19, est le contenu du triangle ABC. L'autre triangle ACD estant mesuré de mesme, pourra contenir enuiron 25, lesquels ioincts au contenu de l'autre triangle 9, font ensemble 44, pour tout le contenu de la figure ABCD. Et ainsi seront mesurées toutes autres figures quadrilateres, reduictes en deux triangles.

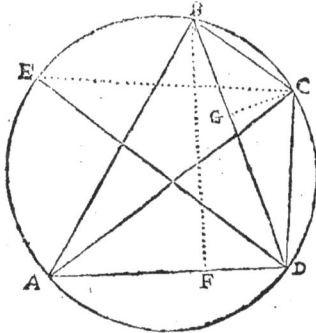

Combien que par ceste'maniere on puisse trouuer l'aire d'vn quadrilatere
inscript au cercle, neantmoins nous enseignerons icy vne voye plus prompte & facile pour obtenir ledit aire; & aussi à cognoistre tant les diagonalles,
que le diametre du cercle circonscriuant ledit quadrilatere.
Soit vn quadrilatere ABCD inscript au cercle duquel ED ... diametre,
dont le costé AB est 16 , BC 8, CD 12, & AD 20 : & il faut trouuer l'aire d'iceluy quadrilatere. Soient adioustez ensemble
lesdits costez, & viendront 56, dont soit pris
la moitié, qui sera 28, & d'icelle soient ostez
chascuns desdits costez afin d'auoir les differences, qui'seront 12, 20, 16, & 8, lesquelles
differences soient multipliées entr'elles, &
viendront 30720 , dont la racine quarrée
$\sqrt{30720}$ sera l'aire du quadrilatere proposé
ABCD. Ce qu'estant veritable, il faut que
l'aire des deux triangles ABD, BCD, fassent
ensemble le mesme aire $\sqrt{30720}$: Voyons
donc si cela est, & pour ce faire, trouuons
premierement les diagonalles AC, BD ainsi
qu'il ensuit. D'autant que comme l'aggregé des deux rectangles faicts soubs
les costez des angles opposez, est à l'aggregé des deux rectangles, faicts soubs
les costez des autres angles ; ainsi l'aggregé des deux rectangles compris des
costez opposez, est au quarré de la diagonalle subtendante des premiers angles : pour auoir la diagonalle BD, adioustons 320 (produict de AD 16 par
AB 20) à 96, (produict de BC 8 par CD 12) & viendront 416 ; puis adioustons
aussi 160 (produict de AB 20 par BC 8) à 192 (produict de AD 16 par DC 12)
& viendront 352 : adioustons encore 240 (produict de AB 20 par CD 12) à
128, (produict de AD 16 par BC 8,) & viendront 368 : Maintenant soit faict
que comme 416 est à 352, ainsi 368 soit à vn autre nombre 311$\frac{65}{13}$, dont la ra-

Q

cine quarrée γ 311 $\frac{5}{13}$ eſt pour la diagonalle requiſe BD. Mais pour trouuer la diagonalle AC, nous adiouſterons le produiďt de AB 20 en BC 8, auec celuy de AD 16 en DC 12, & ſeront 352 ; mais le produiďt de AD 16 en AB 20, auec celuy de BC 8 en CD 12, faiďt 416 ; & le produiďt de AB 20 en CD 12, auec celuy de AD 16 en BC 8, faiďt 368 : faiſant donc que comme 352 eſt à 416, ainſi 368 ſoit à vn autre, qui ſera 434 $\frac{10}{13}$, dont la racine quarrée γ 434 $\frac{10}{13}$, eſt pour la diagonalle requiſe AC : laquelle on euſt auſſi obtenuë, diuiſant leſdits 3688 aggregé des produiďts des coſtez oppoſez, par la diagonalle BD γ 311 $\frac{5}{13}$. Maintenant les triangles ABD, & BCD ont chaſcuns les trois coſtez cogneus : & partant la perpendiculaire BF ſera trouuée de γ 284 $\frac{4}{169}$, & CG de γ 21 $\frac{51}{3289}$. Parquoy l'aire du triangle ABD ſera γ 18177 $\frac{87}{169}$, & celuy du triangle BCD γ 1635 $\frac{165}{169}$: leſquels deux aires, ou contenus des triangles ABD, BCD, eſtans ioinďts enſemble, font γ 30720, comme deuant. Trouuons encore le diametre du cercle DE, & pour ce faire ſoit tirée la ligne droiďte CE, afin que le triangle reďtangle DCE ſoit ſemblable au triangle reďtangle BCG : tellement que faiſant comme la perpendiculaire CG γ 21 $\frac{51}{3289}$ eſt à BC 8, ainſi CD 12 ſoit à vn autre ; iceluy ſera γ 438 $\frac{8}{13}$; & autant ſera ledit diametre DE.

COROLLAIRE II.

Toutes autres figures de plus de quatre coſtez, & irregulieres, tombent auſſi ſoubs la meſure, eſt ans reduites en triangles.

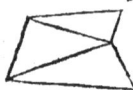

Pource que les ſuperficies des triangles particuliers miſes enſemble, compoſent l'aire & contenu de la figure irreguliere, *comme on voit en ceſte figure* ; iceux triangles pourront eſtre meſurez, comme nous venons de monſtrer en la meſure des trapeſes : où bien en multipliant la baſe de chaſcun triangle, par la moitié de la perpendiculaire, qui tombe de l'angle oppoſé ſur icelle, *ainſi qu'il a eſté monſtré aux 3 & 4. chap. de ce liure.*

Or il aduient ſouuent que les diagonalles, ou les perpendiculaires neceſſaires pour paruenir à la cognoiſſance de l'aire de quelconque figure reďtiligne, ne peuuent eſtre meſurées aďtuellement ſur le champ ; pour à quoy remedier, vous verrez ce que dit Henrion ſur ce ſubjeďt au chap. 4. du liure 3 de ſa Geometrie pratique, auquel lieu il enſeigne les moyens de paruenir au but deſiré, nonobſtant quelconque obſtacle & empeſchement qu'on puiſſe rencontrer ; c'eſt pourquoy nous n'vſerons icy de redites & repetitions de ce que tu peux voir là : tellement que taiſant ces choſes, nous enſeignerons ſeulement icy le moyen par lequel on pourra partager à diuerſes perſonnes quelconque piece de terre, prez, vignes, ou autre choſe compriſe & l'imitée par lignes droiďtes ; & pour ce faire qu'on meſure tous les coſtez de la figure, & auſſi les angles, & puis apres qu'on procede comme dit eſt en l'vne ou l'autre des deux propoſitions ſuiuantes.

1. *Eſtans cogneus les coſtez & les angles de quelconque figure rectiligne, laquelle il faut diuiſer en tant de parties égales qu'on voudra par lignes droictes menées de l'vn deſdits angles; trouuer chaſque ligne d'icelles parties.*

Or encore que ceſte prop. & la ſuiuante peuſſent eſtre pratiquées par ceux qui auront ja veu & entendu celles cy deuant enſeignées ſur ce ſubiect des partages & diuiſions, neantmoins pour tant plus ayder & ſoulager les plus rudes & moins verſez en ces choſes, nous auons éſtimé que ces deux prop. ne ſeroient inutiles en ce lieu, & que comme en celles-là nous auons enſeigné la conſtruction Geometrique, pour en faciliter l'operation numeralle, auſſi le faloit-il faire en celles-cy. Soit donc vne figure rectiligne A*B*CD, laquelle

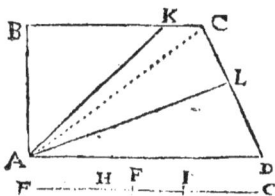

il faut diuiſer en trois parties égales par lignes droictes menées de l'angle A. Soit diuiſée ladite figure donnée en triangles par lignes droictes menées de l'angle A propoſé à tous les autres angles oppoſez, comme eſt icy AC; puis ſoient trouuées les lignes EF, FG, qui ſoient entr'elles comme les triangles A*B*C, ACD, eſquels ladite figure eſt diuiſée par ladite ligne AC; (icelles lignes ſont trouuées, conſtruiſant des rectangles de meſme haulteur, & égaux auſdits triangles:) en apres la toute EG ſoit couppée en autant de parties égales qu'il faut diuiſer la figure donnée, ſçauoir eſt en trois parties és poincts H & I, deſquels H tombe en la ligne EF homologue au triangle A*B*C; & I en la ligne FG correſpondante au triangle ACD: finablement les coſtez BC & CD oppoſez à l'angle A, eſtans couppez ſelon la raiſon des parties dicelles EF, & FG, ſçauoir eſt BC en *K*; tellement que comme EH eſt à HF, ainſi B*K* ſoit à *K*C; & CD en L, en ſorte que comme FI eſt à IG, ainſi CL ſoit à LD, ſoient menées les lignes A*K*, & AL, leſquelles diuiſeront la figure donnée A*B*CD en trois parties égales ainſi qu'il eſtoit requis.

Or combien que nous ayons deſia renuoyé pluſieurs fois le Lecteur aux demonſtrations faictes de ſemblables prop. aux problemes Geom. de Henrion; neantmoins nous en rapporterons icy vne pour toutes; laquelle rendra manifeſte toutes autres prop. & problemes de ſemblable conſtruction que celuy-cy. D'autant que par la conſtruction comme le triangle A*B*C eſt au triangle ACD, ainſi la ligne EF eſt à la ligne FG, & que par la 1. p. 6. les triangles AB*K*, A*K*C ſont entr'eux comme leurs baſes B*K*, *K*C, c'eſt à dire comme EH à HF; tellement que le premier triangle A*B*C couppé par la ligne A*K*, & la premiere partie EF diuiſée au poinct H, ſont couppez proportionnellement: partant comme EH eſt à HG, ainſi le triangle AB*K* ſera au quadrilatere A*K*CD, par ce qui eſt demonſtré au theor. 1. de la 22. p. 5. & par conſequent comme EH eſt à la toute EG, ainſi le triangle A*B*K* ſera à toute la figure rectiligne ABCD. Mais EH eſt la troiſieſme partie de EG: donc auſſi le triangle A*B*K* eſt la troiſieſme partie de ladite figure ABCD. Par meſmes raiſons, on demonſtrera que AL D eſt auſſi la troiſieſme partie d'icelle figure propoſée; & partant que le quadrilatere A*K*CL eſt l'autre tiers d'icelle figure. La figure rectiligne ABCD eſt donc diuiſée par les lignes A*K*, AL, en trois parties égales ainsi qu'il estoit requis.

Addaptons maintenant les nombres aux lignes & angles de ladite figure. Le costé AB soit 12, BC 16, CD 13, & AD 21; mais l'angle A soit de 90. degrez, comme aussi l'angle B, & l'angle C soit 112. deg. 37 $\frac{1}{5}$ m. & par consequent l'angle D 67. deg. 22 $\frac{4}{5}$ m. Or la diagonalle AC sera trouuée de 20; & partant l'aire du triangle ABC sera 96, & le contenu du triangle ACD 126: Et ces deux nombres estans appliquez à quelconque nombre, comme pour exemple à 12, viendront 8 pour EF, & 10 $\frac{1}{2}$ pour FG; tellement que la toute EG sera 18 $\frac{1}{2}$, qui couppée en trois parties égales, chascune d'icelles EH, HI, & IG sera 6 $\frac{1}{6}$; & par consequent le segment HF sera 1 $\frac{5}{6}$, & le segment FI 4 $\frac{2}{3}$. Et puisque comme EF 8 est à EH 6 $\frac{1}{6}$, ainsi BC 16 est à BK, icelle sera 12 $\frac{1}{3}$; & partant le reste KC sera 3 $\frac{2}{3}$: & aussi que comme FG 10 $\frac{1}{2}$ est à FI 4 $\frac{2}{3}$, ainsi CD 13 est à CL, icelle CL sera 5 $\frac{23}{63}$; & partant le reste LD sera 7 $\frac{40}{63}$. Ne reste donc plus à trouuer que les deux lignes couppantes AK, AL, lesquelles on obtiendra par le moyen des triangles ABK, ALD, qui ont chascun deux costez cogneus auec l'angle qu'ils comprennent: ainsi AK sera trouuée de $\sqrt{}$ 296 $\frac{1}{9}$, & AL 19 $\frac{3}{7}$ peu moins.

Mais est à noter que tant en ce probleme qu'au suiuant, il est necessaire que du poinct donné on puisse mener des lignes droictes à tous les angles opposez de la figure proposée.

2. *Estans cogneus les costez, & les angles de quelconque figure rectiligne, laquelle il faut diuiser en tant de parties égales qu'on voudra par lignes droictes menées d'vn poinct donné en l'vn des costez; trouuer la valeur & quantité des lignes de chasque partie.*

Soit vne figure rectiligne ABCDE, laquelle il faut diuiser en trois parties égales par lignes droictes menées du poinct donné F. D'iceluy poinct F

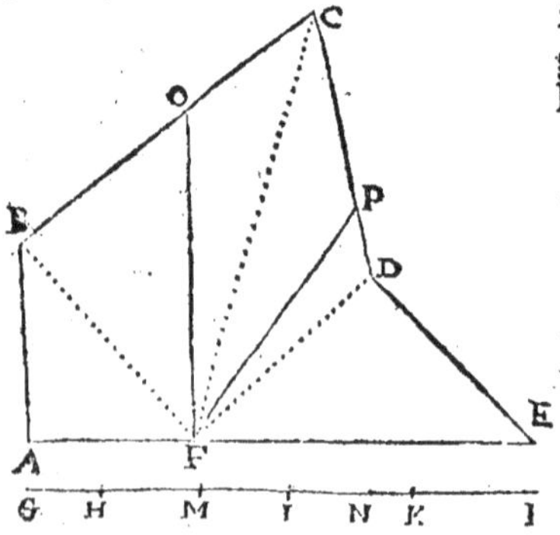

soient menées aux angles opposez les lignes droictes FB, FC, FD, qui diuisent ladite figure donnée en triangles ABF, BCF, FCD, FDE; puis soient trouuées les lignes GH, HI, IK & KL, qui soient entr'elles comme les susdits triangles: En apres la toute GL soit couppée en trois parties égales és poincts M, N, desquels M tombe en la partie HI correspondante au triangle BCF; & l'autre poinct N, en la partie IK homologue au triangle FCD: finablement ayant couppé le costé BC en O, selon la raison de HM à MI, & le costé CD en P, selon la raison de IN à NK, soient tirées les lignes droictes FO & FP, lesquelles coupperont le rectiligne donné ABCDE en trois parties égales ainsi qu'il estoit requis.

Maintenant adaptons les nombres aux costez & angles de ladite figure. Le costé AB soit 12, BC 20, CD 17, DE 16, & AE 29; mais l'angle A soit droict, l'angle B 126 deg. 52 $\frac{1}{6}$ m. l'angle C 61 deg. 55 deg. 55 $\frac{2}{3}$ m. l'angle exterieur CDE 151 deg. 55 $\frac{2}{3}$ m. & par consequent l'autre angle E est 53 deg. 7 $\frac{5}{6}$ m.

Mais le poinct F, duquel il faut mener les lignes qui diuisent la figure donnée en trois parties égales, soit distant de A par 9, & par consequent de E par
20. Le triangle ABF a donc deux costez cogneus, & l'angle A qu'ils comprennent: partant le costé BF sera trouué 15, & l'angle ABF de 36 deg. 52 $\frac{1}{6}$ m.
& par consequent l'angle FBC sera droict: tellement que le triangle BCF
a deux costez cogneus, & l'angle qu'ils comprennent; & partant l'autre costé
FC sera trouué de 25, & l'angle BCF de 36 d. 52 $\frac{1}{6}$ m. Parquoy restera FCD
de 25 deg. 3 $\frac{1}{2}$ m. & les deux costez qui le comprennent estans cogneus, l'autre costé FD sera trouué de 12; Ainsi tous les quatre triangles ABF, BCF,
CDF & DEF, ont chascun les trois costez cogneus; & partant l'aire sera trouué, sçauoir est ABF de 54, BCF 150, CDF 90, & EDF 96; lesquels estans
astruits & appliquez à 12, viendront 4 $\frac{1}{2}$ pour GH, 12 $\frac{1}{2}$ pour HI, 7 $\frac{1}{2}$ pour IX,
& 8 pour KL; tellement que la toute GL sera 32 $\frac{1}{2}$, qui couppée également en
trois és poincts M & N, chasque partie sera 10 $\frac{5}{6}$; & partant le segment HM
sera 6 $\frac{1}{3}$, & IN 4 $\frac{1}{3}$: Et d'autant que comme HI 12 $\frac{1}{2}$ est à HM 6 $\frac{1}{3}$, ainsi BC
20 est à BO, icelle BO sera 10 $\frac{2}{15}$, & OC 9 $\frac{13}{15}$: tellement que le triangle rectangle FBO a les deux costez de l'angle droict cogneus; & partant l'autre
costé FO sera trouué de γ 327 $\frac{154}{225}$. Semblablement puisque comme IX 7 $\frac{1}{2}$ est
à IN 4 $\frac{1}{3}$, ainsi CD 17 est à CP, iceluy segment CP sera 10 $\frac{26}{45}$, & PD 6 $\frac{19}{45}$:
tellement que le triangle FPD a les deux costez FD & DP cognus, auec
l'angle qu'ils comprennent; & partant l'autre costé FP sera trouué de γ 257
$\frac{1576}{2025}$. Nous auons donc trouué toutes les lignes requises: allõs au ch. suiuant.

Comment tombent soubs la mesure les polygones reguliers.

CHAP. VIII.

*Les figures, ou polygones reguliers de plus de quatre costez, sont mesu-
rez en multipliant leur circuit, par la moitié de la perpendiculaire, qui tombe du centre en angles droicts sur l'vn des costez.*

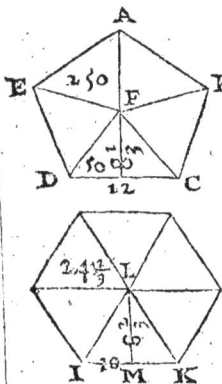

COmme le pentagone ABCDE, composé
de cinq triangles isoscelles égaux, desquels
la base d'vn chascun soit 12, & la perpendiculaire qui tombe du centre sur chascune base au
costé, 8 & 1 tiers: il est manifeste que chascun
triangle mesuré à part contiendra 50: car multipliant CD, par la moitié de la perpendiculaire FG, il en viendra le mesme. Si donc tout le
circuit ABCDE est multiplié par la moitié de
la perpendiculaire (c'est à dire par 4 & 1 sixiesme) le produict 250, sera égal au pentagone
donné.

La raiſon de cecy eſt treſbien demonſtrée par Henrion au chap. 5. du 3.
liure de ſa Geometrie, c'eſt pourquoy nous n'en ferons icy repetition ; mais
dirons que le coſté dudit pentagone eſtant 12, comme noſtre Autheur le poſe, la perpendiculaire ne peut eſtre 8 ⅓, ainſi qu'il veut, ains ſeulement γ
($36+\gamma 1036\frac{4}{5}$), dont s'enſuit que l'aire dudit pentagone ſera ſeulement
γ ($32400+\gamma 839808000$), qui ſont preſque 247 ⅓.

Ainſi en ſera-il de l'hexagone, qui eſt compoſé de ſix triangles
iſopleures, & égaux, multipliant IK par la moitié de LM, il en ſera
produiɛt le contenu de chaſcun triangle. Si donc on multiplie tout
le circuit de l'hexagone (qui faiɛt 60) par la moitié de LM (qui eſt
enuiron 4 & 1 tiers) il en prouiendra 241 & 1 tiers : lequel nombre
ſera égal à l'aire, & au contenu de tout l'hexagone.

Le coſté de l'hexagone eſtant 10, à prendre exaɛtement la perpendiculaire
LM, elle ſera γ 75, qui eſt fort peu moins de 8 ⅔, comme noſtre Autheur
la poſe ; mais ſelon icelle, l'aire ne doit eſtre 241 ⅓, comme il dit, ains 260, ou
pluſtoſt γ 67500, qui ſont peu plus de 259 $\frac{419}{519}$.

En toutes autres figures regulieres (comme heptagone, oɛto-
gone, & les autres) le meſme ſe demonſtre : Car en multipliant
le circuit par la moitié de la perpendiculaire qui tombe du centre
ſur chaſcun coſté, il en prouiendra le contenu de la figure entiere.

Or puiſqu'il eſt neceſſaire d'auoir la cognoiſſance de la perpendiculaire
qui tombe du centre ſur l'vn des coſtez, nous enſeignerons icy à la trouuer:
Ayant meſuré tous les coſtez d'vne piece de terre ou autre choſe bornée &
limitée de lignes droiɛtes, s'ils ſont trouuez égaux entr'eux, & auſſi les angles
qu'ils comprennent, elle ſera figure reguliere: & pour en meſurer la perpendiculaire mechaniquement ſur le champ, trouuez premierement l'angle du
centre de ladite figure, diuiſant 360 degrez par le nombre des coſtez d'icelle,
lequel vous ſouſtrairez puis apres de 180 degrez, & de la moitié du reſte
ouurez le compas de proportion, & le poſez ainſi ouuert à l'vn des angles
de la figure, en ſorte que l'vne des iambes dudit compas s'accorde ſur le
coſté d'iceluy : comme pour exemple, voulant meſurer en la figure hexa-
gonalle cy-deſſus, la perpendiculaire LM, ie diuiſe 360 degrez par 6, nombre des coſtez d'icelle figure, & viennent 60 pour l'angle du cëtre dudit hexagone, lequel i'oſte de 180, & reſtent 120, dont la moitié eſt 60 : l'ouure donc
mon compas de 60 degrez, & le diſpoſe au poinɛt I, en ſorte que l'vne des
iambes correſponde au coſté IK, & ſelon le rayon IL, qui paſſe par les pinulles de l'autre iambe, ie fais planter vn piquet tant en I, qu'en quelconque autre lieu L : Ce faiɛt, ie transfere mon compas au poinɛt M, milieu du coſté
IK, & le diſpoſe en ſorte qu'eſtant ouuert à angle droiɛt, l'vne des iambes
s'accorde derechef auec ledit coſté IK, & ſelon le rayon ML, qui paſſe par
les pinulles de l'autre iambe, ie fais marcher vn homme iuſques à ce qu'il
paruienne au rencontre du rayon IL, & ſoit en L, qui ſera le centre de ladite
figure ; tellement que meſurant la diſtance ML, on aura la perpendiculaire

requiſe; mais meſurant IL, nous aurons le ſemy-diametre du cercle auquel pourroit eſtre inſcript l'hexagone propoſé.

Mais au lieu de meſurer ainſi la perpendiculaire, i'aymerois beaucoup mieux la trouuer par la doctrine des triangles rectilignes : Car pour exemple, le triangle iſoſcelle DFC de la figure pentagonalle cy-deſſus, aura les angles cogneus auec le coſté DC ; & partant le triangle rectangle DF 12 aura auſſi les angles cogneus auec vn des coſtez de l'angle droict, qui eſt moitié du coſté de la figure DC: parquoy ladite perpendiculaire, & ſemy-diametre DF ſeront aiſément trouuez. Or ſur ce ſubiect des figures regulieres, il y a au chap. 5. du 3ᵉ liure de la Geometrie de Henriõ deux tablettes aſſez vtiles, leſquelles non plus que leurs vſages nous ne voulons rapporter icy, puiſque cela ne ſeruiroit qu'à groſſir ce volume : Mais au lieu de ce, nous adiouſterons encore icy quelques prop. concernant ce meſme ſubiect des figures regulieres.

1. *Eſtant cogneu le coſté d'vn triangle équilateral; trouuer le ſemy-diametre du cercle auquel il peut eſtre inſcript, & auſſi la perpendiculaire tombant d'vn angle d'iceluy triangle ſur le coſté oppoſé.*

Pour ce faire nous auons ia enſeigné diuerſes manieres, mais en reſte encore vne qui ſe tire de la 12.p.13. & ſuiuant icelle, ſi ayant quarré le coſté du triangle propoſé, on prend le tiers d'iceluy quarré, viendra le quarré du ſemy-diametre du cercle auquel peut-eſtre inſcript ledit triangle : Comme pour exemple, le coſté d'vn triangle équilateral eſtant 12, ſon quarré ſera 144, & le tiers d'iceluy 48, ſera le quarré du ſemy-diametre du cercle, qui partant ſera $\sqrt{48}$. Et puiſque par le Corol. de la meſme 12. p. 13. le quarré dudit coſté du triangle eſt au quarré de la perpendiculaire, comme 4 eſt à 3 ; faiſant que comme 4 eſt à 3, ainſi 144, quarré du coſté du triangle propoſé ſoit à vn autre, viendront 108 pour le quarré de la perpendiculaire, qui partant ſera $\sqrt{108}$.

D'auantage il appert par ledit Corol. de la 12. p. 13. que le ſemy-diametre du cercle qui peut eſtre inſcript audit triangle eſt moitié de celuy qui le circonſcript, ou bien le tiers de la perpendiculaire ; & partant ledit ſemy-diametre ſera $\sqrt{12}$.

Il eſt donc manifeſte que par le contraire de ce que deſſus, le ſemy-diametre du cercle inſcript ou circonſcript eſtant cogneu, ou bien la perpendiculaire, que le reſte ſera auſſi trouué.

2. *Eſtant cogneu le coſté du quarré inſcript au cercle; cognoiſtre le ſemy-diametre dudit cercle.*

Veu que la diagonalle dudit quarré eſt le diametre du cercle qui le circonſcript, la moitié du quarré dudit coſté ſera le quarré dudit ſemy-diametre du cercle: Ainſi le coſté d'vn quarré eſtant 12, ſon quarré ſera 144, dont la moitié 72 ſera le quarré du ſemy-diametre du cercle, qui partant ſera $\sqrt{72}$.

Par le contraire, le ſemy-diametre du cercle ou diametre entier eſtant cogneu, le coſté du quarré inſcript en iceluy ſera aiſément trouué.

3. *Eſtant cogneu le coſté d'vn pentagone; trouuer le ſemy-diametre du cercle auquel il peut eſtre inſcript, & auſſi la perpendiculaire tombant du centre dudit cercle ſur l'vn des coſtez dudit pentagone.*

. Soit vn cercle ABCDE, duquel le centre eſt F, & le diametre CFG ; & en
iceluy ſoit inſcript le pentagone regulier A B C D E, l'vn des coſtez duquel ſçauoir AE eſt couppé à angles droicts par le diametre C G ; tellement
que FG eſt le ſemy-diametre du cercle, &
FI la perpendiculaire tombant du centre F
ſur ledit coſté AE : ie dis qu'iceluy coſté
AE eſtant cogneu ledit ſemy-diametre FG,
& auſſi la perpendiculaire FI, qui eſt le ſemy-diametre du cercle inſcriptible audit
pentagone ſeront auſſi cogneus. Car d'autant que par la 9. p. 13. il appert qu'vne ligne droicte eſtant couppée en la moyenne
& extrême raiſon, le moindre ſegment d'i-
celle eſt le coſté du decagone inſcrit au cercle, dont le ſemy-diametre eſt le plus grand
ſegment, & que par la 10. p. 13. l'aggregé
des quarrez d'iceux eſt égal au quarré du
coſté du pentagone inſcript au meſme cercle ; il ſera aiſé de trouuer ledit
ſemy-diametre du cercle ou coſté de l'hexagone, ayant couppé quelconque nombre en la moyenne & extrême raiſon : ce que nous ferons ainſi,
voulant coupper ❦ nombre 2 en deux parties, telles que la moindre ſoit à la
plus grande, comme icelle plus grande au tout ; adiouſtons le quarré dudit
nombre propoſé au quarré de la moitié d'iceluy, & ſera 5, dont la racine quarrée qui eſt $\sqrt{5}$, ſoit oſtée de l'aggregé dudit nombre 2 & de ſa moitié 1, c'eſt
à dire de 3, & reſtera 3—$\sqrt{5}$, qui ſera la moindre partie, qui oſtée du tout 2,
reſtera $\sqrt{5}$—1 pour la plus grande partie. Il y a donc telle raiſon de 2 à $\sqrt{5}$—1,
que de $\sqrt{5}$—1 à 3—$\sqrt{5}$; & partant ſi nous poſons la plus grande partie çſtre
2, la moindre ſera $\sqrt{5}$—1 : & pource que le quarré de 2 eſt 4, & celuy de
$\sqrt{5}$—1 eſt 6—$\sqrt{20}$, l'aggregé d'iceux quarrez ſera 10—$\sqrt{20}$, dont la racine
quarrée ſera le coſté du pentagone inſcriptible au cercle, duquel le ſemy-
diametre ou coſté de l'hexagone eſt 2. Maintenant pour trouuer le ſemy-
diametre FG, le coſté du pentagone AE eſtant 10, ſuiuons l'analogie des figures ſemblables, faiſant que comme 10—$\sqrt{20}$, quarré du coſté du pentagone eſt à 4, quarré du ſemy-diametre du cercle auquel eſt inſcript ledit
pentagone, ainſi 100 quarré du coſté AE ſoit à vn autre, & viendront
50+$\sqrt{500}$ pour le quarré du ſemy-diametre FG, qui partant ſera $\sqrt{(50+\sqrt{500})}$. Mais ſi dudit quarré de FG nous oſtons le quarré de AH, ſçauoir eſt
25, reſteront 25+$\sqrt{500}$ pour le quarré de la perpendiculaire FH, & partant
icelle ſera $\sqrt{(25+\sqrt{500})}$.

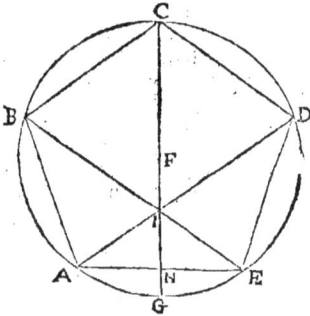

Il appert donc que la raiſon du diametre du cercle au coſté du pentagone inſcript en iceluy, eſt comme 4 à $\sqrt{(10-\sqrt{20})}$.

Que ſi la corde ou ſubtendante AD ou BE eſtoit requiſe, elle ſeroit auſſi
aiſément trouuée : Car puiſque par la 8. p. 13. icelles ſubtendantes AD, BE
s'entrecouppent en I en la moyenne & extrême raiſon, & que le plus grand
ſegment eſt égal au coſté du pentagone AE ; faiſant que comme $\sqrt{5}$—1 eſt à 2,

ainſi

ainſi le coſté AE 10 ſoit à vn autre, viendront $\sqrt{125}+5$ pour ladite AD, de laquelle eſtant oſté le ſegment DI 10, reſtera $\sqrt{125}-5$ pour le ſegment AI. Il eſt donc manifeſte, qu'au contraire ladite ſubtendante eſtant cogneuë, ou le ſemy-diametre du cercle, que toutes les autres lignes ſuſdites ſeront auſſi cognuës : mais pour plus grande & facile intelligence de ce, nous adiouſterons encore la propoſition ſuiuante, en laquelle nous expliquerons les nombres ſourds des coſtez, perpendiculaires, & ſuperfices des figures y mentionnées par nombres abſolus, afin que par le moyen d'iceux on puiſſe plus promptement trouuer les meſmes choſes en quelconques autres figures ſemblables, lors qu'il en ſera beſoing.

4. *Le diametre d'vn cercle eſtant cognеu ; trouuer les coſtez du triangle, quarré, pentagone, hexagone, octogone, decagone, dodecagone & quindecagone, inſcript audit cercle, & auſsi les perpendiculaires tombantes du centre ſur chaſcun deſdits coſtez.*

Soit vn cercle ABC, duquel le centre eſt D, & le diametre AC ſoit 4 : donc le ſemy diametre DC ſera 2 ; & autant eſt le coſté de l'hexagone CE, le quarré de la moitié duquel eſtant oſté du quarré dudit ſemy-diametre DC, reſtera 3, dont la racine quarrée, ſçauoir eſt $\sqrt{3}$, ou $1\frac{183}{250}$, eſt pour la perpendiculaire E F, laquelle multipliée par le triple de DC, ſçauoir eſt par 6, viendront $\sqrt{108}$, ou $10\frac{49}{125}$ pour l'aire de l'hexagone inſcript audit cercle ABC.

La perpendiculaire E F eſtant continuée iuſques en G, il eſt manifeſte que la ligne EG ſera coſté du triangle équilateral inſcript au cercle ; & partant qu'iceluy coſté eſtant double de la perpédiculaire EF, il ſera $\sqrt{12}$, ou $3\frac{18}{125}$, & la perpendiculaire AF eſtant les trois quarts du diametre AC, elle ſera 3, & DF 1 : tellement que l'aire ou ſuperficie du triangle équilateral AGE ſera $\sqrt{27}$, ou $5\frac{49}{250}$.

Ayant eſleué du centre D la perpendiculaire DB, & tiré AB, icelle ſera le coſté du quarré inſcript, le quarré duquel coſté eſtant égal au double du quarré du ſemy diametre AD ; iceluy coſté AB ſera $\sqrt{8}$, ou $2\frac{107}{250}$, & ſa moitié AI $\sqrt{2}$; & partant la perpendiculaire DI, qui luy eſt égale, ſera auſſi $\sqrt{2}$, ou $1\frac{107}{500}$, par laquelle eſtant multiplié le double de AB, ſçauoir eſt $\sqrt{32}$, viendront 8 pour la ſuperficie du quarré inſcript audit cercle ABC.

Ayant mené BF, & pris FH égale à icelle, ſoit tirée BH, laquelle ſera le coſté du pentagone, & DH coſté du decagone, ainſi qu'il appert par la 8. p. de la conſtruction de la table des ſinus de Henrion : A iceluy coſté BH, ſoit faict égal AK ou KT : Or puiſque BD eſt 2, & DF 1 ; BF, ou FH ſera $\sqrt{5}$, de laquelle eſtant oſté DF 1, reſtera $\sqrt{5}-1$ pour DH, dont le quarré eſtant adiouſté

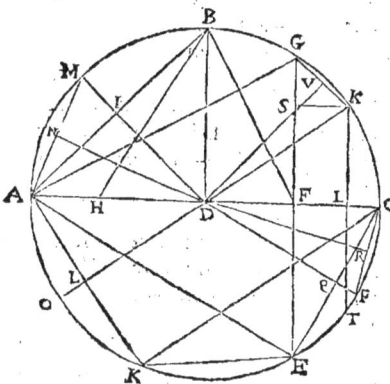

R

auec le quarré de BD, viendront 10—$\sqrt{20}$, pour le quarré de BH; & partant icelle BH ou KT sera $\sqrt{(10-\sqrt{20})}$, ou $2\frac{7}{10}$, & sa moitié KL $\sqrt{(2\frac{1}{2}-\sqrt{\frac{5}{4}})}$, ou $1\frac{7}{40}$, le quarré de laquelle estant osté du quarré du semy-diametre DK, restera $1\frac{1}{2}+\sqrt{\frac{5}{4}}$, dont la racine quarrée $\sqrt{(1\frac{1}{2}+\sqrt{\frac{5}{4}})}$, c'est à dire $\frac{1}{2}+\sqrt{\frac{5}{4}}$, ou $1\frac{18}{19}$, est pour la perpendiculaire DL, qui multipliée par KL $\sqrt{(2\frac{1}{2}-\sqrt{\frac{5}{4}})}$ donne $2\frac{1}{2}+\sqrt{\frac{5}{4}}$, dont la racine est l'aire d'vn des 5 triagles du pentagone, qui partãt est $\sqrt{(2\frac{1}{2}+\sqrt{\frac{5}{4}})}$, lequel estant multiplié par 5, viedront $\sqrt{(62\frac{1}{2}+\sqrt{781\frac{1}{4}})}$ ou peu plus de $9\frac{1}{2}$ pour l'aire de tout le pentagone. On obtiendra encore ledit aire multipliant les $\frac{5}{8}$ du diametre du cercle, par la ligne qui conioinct deux costez dudit pentagone, laquelle ligne est differente dudit costé du pentagone seulement en signe; tellement qu'en ceste exemple où ledit costé du pentagone est $\sqrt{(10-\sqrt{20})}$, ladite ligne subtendante sera $\sqrt{(10+\sqrt{20})}$, qui multipliée par $2\frac{1}{2}$, qui sont les $\frac{5}{8}$ du diametre, donne le mesme aire que dessus.

Mais ayant prolongé la perpendiculaire DI iusques en M, & tiré la ligne droicte AM; icelle AM sera le costé de l'octogone: Et d'autant que DI est $\sqrt{2}$, & le semy-diametre DM 2, IM sera $2-\sqrt{2}$, le quarré de laquelle sera $6-\sqrt{32}$, auquel estant adiousté le quarré de AI, viendront $8-\sqrt{32}$ pour le quarré de AM, qui partant est $\sqrt{(8-\sqrt{32})}$ ou $1\frac{53}{100}$, & la moitié d'iceluy AN $\sqrt{(2-\sqrt{2})}$, dont le quarré estant soustraict de celuy du semy-diametre AD, restera $2+\sqrt{2}$ pour le quarré de la perpendiculaire DN, qui partant sera $\sqrt{(2+\sqrt{2})}$ ou $1\frac{106}{115}$, par laquelle estant multiplié $\sqrt{(128-\sqrt{8192})}$ quadruple de AM, viendront $\sqrt{128}$ ou $11\frac{47}{150}$ pour l'aire de l'octogone inscript au cercle ABC.

Il a ja esté dit cy-dessus que DH est le costé du decagone, & qu'iceluy est $\sqrt{5}-1$, ou $1\frac{39}{150}$; il ne reste donc qu'à oster le quarré de la moitié d'iceluy costé du quarré de BD, afin d'auoir la perpendiculaire tombant du centre du cercle sur ledit costé du decagone inscript audit cercle ABC, qui partant sera $\sqrt{(2\frac{1}{2}+\sqrt{\frac{5}{4}})}$ ou $1\frac{46}{21}$, par laquelle estant multiplié la moitié du circuit dudit decagone, sçauoir est $\sqrt{125}-5$, quintuple du costé DH, viendront $\sqrt{(250-\sqrt{12500})}$ ou $11\frac{3}{4}$, pour l'aire ou superficie dudit decagone.

Puisque le costé de l'hexagone est EC, l'ayant couppé en deux également par la ligne droicte DP, qui rencontre la circonference du cercle en P, & tiré la ligne droicte CP, icelle sera le costé du dodecagone: Et d'autant que ledit costé de l'hexagone est 2, & la perpendiculaire tombante du centre sur iceluy est $\sqrt{3}$; PQ sera $2-\sqrt{3}$, dont le quarré est $7-\sqrt{48}$, lequel estant adiousté au quarré de CQ, moitié dudit costé de l'hexagone, donnera $8-\sqrt{48}$, pour le quarré de CP; & partant ledit costé du dodecagone CP sera $\sqrt{(8-\sqrt{48})}$, c'est à dire $\sqrt{6}-\sqrt{2}$, ou $1\frac{7}{100}$, & la moitié CR $\sqrt{1\frac{1}{2}}-\sqrt{\frac{1}{2}}$, dont le quarré estant osté du quarré du semy-diametre DC, restera $2+\sqrt{3}$ pour le quarré de la perpendiculaire DR, qui partant sera $\sqrt{(2+\sqrt{3})}$, c'est à dire $\sqrt{1\frac{1}{2}}+\sqrt{\frac{1}{2}}$, ou $1\frac{14}{15}$, par laquelle estant multiplié $\sqrt{216}-\sqrt{72}$, moitié du perimetre ou circuit dudit dodecagone, viendront 12 pour l'aire d'iceluy.

Maintenant il est manifeste que le costé du pentagone KT estant parallele au costé du triangle équilateral EG; la subtendante GK sera costé du quindecagone; & partant que l'aggregé des quarrez de la moitié de la difference dudit costé du pentagone à celuy du triangle, & de la difference de la perpendiculaire de l'vn à celle de l'autre, sera le quarré d'iceluy costé du quindecagone : Parquoy ostons ledit costé KT $\sqrt{}$ (10 $-\sqrt{}$ 20) du costé EG $\sqrt{}$ 12, & resteront $\sqrt{}$ 12 $-\sqrt{}$ (10 $-\sqrt{}$ 120) pour la difference desdits costez, & partant la moitié SG sera $\sqrt{}$ 3 $-\sqrt{}$ (2 $\frac{1}{2}-\sqrt{}\frac{5}{4}$), & son quarré 5 $\frac{1}{2}-\sqrt{}\frac{5}{4}-\sqrt{}$ (30 $\sqrt{}\sqrt{}$ 180) : Ostons aussi la perpendiculaire DF 1, de la perpendiculaire DL $\frac{1}{2}+-\frac{5}{4}$, & resteront $\sqrt{}\frac{5}{4}-\frac{1}{2}$, pour la difference dicelles perpendiculaires FL ou SK ; tellement que son quarré sera 1 $\frac{1}{4}-\sqrt{}\frac{5}{4}$, qui adiousté au quarré de SG, donnera 7 $-\sqrt{}$ 5 $-\sqrt{}$ (30 $-\sqrt{}$ 180) pour le quarré du costé du costé GK, qui partant sera $\sqrt{}$ (7 $-\sqrt{}$ 5 $-\sqrt{}$) (30 $-\sqrt{}$ 180), ou $\frac{5}{4}$: Parquoy la moitié SV sera $\sqrt{}$ (1 $\frac{3}{4}-\sqrt{}\frac{5}{16}$ $-\sqrt{}$ (1 $\frac{7}{8}-\sqrt{}\frac{45}{64}$), & son quarré 1 $\frac{3}{4}-\sqrt{}\frac{5}{16}-\sqrt{}$ (1 $\frac{7}{8}-\sqrt{}\frac{45}{64}$), qui osté du quarré du semy-diametre DK, resteront 2 $\frac{1}{4}+\sqrt{}\frac{5}{16}+\sqrt{}$ (1 $\frac{7}{8}-\sqrt{}\frac{45}{64}$) pour le quarré de la perpendiculaire DV ; & partant icelle sera $\sqrt{}$ (2 $\frac{1}{4}+\sqrt{}\frac{5}{16}+\sqrt{}$ (1 $\frac{7}{8}-\sqrt{}\frac{45}{64}$) ou 1 $\frac{8}{9}$; par laquelle estant multipliée la moitié du costé GK, & le produict par 15, viendra l'aire ou surface dudit quindecagone.

Or ledit costé du quindecagone sera encore trouué ainsi : D'autant que la ligne droicte AK est costé du pentagone, AE costé du triangle équilateral, & EC costé de l'hexagone; il est manifeste que KE est subtendante de deux costez du quindecagone, & CK double de D L perpendiculaire tombant du centre du cercle sur le costé du pentagone AK, (car les triangles rectanglés ALD, AKC, estans équiangles, comme AC est double de AD, aussi CK sera double de DL). Parquoy le quadrilatere AKEC a les trois costez AC, CE, AK cogneus, auec les deux diagonalles AE, CK ; & partant on peut cognoistre l'autre costé EK ; & iceluy cogneu on trouuera puis apres le costé dudit quindecagone, tout ainsi que nous auons trouué cy-dessus A M, & CP costez des octogone & dodecagone: Car en la mesme maniere que nous auons trouué iceux costez, on doit trouuer tous les costez des autres poligones, qui s'obtiennent par la bisection des costez ja trouuez.

Que si les costez des figures regulieres sont incommensurables auec leurs demy-diametres, & que les quarrez de ceux-cy soient cogneus, elles seront mesurées comme il a esté monstré au Corollaire 4. du chap. 3. de ce liure.

Et pource que toute superficie rectiligne de plusieurs costez est diuisée en triangles, il sera facile de monstrer par quel moyen

Tout triangle sera diuisé par lignes droictes & paralleles, & que les portions d'iceluy auront telle proportion qu'on voudra.

Soit donc le triangle proposé BCD, lequel on desire diuiser en trois parties égales, par lignes droictes & paralleles. Il conuient descrire vn quarré NMLD de mesme haulteur que le triangle, & le diuiser en trois parties égales, & icelles reduire en quarré, en sorte que le premier soit égal à la tierce partie de tout le quarré, & le secōd

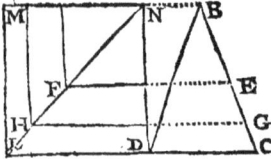

aux deux tiers, & les difpofer (ainfi qu'il
eft icy monftré) fur la ligne ND : alors faudra tirer les paralleles FE, HG, lefquelles
diuiferont le triangle felon la proportion
donnée. La raifon eft, que le triangle eft
diuifé proportionnellement, comme l'autre triangle NDL, *par la* 1,2, 10 *&* 22 *du* 6.

l'eftime qu'il feroit plus prompt & facile de coupper le cofté BC en trois
parties égales, puis trouuer la moyenne proportionnelle entre ledit cofté
BC, & vne des trois parties d'iceluy, puis 2 : Car icelles moyennes prop.
donneroient BE, & BG, fuiuant ce qui eft enfeigné & demonftré au 50 prob.
de la Geometrie de Henrion.

De la mefure du Cercle.

CHAP. IX.

MEfurer l'aire d'vn cercle, & celle d'vn polygone, eft vne mefme chofe. Et comme nous auons cy-deuant monftré, qu'il
faut prendre vne ligne droicte égale au circuit du polygone, & la
multiplier par la moitié de la perpendiculaire tirée du centre fur
chafcun cofté, pour auoir le contenu du polygone, ainfi
  *Pour obtenir le contenu d'vn cercle, il conuient multiplier fa circonferen-
ce, par la moitié de la perpendiculaire, c'eft à dire, par la moitié du demy-diametre dudit cercle, & le produict fera le contenu dudit cercle.*

Car le triangle rectangle, qui a l'vn des coftez comprenant l'angle droict, égal au demy-diametre du cercle, & l'autre cofté comprenant le mefme angle égal à la circonference du cercle, eft égal
à la fuperficie du mefme cercle, comme il fera monftré.

Soit le cercle ABCD, & le triangle rectangle HAG, duquel le
cofté HA, foit le demy-diametre du cercle, & AG foit égal à la
circonference du cercle. Maintenant prefuppofons la fuperficie du
cercle eftre plus grande que le triangle. Premierement il eft notoire
qu'au cercle peut eftre infcripte vne figure rectiligne, & de tant de
coftez, qu'elle pourra eftre en fin plus grande que le triangle : car
entre deux grandeurs inégales, peuuent eftre infinies grandeurs
inegalles, *par la commune fentence premife.* Il eft certain que le circuit
de telle figure rectiligne infcripte, fera plus court que la circonfe-

rence du cercle, c'eſt à dire que AG, & la ligne perpendiculaire tirée
du centre ſur l'vn
des coſtez de la fi-
gure, ſera auſſi plus
courte que le de-
my - diametre du
cercle (c'eſt à dire
HA) : & pourtant icelle figure rectiligne deuroit auſſi eſtre plus
petite que le triangle HAG, ce qui a eſté poſé autrement.

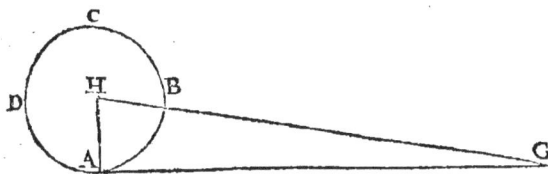

Apres poſons que la ſuperficie du cercle eſt plus petite que le
triangle. Nous pourrons auſſi circonſcrire au cercle vne figure rectiligne, & de tant de coſtez, qu'elle pourra en fin eſtre moindre que
le triangle : Or le circuit de telle figure, eſt plus grand que la circonferēce du cercle (c'eſt à dire que AG) : & la perpendiculaire du centre tombante ſur l'vn des coſtez d'icelle figure , eſt le demy - diametre du cercle, ſçauoir HA. Il s'enſuiura donc que le triangle H
AG, ſera plus petit que la figure circonſcripte. Ce qui eſt abſurde. Il
eſt donc égal à la ſuperficie du cercle ABCD.

Mais d'autant que iuſques à preſent, la iuſte longueur de la circonference du cercle n'a point eſté trouuée , on a accouſtumé d'vſer
de l'inuention d'*Archimedes*, laquelle eſt plus prompte, & plus ap-
prochante de la iuſte meſure que nulle autre. Ceſte inuentiō eſt que

La circonference du cercle contient trois fois le diametre, & peu moins d'vne
ſeptieſme partie d'iceluy diametre, & plus de la huictieſme partie du meſme
diametre.

Ce qui ſe demonſtrera ainſi que s'enſuit. Soit le centre X, le diametre PB, la cir-
conference PSB,
la ligne contingē-
te le meſme cer-
cle ET, au poinct
B. L'angle EXB,
ſoit la tierce par-
tie d'vn droict, &
double à GXB :
ceſtuy double à
HXB : ceſtuy - cy
double à IXB : & finalement ceſtuy double à LXB.

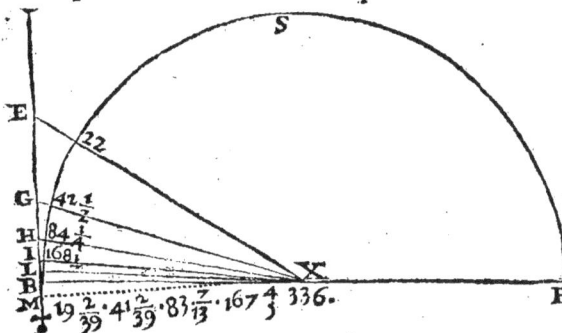

R iij

La raison de EX à XB sera comme EG à GB: *par la 3 du 6*, & ainsi de tout le reste, les costez d'vn triangle, duquel l'angle est diuisé en deux également, ont telle raison l'vn à l'autre, que les parties de la base.

Et conioinctement, la raison de EX & XB ensemblement à XB, est semblable à celle de EB à la partie GB *par la 18 du 5*, & ainsi de tous les autres triangles les deux costez ensemble ont telle raison à l'vn, comme toute la base à la partie de la base vers le costé auquel on aura égard.

Et alternement, la raison EX & XB à BE, est comme la ligne XB à BG *par la 16 du 5*, & ainsi de tous les autres triangles suiuans, les deux costez ensemble auront mesme raison à la base, que le plus petit costé à la plus petite partie de la base diuisée comme dit a esté, par la ligne qui couppe l'angle en deux également.

Posons donc premierement que EX contient 22 parties. EB estant égale à la moitié de EX contiendra 11, & le quarré de 11 (c'est à dire 121) soubstrait du quarré de 22 (c'est à dire de 484) restera 363, desquels la racine quarrée (qui est presque 19 & 2 trente-neufiesmes) sera le costé dicible XB *par la 47 du 1*. Or la raison de la ligne XB à la ligne EB est donc plus grande que 19 & 2 trente-neufiesmes à 11, *par la 8 du 5*; & par consequent les lignes EX & XB conioinctes ont vne plus grande raison à la ligne EB que 41 & 2 trente-neufiesme à 11. Et aussi la ligne XB à BG. Si donc XB est posé de 41 & 2 trente neufiesmes, & BG 11, leurs quarrez ensemble seront 1806 & plus d'vn quart : duquel nombre la racine quarrée 42 est la longueur dicible de XG. Dont est manifeste que les deux lignes ensemble GX & XB ont vne plus grande raison à BG que 41 & 2 trente-neufiesmes & 42 & demy (qu'est peu moins de 83 & 7 treziesmes) à 11 : & par consequent XB à BH. Soit donc XB posé de 83 & 7 treziesme & BH de 11 : Leurs quarrez ioincts feront 7099 : La racine quarrée sera peu plus de 84 & 1 quart pour la longueur dicible de XH. Dont est euident que les lignes HX & XB ont vne plus grande raison à BH que 83 & 7 treziesmes & 84 & 1 quart (qu'est presque 167 & 4 cinquiesmes) à 11 : & par consequent la ligne XB à BI. Soit derechef XB 167 & 4 cinquiesmes, & BI 11 : leurs quarrez ioincts feront 28277, desquels la racine quarrée (qui est peu plus de 168 & 1 septiesme) sera pour la longueur dicible de XI : & par ainsi est clair que les lignes IX & XB ensemble ont plus grande raison à BI que

167 & 4 cinquiefmes, & 168 & 1 feptiefme (qu'eft prefque 336) à 11: &

par confequent la ligne BI, & le diametre PB, (double à X.B) à LM (que nous pofons double à BL)auront vne plus grãde raifon que 336 à 11.

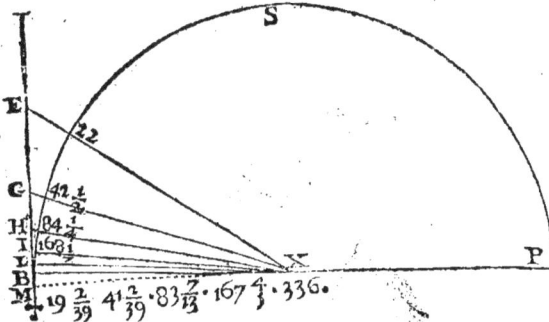

Or LM eft le cofté d'vn polygone de 96 coftez; tellement que 96 multipliez par 11 font 1056 pour le circuit dudit polygone, & le diametre eftant pofé de 336 & fouftraict 3 fois de 1056, reftera 48, qu'eft la feptiefme partie de 336. Or le diametre du cercle & du polygone eft vn mefme *par la conftruction*, & la circonference du cercle moindre que celle du polygone: dont s'enfuyura finalement que la circonference du cercle, eft moindre que trois fois & vne feptiefme partie de fon diametre.

En apres. Soit le cercle propofé BCD, dans lequel foyent tirez tous les triangles rectangles, en forte que le plus grand CBD, ait l'angle CBD égal à la tierce partie d'vn droict, & qui foit double à EBD, & ceftuicy double à GBD, & encores ceftuy cy double à IBD, & finalement ceftuy double à MBD: il eft euident que le triangle BCF eft équiangle à BED,

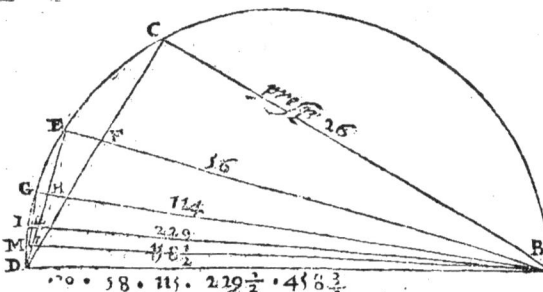

BEH à BGD, BGL à BID: finalement BIN à BMD: car ils obtiennēt chafcun vn angle droit *par la 31 du 3*, & les angles au poinct B égaux, dont s'enfuit qu'eftans equiangles, ils ont les coftez proportionnaux *par la 4 du 6*. Apres il a efté monftré que comme DB & BC conioinctement à CD, ainfi BC à CF, & ainfi des autres triangles fuyans.

Pofons donc BD de 30 parties, CD en aura 15, & BC peu moins de

26. Parquoy la ligne BC aura plus petite raiſon à la ligne CD, que 26 à 15: Donc la compoſée de DB & B C à la ligne CD (c'eſt à dire la ligne BC à C F, ou B F à ED) aura vne plus petite raiſon que 30 & 26 (ſçauoir 56) à 15.

Si doncques nous poſons BE faire 56, & ED 15, le coſté BD ſera preſque 58, *par la 47 du* 1. Donc les lignes BE & BD à DE (c'eſt à dire BC à GD) auront plus petite raiſon que 56 & 58 (c'eſt 114) à 15. Soit donc BG 114, & GD 15, le coſté BD ſera preſque 115. Donc les lignes BG & BD à GD (c'eſt à dire BI à ID) auront plus petite raiſon que 114 & 115 (qui ſont 229) à 15. Soit derechef BI 229, & ID 15, le coſté BD ſera preſque 229 & demy. Donc les lignes BI & BD à ID (c'eſt à dire BM à MD) auront plus petite raiſon que 229 & 229 & demy (qu'eſt 458 & demy) à 15. Soit finalement poſé BM de 458 & demy, & MD de 15. le coſté BD ſera preſque 458 & 3 quarts. Il eſt donc éuident que MD eſt le coſté d'vn polygone de 96 faces, qui aura de circuit 1440: dans lequel nombre ſe trouue trois fois 458 & 3 quarts, & reſtent 63 & 3 quarts: mais ce nombre eſt plus de la huictieſme partie de 458 & 3 quarts; (car la huictieſme partie eſt 57 & 11 trentedeuxieſmes ſeulement.) Il s'enſuit donc que le cercle (qui eſt plus grand que le poligone) contient trois fois le diametre BD, & plus d'vne huictieſme partie d'iceluy diametre. Mais il a eſté monſtré cy-deuant que la circonference du meſme cercle contient trois fois le diametre & moins d'vne ſeptieſme partie. Ie concluds donc, que ladite circonferēce contient trois fois le diametre, & moins d'vne ſeptieſme partie, & plus toutesfois d'vne huictieſme partie, *ce qu'il faloit demonſtrer*. Mais d'autant que 63 & 3 quarts ſont plus pres de la ſeptieſme partie du diametre (laquelle eſt 65 & 15 vingt-huictieſmes) que de la huictieſme (laquelle eſt 57 & 11 trête-deuxieſmes) on a accouſtumé pour approcher plus pres de la choſe meſme, donner à la circonferēce du cercle trois fois le diametre & vne ſeptieſme partie. Ceſte demonſtration eſt d'Archimedes, & non le nombre que nous prenons (qui eſt plus petit) pour la facilité.

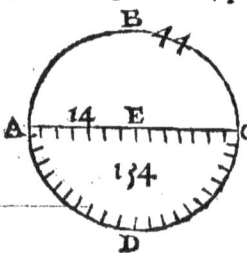

· Soit donc le cercle à meſurer ABCD, duquel le diametre ſoit 14 pieds, la circonference ſera 44, *par les demonſtrations precedentes*, eſquelles auſſi a eſté monſtré, que la circonference multipliée par la moitié du demy-diametre produict le contenu du cercle: multipliant donc 44 par 3 & demy, ou 22 par 7, en prouiendra pour la superficie du cercle 154 pieds.

Le liuret d'Archimedes touchant la dimension du cercle contient seulement trois propositions, lesquelles tu pourras voir au chap. 6. du 3. l. de la Geometrie pratique de Henrion ; c'est pourquoy nous ne nous arresterons icy à expliquer plusieurs choses que nostre Autheur dit & demonstre assez obscurément ; mais rapporterons sur ce subiect de la dimension du cercle quelques regles & propositions assez vtiles.

1. *Estant cogneu le diametre d'vn cercle ; trouuer la circonference d'iceluy.*

Faisant que comme 7 est à 22, ainsi le diametre cogneu (lequel pour exemple nous posons estre 35) soit à vn 4ᵉ nombre proportionnel, viendra 110 pour vne circonference quelque peu plus grande que la vraye : Car puisque par ce qui est demonstré cy-dessus, il appert que la raison de la circonference au diametre est moindre que triple sesquiseptiesme ; & que celle de 110 à 35, qui est la mesme que de 22 à 7, est triple sesquiseptiesme ; par la 10. p. 5. le nombre 110 sera plus grand que la circonference du cercle, duquel le diametre est 35. Mais faisant que comme 71 est à 223, ainsi le diametre cogneu 35 soit à vn autre nombre, viendront 109 $\frac{66}{71}$ pour vne circonference quelque peu moindre que la vraye, pour les mesmes raisons que dessus ; tellement que nous auons deux circonferences, sçauoir l'vne plus grande que la requise, & l'autre moindre, mais on a accoustumé comme dit nostre Autheur prendre la plus grande, comme la plus facile à trouver : que si on adiouste les deux ensemble ; la moitié de l'aggregé sera encore plus proche de ladite circonference cherchée.

2. *La circonference d'vn cercle estant cogneuë ; trouuer le diametre d'iceluy.*

Faisant que comme 22 est à 7, ainsi la circonference cogneuë 110 soit à vn autre, sera produict 35 pour vn diametre quelque peu moindre que celuy cherché : Mais faisant que comme 223 est à 71, ainsi ladite circonference cogneuë 110 soit à vn autre, viendront 35 $\frac{5}{223}$ pour vn diametre quelque peu plus grand que le requis ; & ce pour les mesmes raisons que dessus.

3. *Par le moyen du diametre d'vn cercle ; cognoistre l'aire d'iceluy.*

D'autant qu'Archimedes a demonstré en la 2. p. dudit liuret de la dimension du cercle, que le quarré du diametre du cercle est à l'aire d'iceluy presque comme 14 à 11 ; faisant que comme 14 est à 11, ainsi le quarré du diametre cogneu soit à vn autre, viendra l'aire dudit cercle : tellement que le diametre d'vn cercle estant 10, son quarré sera 100 ; & faisant que comme 14 est à 11, ainsi 100 soit à vn autre nombre, viendront 78 $\frac{4}{7}$; & autant sera presque l'aire du cercle duquel le diametre est 10.

4. *Par la circonference d'vn cercle ; cognoistre l'aire d'iceluy.*

Soit faict que comme 88 est à 7, ainsi le quarré de la circonference donnée soit à vn autre, & viendra vn nombre qui sera presque l'aire dudit cercle : tellement que la circonference d'vn cercle estant 44, soit faict que comme 88 est à 7, ainsi 1936 quarré de la circonference 44, soit à vn autre, viendra 154 pour l'aire du cercle, duquel la circonference est 44.

S

Or encore que ces chofes approchent fort de la verité,fi eft-ce neantmoins
qu'és grands cercles, l'erreur feroit fenfible : c'eft pourquoy és petits cercles
ie voudrois bien m'ayder de la raifon d'Archimedes cy-deffus;mais és grands
cercles de celle trouuée par Ludolphe de Collogne,laquelle eft plus precife :
Car il a trouué que fi le diametre du cercle eft 10000000000000000000,
la circonference fera moins que 31415926535897932384 7, mais plus que
31415926535 89793 2384 6.

5. *Eftant cogneu l'aire d'vn cercle ; cognoiftre tant le diametre d'iceluy que la circonfe-*
rence.

Faifant que comme 11 eft à 14,ainfi l'aire donné foit à vn autre ; iceluy fera
prefque le quarré du diametre ducercle propofé : tellement que l'aire d'vn
cercle eftant 154; ie fais que comme 11 eft à 14 , ainfi 154 foit à vn autre 196,
dont la racine quarrée 14 approche fort du diametre dudit cercle, dont l'aire
eft 154. Mais faifant que comme 7 eft à 88 , ainfi l'aire donné 154 foit à vn
autre nombre 1936 , iceluy fera le quarré de la circonference dudit cercle,
qui partant fera 44.

6. *Eftans cogneus les diametres de deux cercles,ou les circonferences ; ou bien les deux co-*
ftez homologues de deux figures femblables & femblablement pofées ; cognoiftre quelle
raifon les cercles,ou les figures,ont entr'elles.

D'autant que les cercles, & les figures femblables, font en raifon doublée
des diametres, ou des circonferences, & des coftez homologues ; fi le plus
grand diametre, ou circonference eft diuifée par la moindre, & le plus grand
cofté homologue par le moindre, fera produict le denominateur de la raifon que le plus grand diametre, ou circonference a à la moindre, ou le plus
grand cofté homologue au moindre. Si donc ce denominateur eft multiplié
en foy, fera produiât le denominateur de la raifon doublée,que le grand cercle ou figure a au moindre. Comme fi le diametre d'vn cercle eftoit 56, &
la circonference 176; mais le diametre d'vn autre cercle 14, & la circonference 44 : diuifant 56 par 14 , ou 176 par 44,le quotient fera 4,qui multiplié
en foy produiât 16, denominateur de la raifon du plus grand cercle au moindre. La mefme raifon aura vne figure à vne moindre femblable & femblablement pofée , fi les coftez homologues font 56 & 14,ou 176 & 44.

7. *Eftans cogneus les diametres , ou les circonferences de plufieurs cercles : Item les co-*
ftez homologues de plufieurs figures femblables & femblablement pofées ; cognoiftre le
diametre, ou la circonference d'vn cercle qui foit égal à tous les propofez : Item cognoiftre
le cofté de la figure femblable, & égale à toutes les propofées.

Les diametres, ou les circonferences, ou bien les coftez homologues
foient chafcun multipliez en foy, & les nombres produiâs recueillis en vne
fomme ; & la racine quarrée d'icelle fera le diametre, ou la circonference,
ou bien le cofté homologue cherché. Comme pour exemple, fi quatre diametres, ou circonferences de cercles,ou coftez homologues de figures femblables, font 84,12, 4, & 3; chafcun d'iceux eftant multiplié par foy-mefme, viendront 7056,144,16, & 9, defquels l'aggregé fera 7225, & la racine
quarrée 85 , fera le diametre,ou circonference du cercle , ou bien le cofté
homologue cherché : tellement que le cercle duquel le diametre, ou la cir-

conference eſt 85, ou bien la figure faicte ſur 85 & ſemblable aux données, ſera égal aux quatre cercles, ou figures propoſées. Car puiſque 7225 quarré de la racine 85, eſt égal aux quatre quarrez 7056, 144, 16, & 9 des racines 84, 12, 4, & 3, & que par la 2. p. 12. les cercles ſont entr'eux comme les quarez de leurs diametres; & partant auſſi comme les quarrez de leurs circonferences, icelles eſtans proportionnelles aux diametres: Item que les figures ſemblables ſont entr'elles comme les quarrez des coſtez homologues, pource que par la 20. p. 6. tant les quarrez que les figures ont la raiſon doublée des coſtez: pareillement tant le cercle duquel le diametre, ou la circonference eſt 85, ſera égal aux quatre cercles, deſquels les diametres, ou les circonferences ſont 84, 12, 4, & 3, que la figure conſtruite ſur le coſté 85, & ſemblable aux quatre, deſquelles les coſtez ſont 84, 12, 4, & 3, ſera égale à icelles.

COROLLAIRE I.

Toutes les parties du cercle ſeront auſſi facilement meſurées.

Comme le ſecteur ABFC, la ligne circulaire ou baſe duquel nous poſons eſtre de 12 pieds: il faut donc par l'inſtruction de ce chap. multiplier 12 par 3 & demy, ou 6 par 7, & ce qui en prouiendra (ſçauoir 42) ſera le contenu du ſecteur propoſé: iceux 42 leuez de 154, reſtent 112, pour le contenu de l'autre plus grand ſecteur BDCA.

Or puiſque pour obtenir le contenu d'vn ſecteur de cercle, il eſt beſoin de cognoiſtre tant le ſemy-diametre du cercle, que la circonference ou baſe du ſecteur, nous dirons qu'ayant meſuré actuellement ledit ſemy-diametre, il faudra de l'vn ou l'autre des trois poincts A, B, C, obſeruer l'angle du centre BAC: Car par le moyen d'iceluy on trouuera plus exactement l'arc ou baſe BC, que non pas de la meſurer actuellement, à cauſe de la courbure d'icelle: Et pour ce faire vous trouuerez premierement toute la circonference du cercle par le moyen dudit ſemy-diametre cognu; puis vous ferez vne regle de trois, au premier terme de laquelle vous poſerez 360 degrez, au ſecond ce que vous aurez trouué pour l'entiere circonference du cercle, & au troiſieſme l'angle obſerué *BAC*; & ladite regle faicte, vous aurez ledit arc ou baſe BC.

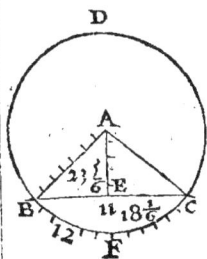

Que ſi on veut meſurer l'vne & l'autre ſection, ſçauoir BECD & BECF, il faut regarder de combien eſt la ligne droicte BC: & poſé icelle eſtre 11, & la perpendiculaire AE de 4 & 1 tiers, puis multiplie la ligne droicte BC par la moitié de la perpendiculaire, *ſuyuant l'inſtruction des chap. 3 & quatrieſme de ce liure*, ou bien meſure le triangle BCA, *comme il a eſté monſtré au chap.* 5. Ainſi nous trouuerons que 11 fois 2 & 1 ſixieſme, font

S ij

23 & 5 fixiefmes pour le contenu du triangle, lequel fouftraict du fecteur ABFC (c'eft à dire de 42) refteront 18 & 1 fixiefme pour la fection BCF : iceux 18 & 1 fixiefme leuez derechef de tout le cercle (fçauoir de 154.) refteront 135 & 5 fixiefmes pour l'autre fection BDC.

Puifque pour auoir l'aire d'vn fegment de cercle, il eft neceffaire de cognoiftre tant la ligne droicte que courbe qui le comprennent, & auffi le femy-diametre du cercle, nous enfeignerons icy à les cognoiftre. Premierement foit mefurée la ligne droicte BC, puis au milieu d'icelle, fçauoir eft en E, foit pofé le compas de proportion ouuert à angle droict, en forte que l'vne des iambes s'accorde fur ladite BC, & felon le rayon vifuel paffant par les pinulles de l'autre iambe, foit auffi mefurée la diftance EF : Ce faict foit multipliée BF par foy-mefme, puis diuifez le produict par EF, & ce qui en viendra eftant adioufté à ladite EF, on aura tout le diametre du cercle ; & par confequent fera cogneu tant le femy-diametre BA que la perpendiculaire AE ; tellement qu'il fera aifé de trouuer puis apres l'angle du centre BAC, & par confequent cognoiftre la circonference BC, ainfi qu'il a efté enfigné cy-deuant. Et eft à notter que noftre Autheur ayant pofé le femy-diametre AB de 7, & la circonference BFC 12 ; l'angle BAC fera trouué de 98 degrez, $\frac{1}{5}$; la ligne droicte BC peu plus de 10 $\frac{19}{50}$, & la perpendiculaire AE prefque 4 $\frac{117}{200}$: & fuiuant ce, le contenu du triangle ABC fera peu plus de 24 $\frac{1}{4}$, qui fouftraict de 42, contenu du fecteur ABFC, refteront 17 $\frac{3}{4}$ pour le fegment BCF, lequel eftant fouftraict de 154, contenu de tout le cercle, refteront 136 $\frac{1}{4}$ pour l'autre fegment BDC.

Mais s'il aduenoit qu'on ne peuft mefurer actuellement EF prife au milieu de BC, on pourroit la prendre ailleurs qu'audit milieu, & alors on auroit la bafe & la perpendiculaire d'vn triangle cogneus, auec les fegmens faicts par icelle, & partant il feroit aifé de trouuer les deux autres coftez du triangle par ce que nous auons enfeigné cy-deuant, & puis apres le diametre du cercle circonfcriuant ledit triangle.

Que fi on ne pouuoit encore mefurer aucune perpendiculaire, il faudroit obferuer les angles qui fe feroient fur BC, conceuant quelconque triangle audit fegment BFC : Car alors on auroit deux angles d'vn triangle rectiligne cogneus & vn cofté, & partant les deux autres coftez feront trouuez comme dit eft, & puis apres le diametre du cercle circonfcriuant ledit triangle. Ou bien d'autant que les deux angles qui feront obferuez & trouuez és poincts B & C, font enfemble moitié de l'angle du centre BAC ; les angles du triangle ifofcelle BAC feront cogneus auec la bafe BC, parquoy les coftez ou femy-diametre AB fera trouué comme dit eft par la doctrine des triangles rectilignes : Ces chofes expliquées, nous ioindrons encore icy les fix prop. fuiuantes.

1. Eftant cogneu le contenu d'vn cercle ; cognoiftre les lignes d'vn fecteur d'iceluy, qui foit au cercle felon vne raifon donnée.

Il faut trouuer tant le diametre que la circonference du cercle, ainfi qu'il eſt enſeigné cy-deuant en la 5. p. puis faire que comme le plus grand terme de la raiſon donnée eſt au moindre, ainſi la circonference trouuée ſoit à vne autre, qui ſera l'arc ou baſe du ſecteur requis. Ainſi le contenu d'vn cercle, duquel il faut prendre vn ſecteur qui ſoit à iceluy cercle comme 2 à 5, eſtant 154; ie trouue que le diametre du cercle ſera 14, & ſa circonference 44, puis faiſant que comme 5 eſt à 2, ainſi 44 ſoit à vn autre nombre, viendront 17 3/5, qui ſera la baſe du ſecteur requis, & le ſemy-diametre 7; tellement que le contenu dudit ſecteur ſera 61 1/5.

2. *Eſtant cogneu l'aire d'vn cercle, & auſſi le contenu d'vn ſecteur d'iceluy cercle; cognoiſtre la baſe dudit ſecteur.*

Il faut trouuer le diametre du cercle, & puis apres diuiſer le contenu du ſecteur par le quart dudit diametre trouué, & viendra la baſe cherchée. Ainſi l'aire d'vn cercle eſtant 154, & le contenu d'vn ſecteur du meſme cercle 30: pour trouuer la baſe d'iceluy ſecteur, ie trouue premierement que le diametre du cercle eſt 14, dont le quart eſt 3 1/2, par lequel ie diuiſe le contenu du ſecteur 30, & viennent 8 4/7 pour l'arc ou baſe du ſecteur propoſé.

3. *Eſtant cogneu l'aire d'vn cercle, & la raiſon du diametre à la ſubtendente d'vn ſegment d'iceluy cercle; cognoiſtre l'aire d'iceluy ſegment.*

Soit trouué le diametre du cercle, puis la corde ou ligne droicte du ſegment ſelon la raiſon donnée; en apres ſoit trouué l'arc par le moyen des ſinus, & puis apres le contenu tant du ſecteur que du ſegment, le tout comme il appert en l'exemple ſuiuant. Soit vn cercle dont l'aire eſt 78 4/7, & la raiſon du diametre à la ligne droicte ou baſe d'vn ſegment d'iceluy comme 5 à 4; & il faut trouuer tant l'arc que la corde qui comprennent ledit ſegment, afin d'auoir ſon contenu. Premierement donc le diametre ſera trouué de 10; & puiſque comme 5 eſt à 4, ainſi le diametre du cercle eſt à la baſe du ſegment propoſé, icelle ſera 8. maintenant ſoit faict que comme 5 eſt à 4, ainſi le ſinus total 100000 ſoit à vn autre, & viendront 80000, qui eſt le ſinus de 53 deg. 7 m. 49 ſec. & partant l'arc du ſegment propoſé ſera de 106 d. 15 m. 38 ſec. lequel arc eſtant reduit en meſmes parties que celles du diametre ſera trouué valoir d'icelles parties enuiron 9 5/18, & ſa moitié 4 23/36, qui multipliez par le ſemy-diametre 5, donnent 23 7/36, pour l'aire & ſurface du ſecteur, qui a pour ſegment celuy propoſé: & puiſque la corde dudit ſegment eſt 8, & le ſemy-diametre du cercle 5, le contenu du triangle iſoſcelle compris de ladite corde & de deux ſemy-diametres du cercle ſera 12, qui oſtez du ſecteur trouué 23 7/36, reſteront 11 7/36 pour le contenu du ſegment propoſé à trouuer.

4. *Eſtant cogneu l'aire d'vn cercle, le contenu d'vn ſegment d'iceluy, & la difference du diametre du cercle à la baſe dudit ſegment; cognoiſtre tant l'arc que la baſe ou corde du ſegment.*

Soit trouué le diametre du cercle, duquel ſoit oſtée la difference donnée, & reſtera la corde du ſegment propoſé, & partant on trouuera l'arc d'iceluy par le moyen des ſinus, comme il eſt dit cy-deſſus. Ainſi le contenu d'vn cercle eſtant 78 4/7, vn ſegment d'iceluy 11 7/36, & la difference du diametre du cercle à la baſe ou ligne droicte dudit ſegment 2: Le diametre du cercle ſera trouué eſtre de 10, duquel eſtant oſtée la difference 2, reſtera 8 pour la baſe

du fegment propofé ; & procedant ainfi que deuant, l'arc fera trouué d'enuiron 9 $\frac{5}{18}$.

5. *Eftant cogneu le diametre d'vn cercle, & la difference d'vn fegment d'iceluy cercle à*
fon fecteur ; trouuer le contenu dudit fegment.

Ayant ofté du quarré du femy-diametre du cercle le double de la difference
du fegment au fecteur , & adioufté lerefte au quadruple de ladite difference,
foit prife la racine quarrée de ce qui en viendra, à la moitié de laquelle foit
adiouftée la moitié de la racine quarrée dudit refte premierement trouué, &
viendra la moitié de la bafe du fegment propofé, & partant il fera aifé de
trouuer l'arc d'iceluy fegment, comme il a efté enfeigné cy-deuant. Soit
vn cercle duquel le diametre eft 10, & que la difference d'vn fecteur d'iceluy à fon fegment foit 12 : & il faut trouuer tant l'arc que la corde dudit fegment, afin de cognoiftre le contenu d'iceluy. Le quarré du femy-diametre
eft 25, qui ofté de 24 double de la difference donnée, refte 1, qui adiouté à 48,
quadruple de ladite difference, viennent 49, dont la racine quarrée eft 7,
à la moitié de laquelle i'adioufte $\frac{1}{2}$, moitié de la racine quarrée du refte
trouué, & viennent 4 pour la moitié de la corde requife ; & partant icelle eft
8: Maintenant foit faict que comme 5, moitié du diametre donné eft au finus
total 100000, ainfi 4 moitié de ladite corde foit à vn autre, viendront 80000,
qui eft le finus de 53 d. 7 m. 49 fec. dont le double 106 d. 15 m. 38 fec. eft l'arc
du fegmet requis, qui reduit en mefmes parties du diametre donné, vaudra
enuiron 9 $\frac{5}{18}$; & partant la moitié d'iceluy 4 $\frac{23}{36}$ eftant multipliée par le femy-
diametre 5, viendront 23 $\frac{7}{36}$ pour l'aire du fecteur, duquel eftant oftée la difference donnée 12, refteront 11 $\frac{7}{36}$ pour le contenu du fegment requis.

6. *Eftant cogneu le diametre d'vn cercle, & la diftance du centre d'iceluy à la bafe d'vn*
fegment dudit cercle ; trouuer le contenu d'iceluy fegment.

Ayant adioufté au femy-diametre du cercle la diftance donnée, & multiplié la fomme par le refte du diametre, la racine quarré du produict donnera
la moitié de la bafe du fegment, qui multipliée par ladite diftance donnée,
viendra le contenu du triangle, dont le fegment propofé differe à fon fecteur ;
& partant iceluy fecteur fera trouué comme dit eft cy-deffus, & puis apres le
fegment requis. Ainfi le diametre d'vn cercle eftant 10, & la diftance du centre dudit cercle iufques à la bafe d'vn fegment d'iceluy 3 : pour trouuer le
contenú dudit fegment, i'adioufte icelle diftance 3 au demy-diametre 5, &
viennent 8, que ie multiplie par 2, refte du diametre, & viennent 16, dont la
racine quarrée 4, eft moitié de la ligne droicte du fegment, qui multipliée
par la diftance 3, donne 12 pour le contenu du triangle, par lequel le fegment propofé differe de fon fecteur : maintenant donc procedant comme
nous auons enfeigné cy-deuant l'aire dudit fecteur, fera trouué d'enuiron 23
$\frac{7}{36}$, duquel eftant ofté ladite difference 12, reftent 11 $\frac{7}{36}$ pour le contenu du
fegment propofé à trouuer.

7. *Eftant cogneu le diametre d'vn cercle ; cognoiftre le cofté du quarré égal à iceluy*
cercle.

Ce probleme eft vn de ceux dont la folution Geometrique n'eft encore
cogneuë, combien que plufieurs graues Autheurs, tant anciens que moder-

nes ayent tafché d'en acquerir la gloire, voire mefmes ces iours paffez, P. Lanfbergius penfant l'auoir acquife, le tref-docte & ingenieux Andreſſon au roit auſſi toſt defcouuert & monſtré le parallogifme d'iceluy Lanſbergius. Nous dirons donc icy, (fuyuant la tradition d'Archimede) qu'ayant mul tiplié le diametre cogneu par les $\frac{11}{14}$ d'iceluy, la racine quarrée du produict donnera le coſté d'vn quarré fort peu different de celuy égal au cercle. Ainſi pour trouuer le coſté d'vn quarré égal à vn cercle dont le diametre eſt 6 : ie prends les $\frac{11}{14}$ d'iceluy diametre, qui font $4\frac{5}{7}$, par lefquels ie multiplie le dia metre 6, & viennent $28\frac{2}{7}$, pour l'aire ou furface dudit cercle, dont la racine quarrée $\sqrt{28\frac{2}{7}}$ eſt le coſté du quarré prochainement égal au cercle propofé.

8. *Eſtant cogneu le coſté d'vn quarré; cognoiſtre le diametre du cercle égal à iceluy.*

8. Soit faict que comme 11 eſt à 14, ainſi l'aire du quarré donné foit à vn au tre, & viendra le quarré du diametre requis; & partant la racine quarrée d'iceluy donnera le diametre du cercle prochainement égal au quarré pro pofé. Ainſi le coſté d'vn quarré eſtant 10, l'aire d'iceluy fera 100, & faifant que comme 11 eſt à 14, ainſi 100 foit à vn autre nombre, iceluy fera $127\frac{3}{11}$, dont la racine quarrée eſt $\sqrt{127\frac{3}{11}}$, & autant eſt le diametre du cercle égal au quarré propofé.

Or puifque toutes figures rectilignes fe peuuent reduire en quarré, & au contraire qu'à tout quarré on peut donner vne figure rectiligne égale & femblable à vne propofée; il s'enfuit qu'on peut trouuer le diametre du cercle égal à quelconque figure rectiligne cogneuë; & au contraire baillet les coſtez de quelconque figure rectiligne égale à vn cercle donné, non toutesfois exactement, mais ſi pres de la verité que l'erreur en fera infenfi ble, foit qu'on fuiue les regles & preceptes cy-deſſus enfeignez au regard des nombres, ou bien les conſtructions Geometriques que le tref-docte Viette a baillez fur ce fubiect de la quadrature du cercle, lefquelles auec autres voyes trouuées par quelques anciens, nous delaiſſons comme eſloignées de noſtre but & intention.

COROLLAIRE II.

Il s'enfuiura auſſi que la fection d'vn cercle faicte par vn autre cercle pourra eſtre mefurée.

Comme foit la fection à mefurer ABDC d'vn cercle qui a 14 pieds de diametre, couppée par vn autre cercle ADC, duquel le diame tre eſt 21, & la circonference 66, il faut mefurer le fecteur MAD *par le Corollaire precedent*: Pofons donc la ligne circulaire ou bafe du fe cteur ACD eſtre de 12 pieds & demy: maintenant il conuient mul tiplier 12 & demy par la moitié du demy-diametre CM (c'eſt à di re par 5 & 1 quart) & en prouiendra 65 & 5 huictiefmes pour le contenu du fecteur MACD: defquels il faut leuer le triangle recti-

ligne ADM, duquel chafcun des deux coftez MA, MD, faiƈt 10 &
demy:& la ligne droiƈte AD enuiron 12, la perpendiculaire MO 8,
& 2 tiers, laquelle multipliée par DO (c'eſt à ſçauoir par 6) produira
52 pour le contenu du triangle: iceux 52 ſouſtraits du feƈteur
MACD, qui contient 65 & 5 huiƈtieſmes, reſtera le nombre 13 & 5
huiƈtieſmes pour la ſeƈtion AODC.

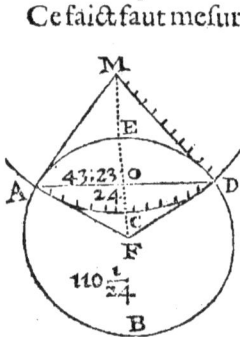

Ce faiƈt faut meſurer le feƈteur FAED: poſons donc l'arc AED
de 14: Et pource que 14 ſont la tierce partie
de toute la circonference 44, il s'enſuyura que
le feƈteur FAED fera auſſi la tierce partie du
contenu du cercle AEDB, & contiendra 51 &
1 tiers: mais il faut maintenant oſter le triangle
reƈtiligne ADF pour obtenir le contenu
d'vne chaſcune ſeƈtion. Il a eſté dit que FD eſt
de 7, comme auſſi FA de 7, & AD 12. Si donc
on multiplie OF par OD (c'eſt à dire 3 & demy par 6) il en prouiendra 21 pour le contenu
du triangle ADF, leſquels 21 oſtez du feƈteur 51 & 1 tiers, reſtera 30 &
1 tiers que contiendra la ſeƈtion AODE: Et par ainſi il eſt manifeſte
que l'autre ſeƈtion AODB contiendra 123 & 2 tiers, deſquels ſi finalement nous leuons la ſeƈtion AODC, qui contient 13 & 5 huiƈtieſmes,
reſtera le nombre 110 & 1 vingt-quatrieſme, qui ſera le contenu de
la ſeƈtion courbeligne ACDB. Que ſi on adiouſte les meſmes 13 &
5 huiƈtieſmes à l'autre AODE (qui contient 30 & 1 tiers) on aura 43 &
23 vingt-quatrieſme pour le contenu de l'autre figure courbeligne
AEDCA.

COROLLAIRE III.

*Les choſes ainſi demonſtrées, la ſuperficie du cercle pourra eſtre diuiſée en
ſeƈtions, qui auront telle proportion qu'on voudra.*

Soit pour exemple de demy-cercle BCD à diuiſer en deux demy-
ſeƈtions leſquelles ayent telle
proportion l'vne à l'autre
que la circonference BE à la
circonference ED. Il eſt notoire *par les precedentes* que le
feƈteur EBA a la meſme proportion au feƈteur EDA.
Soit donc faiƈt le demy-cercle

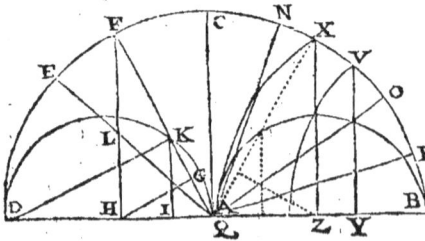

cle DKA, apres adioufte au fecteur DEA vn autre fecteur EFA, en forte que la bafe d'iceluy EF foit égale à la ligne droicte IK (i'entens felon la vulgaire tradition d'Archimedes) laquelle IK foit auffi parallele à CA, & couppe le cofté FA au mefme poinct K. Ce faict tire la ligne FH parallele à CA, & tu auras la demy-fection DFH égale au fecteur DEA. La raifon eft que le fecteur EFA, eft égal au triangle rectiligne DKA *par la conftruction*, & par confequent au triangle FHA, *comme on peut colliger par la 36 du 6* : tellement que le triangle commun FLA eftant ofté, l'efpace EFL fera égal au triangle LHA. Que fi on veut acheuer tout le cercle, on aura les fections toutes entieres, qui auront l'vne à l'autre la mefme proportion.

COROLLAIRE IV.

Le cercle pourra auffi eftre diuifé en telle proportion qu'on voudra, par vn autre cercle.

Comme fi ie veux diuifer le demy-cercle de la figure precedente en telle proportiõ que DO à BO. Ie diuife en deux égallement OB, & rends par ce moyen la demy-fection BVY égale au fecteur EBA *par la precedente*. Apres ie tire vne femblable & égale demy-fection fçauoir VYI, & par tel moyen cefte figure VBIV eft égale au fecteur OBS: & par confequent a la mefme proportion à l'autre partie du cercle VCLI.

Que fi on veut coupper encor vne autre partie par le mefme cercle, laquelle foit égale au fecteur ONA : Il conuiendra lors diuifer en deux égallement la circonference NB (& foit pour exemple au poinct O) & rendre vne demy-fection (comme XZB) égale au fecteur OBA *par les precedentes*. Puis defcrire vne autre femblable demy-fection XQZ qui fera par ce moyen égale au fecteur ONA, par ainfi fe pourront continuer telles diuifions par le mefme cercle. Et de cecy ne s'en eft encor trouué rien de plus precis.

COROLLAIRE V.

De là eft manifefte que le cercle peut eftre fouftraict de quelconque figure rectiligne qui luy fera circonfcripte, & de laquelle la capacité fera cogneue, & par ce moyen le contenu de ce qui reftera fera auffi cogneu.

T

COROLLAIRE VI.

Les figures rectilignes inscriptes au cercle, pourront aussi estre soustrai-ctes d'iceluy, si leur contenu est cogneu, & par ce moyen ce qui restera du cercle sera cogneu.

COROLLAIRE VII.

S'ensuit aussi que les places & superficies mixtes, c'est à dire comprises de lignes droictes & circulaires (les portions de cercles connexes ou concaues estans cogneuës) seront facilement mesurees.

De la mesure de l'ouale.

CHAPITRE X.

La superficie de l'ouale peut estre mesurée, ayant la connoissance de la superficie du cercle descrit sur le plus petit diametre: car la superficie de ce cercle est au mesme ouale, comme le plus petit diametre est au plus grand.

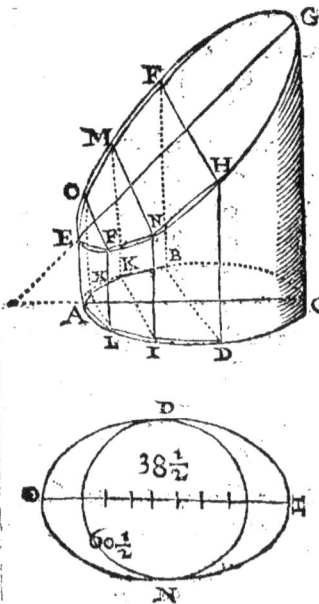

Cela se prouue ainsi. Soit le cylindre duquel la base circulaire ABCD correspóde à l'ouale EFGH, lequel ouale soit coupé du cylindre par vne superficie plane, mais non en angles droicts n'y parallele à la base (comme il est dit en la definition.) Il est certain que FH estant le plus petit diametre correspondra aussi au diametre de la base BD, & le plus grand diametre EG, à l'autre diametre AC, s'entre-couppans en angles droict au centre d'vne chascune figure. Or dans le cercle de la base peut estre inscripte vne figure rectiligne reguliere, contenant plusieurs trapezes, comme BI, KL, & le triangle LAX: & le cylindre aussi peut estre couppé par superficies planes rectangles & paralleles l'vne à l'autre, esleuées de la base orthogonelle-

ment iufques à l'ouale, comme BFHD, KMNI, XOPL, qui couperont les diametres EG & AC en angles droicts proportionnellement, *par la 17 du 11.*

Tous les trapezes donc auec le triangle, qui feront dedans le cercle fçauoir BI, KL, & le triangle X A L, auront mefme raifon aux
trapezes & au triãgle FN, MP, OEP, comme AC à EG, *par le Corollaire
de la premiere du 6.*

Il ne fe peut donc infcrire au cercle aucune figure rectiligne qui
ait au contenu de l'ouale femblable raifon, d'autant que la fuperficie
de l'ouale eft plus grande que toutes les figures rectilignes qui luy
font infcriptes. Semblablement auffi ne fe pourra circonfcrire au
cercle aucune figure rectiligne qui ait la mefme raifon à l'ouale: d'autant que telles figures circöfcriptes auröt la mefne raifon aux circonfcriptes de l'ouale: & celles-cy font plus grandes & fpatieufes
que l'ouale. Il s'enfuit donc que le contenu du cercle a telle raifon au
contenu de l'ouale, comme le petit diametre AC (c'eft à dire FH)
à E G.

Si donc on propofe vn ouale à mefurer, ayant pour fon plus grand
diametre 11 toifes, & pour le plus petit 7: mefure le cercle duquel le
diametre eft 7, il contiendra 38 & demy: lefquels diuifez par 7 donnent pour quotient le nombre 5 & demy: lequel multiplié par 11,
faict 60 & demy, qu'eft iuftement l'aire de l'ouale: Car 60 & demy à
38 & demy a mefme raifon que 11 à 7.

COROLLAIRE I.

*Il eft euident que fi le grand diametre & celuy du cercle font couppez en
mefme raifon & en angles droicts par la bafe d'vn fecteur, les fections auront
auffi la mefme raifon l'vne à l'autre.*

Comme la fection ABCD., laquelle eft coupée par A C en angles droicts fur le grand diametre DB, a mefme raifon à la fection
du cercle HIG (couppée auffi en angles droicts fur FG, & en forte
que DE eft à FK, comme de DB à FG) que DB à FG *par les raifons
deuant dites.*

S ij

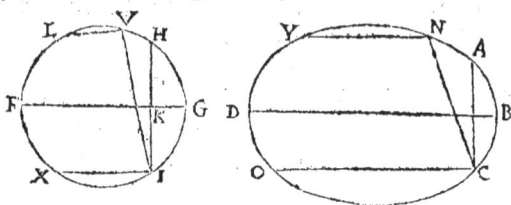

Encores si les dia-
metres sont coupez
autrement , comme
NC, VI, & que les
lignes NY, OC pa-
ralleles au diametre
DB ; ayent la raison
deuant dite aux lignes V L & I X parallelles au diametre FG : la section NCD aura aussi la mesme raison à l'autre section VIG, que D B
à FG, *par les prealeguées.* Et par tel moyen & consideration se pourront
mesurer toutes autres sections d'ouale.

Posons donc la section du cercle HIG contenir 7 & 7 douziesmes
(comme estant la circonference HGI la tierce partie du cercle qui a
son diametre de 7) il est certain que la section de l'ouale ACB contiendra 11 & 11 douziesmes, pour obseruer la raison deuant dite.

COROLLAIRE II.

*Il s'ensuit aussi que l'ouale peut estre soustraict de toute figure cogneuë qui
luy sera circonscripte, & par consequent le residu sera facilement mesuré.*

COROLLAIRE III.

*Comme aussi toute figure cogneuë peut estre soustraicte de l'ouale, & le
residu sera mesuré.*

Ce que nostre autheur dit & demonstre en ce chapitre, est colligé des 5 & 6
p. du liure des Conoïdes & Spheroïdes d'Archimedes, à l'ayde de laquelle 5
p. Hention a aussi demonstré au ch. 8. du 3 liure de sa Geometrie, que le cercle ayant pour diametre la moyenne proportionnelle entre le moindre &
le plus grand diametre d'vne Elipse (ou figure semblable à icelle, vulgaire-
ment nommée oualle) est égal à ladite Elipse : suiuant lequel theoreme trouuons derechef l'aire ou surface de l'ouale proposée par nostre autheur. Multiplions donc le plus grand diametre 11 par le moindre 7 ; & viendront 77,
dont la racine quarrée sera √77, pour le diametre du cercle égal à ladite oualle : & partant faisant que comme 14 est à 11, ainsi 77 soit à vn autre nombre ;
iceluy sera 60½ pour le contenu dudit cercle ou surface de l'ouale proposée.
Or nous ioindrons icy quelques problemes sur ce subiect de l'Elipse.
1. *Estant cogneu le moindre & le plus grand diametre d'vne Elipse ; cognoistre le
diametre du cercle égal à icelle Elipse.*

L'operation de cecy est manifeste, parce que nous venons de dire cy dessus:

tellement qu'il n'y a qu'à trouuer le moyen proportionnel entre les diametres donnez, & on aura le requis : Ainsi le moindre diametre de l'oualle proposee estant 8, & le plus grand 18, le moyen proportionnel entre ces diametre 8 & 18 est 12 : autant est donc le diametre du cercle égal à l'Elipse proposee.

Au contraire, diuisant le quarré du diametre du cercle donné par quelconque nombre, iceluy & le quotient seront le moindre, & le plus grand diametre d'vne Elipse égale audit cercle proposé.

2. *Estant cogneu le moindre ou le plus grand diametre d'vne Elipse, & l'aire d'icelle ; cognoistre l'autre d'iceux diametres.*

Puisque quelconque Elipse est égale au cercle, dont le diametre est moyen proportionnel entre le moindre & le plus grand diametre d'icelle : il est manifeste qu'ayant trouué par le 5 prob. du ch. precedent le quarré du diametre du cercle, dont l'aire soit égal à l'Elipse proposee, si on diuise ledit quarré par le diametre de l'Elipse cogneu, viendra l'autre diametre d'icelle. Ainsi le moindre diametre d'vne Elipse, qui contient 154 en superficie, estant 8; ie fais que comme 11 est à 14, ainsi 154 soit à vn autre nombre, & viendront 196 pour le quarré du diametre du cercle égal à ladite Elipse proposee, lequel quarré 196 ie diuise par 8 diametre donné, & viennent au quotient 24 ½ pour le plus grand diametre de ladite Elipse.

3. *Estant cogneu le moindre, ou le plus grand diametre d'vne Elipse égale à vne autre, de laquelle le plus petit & le plus grand diametre soient aussi cogneus ; cognoistre l'autre desdits diametres.*

D'autant que les Elipses égales ont les moindres & les plus grands de leurs diametres proportionnellement reciproques ; ayant multiplié les deux diametres cogneus entr'eux, & diuisé le produict par l'autre diametre cogneu, viendra le diametre requis. Ainsi le plus grand diametre d'vne Elipse estant 16, & que le moindre & le plus grand diametre d'vne autre Elipse égale à icelle, soiët 8 & 12 ; ie multiplie ces deux diametres cy entr'eux, & viennent 96, que ie diuise par l'autre diametre 16, & viennent 6 pour le moindre diametre de l'Elipse proposee.

4. *Estans cogneus les moindres & les plus grands diametres de deux Elipses dissemblables ; cognoistre le moindre & le plus grand diametre d'vne autre Elipse semblable à l'vne des proposees, & égale à l'autre.*

Soient trouuez les moyens proportionnaux entre lesdits deux diametres de chacune desdites Elipses proposees, qui seront diametres de cercles égaux à icelles Elipses ; puis ayant trouué vn troisiesme proportionnel à ces deux diametres trouuez, soit fait que comme le premier d'iceux diametres est à ce troisiesme proportionnel, ainsi lequel on voudra des deux diametres de l'Elipse, à laquelle on en veut faire vne semblable, soit à vn autre nombre ; & finalement entre ces deux derniers soit trouué vn moyen proportionnel, qui sera le diametre de l'Elipse requise homologue à celuy pris : Ce que nous rendrons manifeste par l'exemple suiuant. Soient A 8, & B 18 les moindre & plus grand diametre d'vne Elipse, mais C 9 & D 36 ceux d'vne autre ; & il faut trouuer le moindre & le plus grand diametre d'vne autre Elipse qui soit

A.	E.	B.	C.	F.	D.
8.	12.	18.	9.	18.	36.
	G.		H.		K.
	27.		18.		$40.\frac{1}{2}$
	L.		M.		
	12.		27.		

semblable à celle des diametres A , B , mais égale à celle de C, D. Premierement ie trouue E 12 moyenne proportionnelle entre les diametres A & B, mais F 18 entre C & D : puis ayant trouué à ces deux nombres E & F vn troisiefme proportionnel G 27 , ie fais que comme E est à G, ainfi chacun des deux diametres A & B foit à vn quatriefme nombre proportionnel, & viendront H 18,& K $40.\frac{1}{2}$; Finablement entre A & H, ie trouue le le moyen proportionnel L 12, mais entre B & K le moyen proportionnel M 27, lefquels moyens proportionnaux L & M font le moindre & le plus grand des diametres d'vne Elipfe femblable à celle dont A & B font le moindre & le plus grand diametre, mais égale à celle des diametres C & D. Car d'autant que comme E est à G, ainfi A est à H, & B à K, & qu'entre iceux, L & M font moyens proportionnaux : il y aura telle raifon de A à L, que de B à M : & par confequent comme A est au diametre B, ainfi le diametre L est au diametre M : Parquoy l'Elipfe d'iceux diametres L & M fera femblable à celle des diametres A & B. D'auantage , puifque les cercles dont E & F font diametres, font égaux aux Elipfes des diametres A, B, & C, D ; comme E est à G, ainfi l'Elipfe de A, B fera à l'Elipfe de C, D : Mais auffi comme E est à G, ainfi ladite Elipfe de A, B est à l'Elipfe de L, M : icelle Elipfe de L, M est donc égale à l'Elipfe de C, D, ainfi qu'il estoit requis.

On obtiendra encore le mefme, fi ayant trouué l'aire de l'vne & l'autre Elipfe propofee, ainfi qu'il est dit cy deuant, fçauoir est de A,B $113.\frac{1}{7}$, & de C, D $254.\frac{4}{7}$, on fait que comme celle là $113.\frac{1}{7}$ est à 64 quarré du diametre A,& à 324 quarré du diametre B, ainfi celle-cy $254.\frac{4}{7}$ foit à d'autres, viendront 144, & 729, qui feront les quarrez des diametres L & M, qui partant feront 12 & 27 comme deuant; & ce d'autant que les Elipfes femblables font entr'elles comme les quarrez de leurs diametres homologues. Derechef, puifque le cercle du diametre F est égal , tant à l'Elipfe des diametres C & D, qu'à celle requife L, M, qui doit estre femblable à celle de A & B : & par confequent L, F, M proportionnaux à A, E, B : il est manifeste que lefdits diametres L & M feront encore trouuez bien plus promptement que deffus, faifant que comme E est à chacun des diametres A & B , ainfi F foit à chacun des diametres L & M.

Or fi au lieu de l'vne des Elipfes propofees, vn cercle estoit donné; tellement qu'il les faluft trouuer diametres fufdits d'vne Elipfe femblable à la propofee, mais égale audit cercle donné, l'operation n'en feroit diffemblable, mais encore plus prompte & aifee qu'auec les deux Elipfes.

5. *Eftans cogneus les moindres & les plus grands diametres de tant d'Elipfes qu'on voudra ; cognoiftre le plus grand & le petit diametre d'vne autre Elipfe égale aux propofées, mais femblable à l'vne d'icelles.*

L'operation de cecy est manifeste, puifque par les chofes cy-deuant dites on peut trouuer les diametres des cercles égaux aufdites Elipfes donnees ,

& puis apres le diametre d'vn autre cercle égal à tous ceux-là : & finalement
le moindre & le plus grand diametre d'vne Elipse égale à ce cercle cy, &
semblable à vne autre. Exemple, Soient trois Elipses, desquelles les plus
petits diametres sont A 2, C 4, & E 9, mais les plus grands sont B 8, D 9, & F
16 : Et il faut trouuer le moindre & le plus grand diametre d'vne autre Elipse égale à toutes ces trois, mais semblable à la premiere. Premierement,
ie trouue par le 1. probl. cy-
dessus les diametres des cercles
égaux à icelles Elipses, lesquels
diametres sont G 4, H 6, & I 12;
puis par la 7 prop. du chap. precedent ie trouue que le diametre du cercle égal à tous ces trois

A.	G.	B.	C.	H.	D.	E.	I.	F.
2.	4.	8.	4.	6.	9.	9.	12.	16,

L.	K.	M.
7.	14.	28.

là est K 14 : finalement par le prec. prob. ie trouue L 7 pour le moindre diametre de l'elipse requise, & M 28 pour le plus grand.

Et puisque à quelconque figure rectiligne proposée on peut trouuer vn
quarré egal, & puis à ce quarré vn cercle, ainsi que nous auós enseigné au ch.
precedent, & finalement à vn cercle vne Elipse : il est manifeste & apparent
qu'estans proposees tant qu'on voudra de figures rectilignes, circulaires, &
eliptiques, on peut donner vne autre figure égale à toutes les donnees, &
semblable à telle qu'on voudra d'icelles.

6. *Estans cogneus les moindres & les plus grands diámetres de deux Elipses inégales,*
cognoistre le moindre & le plus grand diametre d'vne autre Elipse égale à la difference
des proposees, mais semblable à l'vne d'icelles.

Il est éuident qu'ayant trouué les diametres des cercles égaux aux deux
Elipses proposees, & soustrait le quarré du moindre desdits deux diametres du quarré de l'autre, restera le quarré du diametre d'vn cercle égal à la
difference desdits deux cercles, ou Elipses proposees ; & partant il sera aisé
de trouuer le moindre & le plus grand diametre d'vne Elipse égale à icelle
difference, & semblable à laquelle on voudra desdites deux Elipses proposees. Ainsi estant proposees deux Elipses inégales, desquelles les moindres
diametres soient A 2, & C 4, mais les plus grands B 8, & D 9 : Et il faut soustraire la moindre desdites Elipses de la plus
grande, & trouuer le moindre & le plus grand
diametre d'vne autre Elipse égale au reste, ou
difference d'icelle, mais semblable à la premiere. Premierement ie trouue les diametres
des cercles égaux à icelles Elipses proposees,

A.	E.	B.	C.	F.	D.
2.	4.	8.	4.	6.	9.
H.	G.	K.			
$\sqrt{5}$.	$\sqrt{20}$.	$\sqrt{80}$.			

qui sont E 4, & F 6, desquels les quarrez sont 16 & 36 : & celuy-là soustrait
de cestuy-cy, restent 20 pour le quarré de G diametre du cercle égal à la difference desdits deux cercles, ou Elipses proposees : & faisant que comme E
est à chacun des diametres A & B, ainsi G $\sqrt{20}$ soit à autres H $\sqrt{5}$, & K $\sqrt{80}$,
qui seront le moindre & le plus grand diametre de l'Elipse requise.

Or ce que nous auons dit au prob. precedent, touchant l'addition des diuerses figures, a aussi lieu en la soustraction, c'est à dire qu'on peut soustraire

vne figure rectiligne ou circulaire d'vne Eliptique; & au contraire, & en bailler vne égale au reste & differéce des proposees, mais semblable à celle qu'on voudra.

7. *Estans cogneus le moindre & le plus grand diametre de tant d'Elipses qu'on voudra: cognoistre la proportion qu'elles ont entr'elles.*

Si les Elipses proposees estoient semblables, elles seroient entr'elles comme les quarrez de leurs diametres homologues; mais quelles qu'elles soient, elles sont en la proportion des rectangles compris soubs le plus grand & le moindre de leursdits diametres. Parquoy les moindres diametres de trois Elipses estans A 2, C 4, & E 9, mais les plus

A.	B.	C.	D.	E.	F.
2.	8.	4.	9.	9.	16.

grands B 8, D 9, & F 16, pour trouuer la proportion que lesdites Elipses ont entr'elles, ie multiplie le plus grand diametre de chacunes d'icelles par le moindre, & viennent 16, 36, & 144, & telle est la proportion desdites Elipses, ou bien comme 4, 9, & 36.

8. *Estans cogneus le moindre & le plus grand diametre d'vne Elipse; cognoistre ceux d'vne autre Elipse semblable, qui soit à la proposée, selon vne raison donnée.*

Il est manifeste que procedant tout ainsi qu'és figures rectilignes, on aura l'Elipse requise, c'est à dire qu'ayant trouué vn quatriesme nombre proportionnel aux deux termes de la raison donnée, & à l'vn ou l'autre diametres cogneus, si on trouue le moyen prop. entre iceluy quatriesme trouué, & ledit diametre pris, ledit moyen prop. sera le diametre homologue à celui pris.

Ainsi le moindre diametre d'vne Elipse estant A 2, &

A.	B.	C.	D.
2.	8.	4.	5.

E.	F.	G.
$2\frac{1}{2}$	$\sqrt{5}$.	$\sqrt{80}$.

le plus grand B 8; & qu'il faille trouuer les diametres homologues d'vne autre Elipse semblable à icelle proposee, & à laquelle ladite donnée soit comme C 4, à D 5. Faisant que comme C est à D, ainsi le diametre A soit à vn autre, viendra E $2\frac{1}{2}$, qui multiplié par A, viennent 5, dont la racine quarrée F $\sqrt{5}$ est pour le moindre diametre de l'Elipse requise: mais faisant que comme A est à B, ainsi F soit à vn autre, vien-dront $\sqrt{80}$ pour le plus grand diametre de ladite Elipse cherchée.

De la mesure de la superficie enclose dans vne ligne spirale.

CHAP. XI.

La superficie enclose dans vne spirale en sa premiere reuolution, est egalle à la tierce partie du cercle, duquel le diametre est egal à la ligne de la premiere reuolution d'icelle spirale.

Comme

COmme ſoit laſpiralle IVQYA, & ligne de premiere reuolution
IA, laquelle contienne pour exemple 7. Il a eſté mõſtré au chap.
9. que le cercle qui aura 7 pour demy - diametre contiendra 154,
deſquels le tiers 51 & 1 tiers eſt égal à
la ſuperficie encloſe de la ſpiralle &
de la ligne de premiere reuolution
IA. Ce qui ſe prouue ainſi. Soient
autant de lignes droictes qu'on voudra, & leſquelles s'excedent l'vne l'autre également, & que l'exces ſoit egal
à la plus petite d'icelles, comme TSR-
EDCBF : ſoient encores autant d'autres lignes droictes, vne chacune égale à la plus grande F, comme GHIK-
LMNO , les quarrez d'vne chacune
de celles-cy, auec le quarré de F, enſemble le produit de toutes les lignes
TSREDCBF, & de la ligne T, ſeront triples aux quarrez faicts d'vne
chaſcune TSREDCBF : Car 9 fois 64
pour les quarrez des huict grandes li-
gnes & de F, font 576, auec le produit de 8,7,6,5,4,3,2,1, par la ligne T
(c'eſt à dire 36) font 612, qui ſont triples aux quarrez de TSREDCBF,
qui valent ſeulement 204. Et de là eſt manifeſte, que les quarrez des
huict lignes (vne chaſcune deſquelles eſt égale à la plus longue) font
moindres que triples aux quarrez des lignes qui s'excedent également, veu que pour eſtre triples il y faut adiouſter. Or comme tous
cercles ſont ſemblables, & ont telle raiſon l'vn à l'autre que les quarrez de leur diametre, par la 2 du 12 : ainſi font leurs parties équiangles
encloſes dans la ſpiralle. Or ſi l'eſpace compris en la ſpiralle n'eſt
égal à la tierce partie du cercle deuant dit, il ſera plus grand ou plus
petit. Et poſons qu'il ſoit plus petit. Il eſt certain qu'à l'entour de la
ſpiralle peut eſtre deſcrite vne figure compoſée de pieces ſemblables , en ſorte qu'elle ſera encore moindre que la tierce partie du
meſme cercle , par la commune ſentence premiſe. Soit donc ainſi cir-
conſcrite la figure de laquelle la plus grande piece ſoit IPA , & la
plus petite IXZ : les lignes comprenãt telles pieces inegales (equiangles neãtmoins) menees dans le cercle du poinct I à la ligne ſpiralle

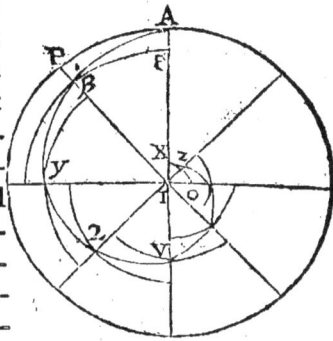

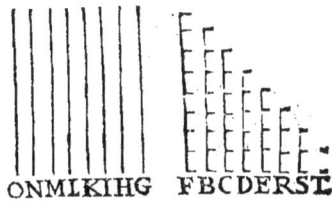

V

s'excedent l'vne l'autre égalément (*comme on peut colliger par la defi-nition de la ſpiralle*) deſquelles la plus grande eſt I A, & la plus petite I Z, laquelle I Z eſt egale à l'excés, duquel vne chacune ſurpaſſe ſa precedente. Or il y a autant de lignes deſquelles chacune eſt égale à la plus grande, comme de celles qui s'excedent également: celles-cy ſont tirees du poinct I à la ſpiralle, les autres du meſme poinct I à la circonference du cercle, & les pieces compriſes, tant des vnes que des autres ſont ſemblables & equiangles: les pieces donc qui ſont compriſes des lignes égales à la plus longue, ſont moindres que tri-ples aux autres pieces contenuës de lignes, qui s'excedent egale-ment, *comme il a eſté monſtré cy deuant.* Or les pieces compriſes des lignes egales à la plus longue ſont egales au cercle, qui a pour demi-diametre la ligne de premiere reuolution, & les pieces compriſes des lignes qui s'excedent egalement, ſont egales à la figure circon-ſcrite, que nous auions poſee eſtre moindre que la tierce partie du cercle. Ce qui ſe trouue faux. Poſons encor la ſuperficie encloſe en la ſpirale plus grande que la tierce partie du cercle. Soit dans la ſpi-ralle inſcrite vne figure de pieces ſemblables & equiangles, laquelle ſoit plus grande que la tierce partie du cercle deuant dit: & ſoit la plus grande piece I β, & la plus petite IZO. Or il y a autant de lignes tirees de I à la circonference du cercle, comme de celles qui s'exce-dent egalement tirees à la ſpiralle: de celles-cy la plus grande eſt IA, & la plus petite I Z, egale à l'excés: & des vnes & des autres ſont compriſes ſemblables pieces & equiangles: les pieces donc conte-nuës & compriſes de celles qui s'excedent egalement (hors & exce-pté la piece qui ſe fait de la plus grande IA, laquelle n'eſt point nom-bree entre les pieces inſcrites) ſont moindres que la tierce partie des pieces compriſes des lignes egales à la plus grande: *comme il a eſté monſtré*: mais ces pieces cy ſont egales au contenu du cercle, que nous auons poſé moindre que triple à la ſuperficie compriſe en la ſpiralle. Ce qui eſt abſurde. Icelle donc n'eſtant ny plus grande, ny plus petite que la tierce partie de ſon cercle, ſera par neceſſité egale.

Ce que noſtre autheur a voulu icy prouuer, eſt demonſtré en la 24 p. du li-ure des Spirales d'Archimedes, où aura recours l'amateur d'entiere & parfaite demonſtration: car Archimede auparauant que venir à ladite 24 p. a demon-ſtré beaucoup de choſes qui meritent eſtre prouuees, & leſquelles noſtre au-theur dit icy ſans s'arreſter à les demonſtrer, ſoit à cauſe des longues, ennuy-euſes & peu vtiles repetitions qu'il euſt falu faire icy, ou bien qu'il eſtima y a-uoir peu de perſonne curieux & amateur d'icelles demonſtrations, qui ne les puisse voir és œuures de l'Autheur d'icelles ; Et c'est aussi pourquoy nous les delaisserons, & dirons seulement qu'estant cogneu l'aire ou contenu d'vn plan spiral, compris d'vne ou plusieurs reuolutions, il sera aisé de cognoistre le diametre du cercle égal audit plan, par ce qui est enseigné és prob. du 9 ch. & puis apres qui desireroit les diametres d'vne Elipse, ou le costé de quelconque figure rectiligne reguliere, égale audit plan Spiral, le pourra aussi trouuer par ce que nous auons dit cy-deuant. Quant à ce que dit nostre autheur en l'article suiuant, il est demonstré en la 27 prop. des mesmes Spyrales d'Archimedes.

Quant aux autres reuolutions, comme deuxiesme, troisiesme, quatriesme, &c. Il me suffira de dire comme en passant, que la seconde est au cercle second, comme 7 à 12: la troisiesme est double à la seconde. La quatriesme triple à la mesme seconde. La cinquiesme est quadruple. Et ainsi des autres suiuantes. Quant à la premiere reuolution, c'est la sixiesme partie de la seconde. De cecy ie ne bailleray autre raison que l'authorité d'*Archimedes*, qui en a amplement traitté, ensemble des sectiós de telles superficies, lesquelles nous laissons à cause de briefveté, ioint aussi que le fondement a esté mechanique : & ce que nous auons traitté de la premiere reuolution, est d'autant que elle est plus simple, plus cogneuë & vulgaire, & que le mesme Archimedes s'en sert pour monstrer la longueur de la circonference du cercle, & aussi que telles demonstrations ne peuuent estre desagreables à ceux qui se delectent és subtilitez Geometriques.

Fin du second Liure.

V ij

A MONSEIGNEVR D'O,

CHEVALIER DES DEVX ORDRES

du Roy, &c. Gouuerneur & Lieutenant general pour sa Majesté à Paris,
& Isle de France.

MONSEIGNEVR,

J'ay esté assez long-temps en suspend, auant
que me resoudre à vous offrir ce petit traitté. Ie
pensois que la main d'où il partoit, le pourroit
rendre mesprisable : D'autre costé, ie me representois vostre bon
naturel & humanité, qui a tousiours eu plus d'égard à la bonne
volonté, qu'à la grandeur & valeur des presens. Ceste derniere
consideration l'a emporté. Ie vous supplie donc le receuoir de bon
œil, cela me donnera courage de rechercher les moyens, sous vostre
adueu, de mettre en lumiere chose qui vous sera plus agreable. Ce
pendant ie demeureray.

Vostre tres-humble & tres-obeïssant seruiteur,

I. ERRARD.

LE TROISIESME LIVRE:

De la mesure des Solides; Et premier des Rectangles.

CHAPITRE I.

TOVT ainsi qu'en la mesure des superficies planes nous auons commencé par le quarré, aussi en la mesure des solides conuient commencer par le cube, comme par le plus simple de tous les solides rectangles, & par lequel sont mesurez tous autres solides, *comme il a esté dit és definitions.*

De tout solide rectangle, la plus petite face multipliee par le plus long costé, ou la plus grande face par le plus petit costé, produit le contenu du rectangle solide donné.

Comme soit premierement le cube donné ABCD, ayant de chacun costé 5 pieds : faut multiplier B D par B C, c'est à dire 5 par 5, & il en prouiendra 25 pour l'vne des faces, lesquels multipliez par le costé C A (qui est 5) produiront 125 pieds cubes, qui est le contenu vniuersel du cube *par la 19. definition du 7.*

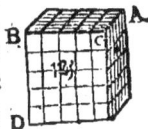

Soit encor le solide rectangle long d'vn costé G H, ayant les lignes de ses costez 4 & 6 : ie multiplie I E par E H (c'est à dire 4 par 4.) qui produisent 16 pour la plus petite face I H, laquelle multipliee par I G, qui est 6, produit 96 pieds cubes, pour le contenu du corps donné G H. Ou autrement ie multiplie la plus grande face E G qui contient 24 par le plus petit costé E H (qui est 4) & en vient le mesme produit.

Soit aussi le solide rectagle long des deux costez PN : ie multiplie la plus petite face NK (qui contient 12) par K P (c'est à dire par 8) & le pro-duit 96 est le contenu du solide. Ou bien ie multiplie la plus grande

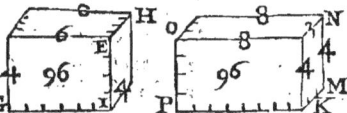

V iij

face O K (qui est 32) par le plus petit costé K M (qui est 3) & en vient le mesme produit.

Or tout ainsi qu'au liure precedent nous auons adjoint à chasque ch. quelques propositions sur le subject d'iceluy, aussi ferons-nous en cestuy-cy, mais plus bresvement toutesfois qu'au precedent.

1. *Estant cogneu le costé d'vn cube ; cognoistre la superdiagonalle d'iceluy.*

Puis que par la 47 p.1. ou 15 p.13. il est manifeste que le quarré dudit costé du cube est le tiers de celuy de la superdiagonalle ; si ayant multiplié le costé du cube proposé en soy, & triplé le produit, on prend la racine quarree de ce qui en viendra, elle sera la superdiagonalle requise. Ainsi le costé d'vn cube estant 5 ; ie multiplie 5 en soy, & viennent 25, que ie triple, & sont 75, dont la racine quarree est $\sqrt{75}$, qui sera pour la superdiagonalle dudit cube proposé.

2. *Estant cogneuë la superdiagonalle d'vn cube ; cognoistre le costé d'iceluy.*

Il est manifeste que le tiers du quarré de ladite superdiagonalle, est celuy du costé du cube. Parquoy la superdiagonalle d'vn cube estant 6 ; son quarré sera 36, dont le tiers est 12, & la racine d'iceluy tiers est $\sqrt{12}$, qui sera le costé du cube, duquel la superdiagonalle est 6.

3. *Estant cogneuë la somme du costé d'vn cube & de la superdiagonalle d'iceluy ; on peut cognoistre ledit costé du cube.*

Car la moytié du quarré dudit aggregé est egal à la somme du quarré dudit costé du cube, & du rectangle compris d'iceluy costé & aggregé donné : Parquoy ayant posé que la racine quarree de la moitié du quarré de l'aggregé donné soit moyenne proportionnelle entre deux nombres, desquels la difference soit ledit aggregé (si on trouue le moindre desdits deux nombres, comme nous auons dit cy deuant) il sera le costé du cube requis. Ainsi l'aggregé du costé d'vn cube auec sa superdiagonalle estant $\sqrt{48}+4$; le quarré d'iceluy aggregé sera $64+\sqrt{3072}$, & sa moytié $32+\sqrt{768}$, que i'adiouste à $16+\sqrt{192}$, quarré de la moytié dudit aggregé donné, & viennent $48+\sqrt{1728}$, dont la racine est $6+\sqrt{12}$, de laquelle racine i'oste la moytié dudit aggregé donné, & reste 4 pour le costé du cube cherché. Trouuons encore ledit costé par voye Algebraïque : Ie pose que ledit costé du cube requis soit 1 ₪ : donc la superdiagonalle d'iceluy sera $\sqrt{48}+4-1$₪, & son quarré sera $19+64+\sqrt{3072}-\sqrt{192}$₪$-8$₪, qui seront egaux à 39, puis que le quarré de la superdiagonalle d'vn cube est triple du quarré du costé d'iceluy : Et procedant à la reduction de l'equation viendra 19 egal à $16+\sqrt{192}-\sqrt{12}$₪-2₪; & partant l'extraction donnera 4 pour la valeur dudit costé du cube, comme deuant.

4. *Estant cogneu l'excez de la superdiagonalle d'vn cube pardessus le costé d'iceluy ; on peut cognoistre ledit costé.*

Car la moytié du quarré de l'excez donné, est egal au quarré du costé du cube moins le rectangle compris desdits costé & excez : Parquoy si on trouue le plus grand de deux nombres, entre lesquels le costé de ladite moytié du quarré de l'excez donné soit moyen proportionnel, & iceluy excez leur difference ; iceluy nombre sera le costé du cube requis. Ainsi l'excez ou difference d'entre la superdiagonalle d'vn cube, & le costé d'iceluy estant $\sqrt{48}-4$; ie trouue que le quarré d'icelle difference est 64—$\sqrt{3072}$, & partant sa moytié, sera 32—$\sqrt{768}$, que i'adiouste au quarré de la moytié dudit excez donné, & viennent 48—$\sqrt{1728}$, dont la racine quarree est 6—$\sqrt{12}$, à laquelle i'adiouste la moytié de l'excez donné, & viennent 4 pour le costé du cube requis. L'operation Algebraïque ne sera difficile apres celle du precedent prob. c'est pourquoy nous la delaisserons.

5. *Estant donné le nombre produit de la superdiagonalle d'vn cube multipliee par le costé d'iceluy; cognoistre ledit costé.*

D'autant que le tiers du quarré dudit produit est egal au quarré de quarré du costé du cube; ayant multiplié le nombre donné par soy-mesme, & pris le tiers de ce qui en viendra; la racine quarree d'iceluy tiers donnera le quarré du costé requis. Ainsi le produit de la superdiagonalle d'vn cube multipliee par le costé d'iceluy estant $\sqrt{243}$; le quarré d'iceluy produit sera 243, duquel le tiers est 81, dont la racine quarree est 9, & la racine quarree d'iceluy est 3; autant est le costé du cube cherché. Soit derechef proposé $\sqrt{1875}$ pour le produit de la superdiagonalle d'vn cube multiplié par le costé dudit cube; & il faut trouuer iceluy costé. Ie pose que ledit costé soit $1R$; la superdiagonalle sera donc $\frac{\sqrt{1875}}{1R}$, & son quarré $\frac{1875}{1q}$, mais celuy du costé sera $1q$; & partant $3q$ seront egaux à $\frac{1875}{1q}$, & par multiplication croisee $3qq$ seront egaux à 1875, c'est à dire $1qq$ egaux à 625: Parquoy $1R$ vaudra 5: autant sera donc le costé du cube demandé.

6. *Estans cogneus les costez de la base d'vn parallelipipede rectangle, & aussi sa hauteur; cognoistre la superdiagonalle d'iceluy.*

Il est manifeste par la 47.p.1. que l'aggregé des quarrez des deux costez de la base estant adiousté au quarré de la hauteur, donnera le quarré de ladite superdiagonalle: Parquoy estant requis la superdiagonalle d'vn parallelipipede rectangle, les costez de la base duquel soient 3 & 4, & sa hauteur 12; ie multiplie chasque costé de la base, & hauteur en soy, & viennent 9, 16, & 144, que i'adiouste ensemble, & viennent 169, dont la racine quarree 13, est la diagonalle requise.

7. *Estant cogneu la difference de la hauteur d'vn parallelipipede rectangle à chasque costé de la base, & la somme de tous les trois; cognoistre icelle hauteur & costez.*

Si l'vne & l'autre difference sont de mesme sorte, l'aggregé, d'icelles soit adiousté ou soustrait de la somme donnée (c'est assauoir adiousté si lesdites differences sont excés de la haulteur pardessus les costez, mais osté, si elles sont excés des costez pardessus ladite haulteur) & le tiers du reste sera la haulteur requise, à laquelle estant adiousté ou soustrait chacune des differences données, viendront les costez de la base cherchez. Ainsi l'excés d'vn costé de la base d'vn parallelipipede pardessus la haulteur d'iceluy estant 5, & celuy de l'autre costé 3, mais l'aggregé d'iceux costez & haulteur soit 20: pour trouuer iceux costez & haulteur, i'assemble lesdites differences, & sont 8, que i'oste de l'aggregé 20 (à cause que lesdites differences sont excés pardessus la haulteur)

& reſtent 12, dont le tiers 4, ſera la haulteur du parallelipipede propoſé, à laquelle i'adiouſte chacune des differences données 5 & 3, & viennent 9 & 7 pour leſdits coſtez de la baſe dudit parallelipipede.

Mais ſi leſdites differences n'eſtoient de meſme ſorte, la difference d'icelles ſoit adiouſtée ou ſouſtraite de l'aggregé donné, (adiouſtee, ſi deſdites differences donnee l'excés de la haulteur eſt la plus grande, mais oſtee, ſi elle eſt la moindre,) & le tiers du reſte ſera la haulteur requiſe, à laquelle eſtant adiouſtee & ſouſtraite chacune des differences données, viendront les coſtez de la baſe. Ainſi l'excés d'vn coſté de la baſe d'vn parallelipipede pardeſſus la haulteur d'iceluy eſtant 2, & l'excés de ladite haulteur pardeſſus l'autre coſté 4, mais la ſomme tant deſdits coſtez que hauteur ſoit 19 : La difference d'iceux excez eſt 2, que i'adiouſte à l'aggregé donné 19, & ſont 21, dont le tiers 7 ſera la hauteur du parallelipipede propoſé ; & partát l'vn des coſtez de la baſe d'iceluy eſt 9, & l'autre 3. Soit encore ſ l'excez d'vn coſté de la baſe pardeſſus la hauteur, & 2 l'excez d'icelle hauteur pardeſſus l'autre coſté, mais que l'aggregé d'iceux coſtez & hauteur ſoit 15. Ie poſe que ladite hauteur ſoit 1℟ : donc le plus grand coſté ſera 5 + 1℟, & l'autre 1℟ — 2 ; leur aggregé ſera donc 3℟ + 3, qui ſeront egaux à 15 : oſtons 3 de part & d'autre, & reſteront 3℟ egales à 12, & partant chaſque racine vaudra 4 : & autant ſera la hauteur cherchee, & par conſequent le plus grand coſté ſera 9, & le moindre 2.

8. *La difference de la hauteur d'vn parallelipipede à chaſque coſté de la baſe d'iceluy eſtant cogneuë, & auſſi la raiſon d'icelle à l'vn deſdits coſtez ; cognoiſtre icelle hauteur & coſtez.*

D'autant que comme la difference des termes de la raiſon eſt à celuy correſpondant à la hauteur, ainſi la difference d'icelle au coſté correſpondant, ſera à ladite hauteur ; il eſt aiſé de cognoiſtre icelle hauteur, & puis apres les coſtez. Ainſi l'excez d'vn coſté de la baſe d'vn parallelipipede pardeſſus la hauteur d'iceluy ſoit 3, & la raiſon d'icelle hauteur à iceluy coſté ſoit comme 2 à 3, mais l'excez d'icelle pardeſſus l'autre coſté de la baſe ſoit 4. La difference des termes de la raiſon eſt 1, faiſant donc que comme 1 eſt à 2, (terme de la raiſon correſpondant à la hauteur) ainſi la difference 3 ſoit à vn autre, viendront 6 pour ladite hauteur, & partant le plus grand coſté de la baſe ſera 9, & l'autre 2. Derechef l'excez d'vn coſté pardeſſus la hauteur ſoit 4, & de l'autre coſté 2, mais la raiſon du moindre coſté à ladite hauteur ſoit comme 3 à 2. Ie poſe que ladite hauteur ſoit 2℟ : Donc le moindre coſté de la baſe ſera 3℟ : & partant leur difference ſera 1℟, laquelle ſera egale à la difference donnee 2. Donc la hauteur cherchee ſera 4 : & par conſequent le plus grand coſté ſera 9, & le moindre 6.

9. *Eſtant cogneuë la ſomme des coſtez de la baſe d'vn parallelipipede & hauteur d'iceluy, & encore la proportion d'iceux, on peut cognoiſtre leſdits coſtez, & hauteur du parallelipipede.*

Car comme la ſomme des termes de la proportion eſt auquel on voudra d'iceux, ainſi la ſomme donnee eſt au coſté correſpondant. Parquoy l'aggregé des coſtez de la baſe d'vn parallelipipede auec ſa hauteur eſtant 18, & la proportion d'iceux coſtez & hauteur, comme 4, 3, 2 : l'aggregé des termes d'icelle proportion eſt 9,& faiſant que côme 9 eſt à chacun d'iceux termes 4,3, 2 : ainſi l'aggregé donné 18 ſoit à autres,viendront 8,6,& 4,pour iceux coſtez & hauteur requiſe.Soit encore 17 l'aggregé des coſtez de la baſe,auec la hauteur d'vn parallelipipede,qui ſont entr'eux comme 3, $\frac{2}{3}$, 2. Ie poſe que le plus grand coſté ſoit 3℞ : l'autre coſté ſera donc $\frac{2}{3}$℞,& la hauteur 2℞ : & la ſomme d'iceux ſera 5$\frac{2}{3}$℞, qui ſont egales à 17 : diuiſant donc 17 par 5$\frac{2}{3}$, viendront 3 pour la valeur d'vne racine : & partant le plus grand coſté ſera 9,le moindre 2,& la hauteur 6.

10. *Eſtant cogneu le contenu d'vn parallelipipede rectangle,& la proportion que les coſtez de la baſe & hauteur d'iceluy ont entr'eux ; cognoiſtre leſdits coſtez & hauteur du parallelipipede.*

D'autant que les corps ſemblables ſont en raiſon triplee de leurs coſtez homologues : ſi on conçoit vn parallelipipede compris des termes de la proportion donnee,il y aura telle raiſon du contenu d'iceluy parallelipipede à celuy donné,que du cube de chacun terme de la proportion donnee au cube du coſté homologue au terme pris : Parquoy le contenu d'vn parallelipipede eſtant 480,& la proportion des coſtez de la baſe & hauteur d'iceluy comme 5,4,3 : pour trouuer leſdits coſtez & hauteur dudit parallelipipede, i'en conçois vn autre dont les coſtez de la baſe ſoient 5 & 4,& la hauteur 3 :& partant le contenu d'iceluy parallelipipede ſera 60 : Maintenant ie fais que comme 60 eſt à 480,ainſi le cube de chacun des termes de la proportion,ſçauoir eſt 125,64,& 27,ſoit à vn autre, & viendront 1000,512,& 216,pour les cubes des coſtez,& hauteur requiſes : tellement que l'vn des coſtez de la baſe du parallelip. propoſé ſera 10,l'autre 8,& la hauteur 6.Soit derechef vn parallelipipede,dont le contenu ſoit 216 , & la proportion des coſtez de la baſe & hauteur d'iceluy ſoit comme 4,2,1 : pour trouuer leſdits coſtez & hauteur, ie poſe que le plus grand coſté de la baſe ſoit 4℞,l'autre ſera donc 2℞,& la hauteur 1℞ : multiplions ces racines entr'elles,& viendront 8 cubes egaux à 216 : & partant chaſque cube vaudra 27,& par conſequent la valeur d'vne racine ſera 3 : Ainſi le plus grand coſté du parallelipipede propoſé ſera 12,l'autre 6,& la hauteur 3.

11. *Eſtant cogneue la ſuperdiagonalle d'vn parallelipipede rectangle,& la proportion que la hauteur,& coſtez de la baſe d'iceluy ont entr'eux ; cognoiſtre icelle hauteur & coſtez de la baſe dudit parallelipipede.*

Ayant trouué la ſuperdiagonalle du parallelipipede compris ſous les termes de la proportion donnee,ſoit fait que comme ceſte ſuperdiagonale trouuee ſera à la donnee,ainſi chaſque terme de la proportion ſoit à vn autre,& viendront les coſtez & hauteur requiſes. Ainſi la ſuperdiagonalle d'vn parallelipipede,duquel les coſtez de la baſe & hauteur ſont entr'eux comme 5,4,3, eſtant √200 ; pour trouuer leſdits coſtez & hauteur d'iceluy parallelip. i'aſſemble les quarrez des termes de la proportion donnee,afin d'auoir celuy de la diagonalle du parallelipipede rectangle compris d'iceux termes,& trouue qu'icelle diagonalle eſt √50 : faiſans donc que comme icelle diagonalle √50 eſt à la donnee √200,ainſi chaſque terme de la prop.donnee 5,4,& 3 ſoit à vn autre,viendront 10,8,& 6,pour les coſtez & hauteur requiſes. Soit en-

X

core vn parallelipipede, duquel les coſtez de la baſe & hauteur ſoiét entr'eux
comme 4,2,& 1,& la ſuperdiagonalle √189 : Ie poſe que le plus grand coſté
de la baſe ſoit 4℟ : Donc l'autre ſera 2℟,& la hauteur 1℟ ; & partant la ſuperdiagonalle ſera 21q, qui ſeront donc egaux à √189,& par conſequent on trouuera qu'vne racine vaut 3,& ainſi le plus grand coſté de la baſe du parallelipipede propoſé ſera 12, l'autre 6,& la hauteur d'iceluy 3.

12. *Eſtant cogneu l'aggregé de la ſuperdiagonalle, des coſtez de la baſe, & de la hauteur*
d'vn parallelipipede rectangle, & auſsi la proportion que leſdits coſtez & hauteur ont
entr'eux ; cognoiſtre iceux coſtez & hauteur.

Ayant trouué la ſuperdiagonalle du parallelipipede compris ſous les termes de la proportion donnee : comme l'aggregé d'icelle diagonalle, & des
termes de ladite proportion ſera à l'aggregé donné, ainſi chaſque terme d'i-
celle proportion ſera à ſon homologue requis : Parquoy l'aggregé de la diagonalle d'vn parallelipipede, & des coſtez de la baſe & hauteur d'iceluy eſtant
√200+24,& la proportion deſdits coſtez & hauteur comme 5,4,& 3 : Ie trouue que la diagonalle du parallelipede compris des termes d'icelle propor. eſt
√50,& l'aggregé d'icelle diagonalle auec leſdits termes √50+12 : faiſant dōc
que comme √50+12 eſt √200+24, ainſi chaſque terme de la prop. donnee 5,
4,& 3 ſoit à vn autre, viendront 10,8,& 6, pour les coſtez & hauteur requiſes.
Soit encore vn parallelipipede, duquel les coſtez, & hauteur ſoient entr'eux
comme 4,2,& 1,& l'aggregé d'iceux coſtez & hauteur auec la ſuperdiagonalle ſoit √189+7 : Ie poſe que le plus grand coſté de la baſe ſoit 4℟ : l'autre ſera
donc 2℟,& la hauteur 1℟,& la diagonalle 21q : tellement que 21q+7℟ ſeront
egaux à √189+7 : & partant la valeur d'vne racine ſera 3,& par conſequent le
plus grand coſté de la baſe du parallelipipede ſera 12, l'autre 6,& la hauteur 3.

13. *Eſtant cogneu le coſté d'vn cube, trouuer le coſté d'vn autre, qui ſoit au donné, ſelon*
vne raiſon propoſee.

Soit fait que comme le terme de la raiſon donnee, correſpondant au cube
propoſé, eſt à l'autre terme, ainſi le coſté dudit cube propoſé ſoit à vn autre,
puis entre ledict coſté du cube,& ce nombre trouué ſoit cherché le premier
de deux millieux proportionnaux ; & iceluy ſera le coſté du cube requis.
Ainſi le coſté d'vn cube eſtant 4, qu'il faille trouuer le coſté d'vn autre cube,
auquel le donné ſoit comme 2 à 5 : pour ce faire, ſoit fait que comme 2 eſt à
5, ainſi 4 ſoit à vn autre nombre,& viendra 10, lequel ie multiplie par le coſté
donné 4,& viennent 40, que ie multiplie derechef par 4,& viennent 160, qui
eſt le contenu du cube requis, dont la racine cubique eſt √c 160, qui eſt le
coſté cherché. Mais eſt à notter que ſi on vouloit trouuer le coſté d'vn cube
double, triple, quadruple,&c. d'vn propoſé, ou bien qui fut moitié, tiers, quart,
&c. d'iceluy : il ſeroit plus prompt de doubler, tripler, quadrupler,&c. le contenu du cube propoſé, ou bien en prendre en la moitié, le tiers,&c. ſelon qu'il
ſeroit propoſé,& la racine cubique de ce, donneroit le coſté du cube requis.
Ainſi voulant trouuer le coſté d'vn cube qui ſoit quintuple d'vn autre, dont
le coſté eſt 3 : le contenu d'iceluy cube eſt 27, qui multiplié par 5, viennent 135,
qui eſt pour le contenu du cube requis, & ſon coſté ſera √c 135.

Or en la meſme maniere que deſſus, on peut auſſi trouuer les coſtez d'vn rallelipipede,(ou de quelconque autre folide) qui foit à vn femblable propoſé,felon vne raiſon donnée : Car ayant fait que comme le terme correſ-pondant au folide donné,eſt à l'autre terme,ainſi chacun des coſtez dudit ſo-lide propoſé foit à vn autre,fi on trouue le premier de deux moyens propor-tionnaux entre le coſté pris,&ce quatrieſme proportionnel trouué,viendra le coſté du folide homologue au coſté pris. Ainſi les coſtez de la baſe d'vn pa-rallelipipede rectangle eſtans 3,& 4,mais la haulteur 6:pour trouuer les co-ſtez de la baſe & haulteur d'vn autre folide femblable à celuy-cy,& auquel il foit comme 2 à 3 : ſoit fait que comme 3 eſt à 2,ainſi la haulteur 6 foit à vn autre nombre,& viendra 4,que ie multiplie par ladite haulteur 6,& viennent 24,que ie multiplie derechef par 6,& viennent 144,dont la racine cubique, ſçauoir eſt $\sqrt{c}$ 144,eſt pour la haulteur du parallelipipede requis : & proce-dant tout ainſi auec les deux coſtez de la baſe donnee 3 & 4,on trouuera $\sqrt{c}$ 18,& $\sqrt{c}$ 42 $\frac{2}{3}$ pour les deux coſtez de la baſe du folide requis. Et eſt à notter, qu'ayant trouué l'vn des coſtez,on peut trouuer les autres par vn quatrieſme proportionnel : Ainſi ayant trouué cy deſſus que la haulteur du folide dema-dé eſtoit $\sqrt{c}$ 144,faiſant que comme la haulteur 6,eſt à la trouuée $\sqrt{c}$ 144,ain-fi chacun des coſtez de la baſe propoſee, 3 & 4 foit à vn quatrieſme propor-tionnel,iceluy ſera le coſté homologue à celuy pris.

14. *Eſtans cogneus les coſtez homologues de pluſieurs parallelipipedes,ou autres ſolides femblables; cognoiſtre le coſté d'vn autre ſolide femblable,& égal aux propoſez.*

Les coſtez homologues donnez foient chacun multipliez cubiquement, & les nombres produicts eſtans recueillis en vne ſomme,la racine cube d'i-celle ſera le coſté homologue cherché. Comme pour exemple,ſi les coſtez homologues de deux figures ſolides femblables font 2 & 4 : le cube de cha-cun d'iceux coſtez ſera 8 & 64,qui adiouſtez enſemble font 72,& la racine cubique d'iceluy nombre eſt $\sqrt{c}$ 72 : & autant eſt le coſté homologue du ſo-lide femblable,& égal aux propoſez. Le meſme coſté ſeroit auſſi trouué,ſi ayant vn quatrieſme nombre pris continuellement proportionnel aux deux coſtez donnez 4 & 2,on l'adiouſte au premier 4,viendra 4 $\frac{1}{2}$,& le premier de deux moyens proportionnaux d'entre ces deux cy 4 & 4 $\frac{1}{2}$,ſera le meſme co-ſté $\sqrt{c}$ 72.

15. *Eſtans cogneus les coſtez homologues de deux parallelipipedes ou autres ſolides fem-blables & inégaux ; cognoiſtre le coſté homologue d'vn autre ſolide femblable,& égal à la difference des donnez.*

Ayant multiplié cubiquement chaſque coſté donné,ſoit oſté le moindre produict du plus grand,& la racine cube du reſte ſera le coſté homologue d'vn corps femblable aux propoſez,& égal à leur difference. Ainſi les coſtez ho-mologues de deux parallelipipedes femblables eſtans 4 & 2 ; pour trouuer le coſté homologue d'vn autre parallelipipede femblable,& égal à la difference des dõnez,ie multiplie cubiquemẽt chaſque coſté donné 4 & 2,& viennẽt 64. & 8,deſquels le moindre oſté du plus grand,reſtent 56,dont la racine cubi-que eſt le coſté du parallelipipede égal à la difference des propoſes.On trou-ueroit encore ledit coſté prenant vn quatrieſme nombre continuellement proportionnel aux deux coſtez donnez 4 & 2,qui ſeroit $\frac{1}{2}$,lequel oſté du premier & plus grand cofté 4, reftent 3 ⅓ : & puis apres le premier de deux moyens proportionnaux entre ces deux cy 4, & 3 ⅓, fera le mefme cofté $\mathcal{V}$ c 56.

Comment font mefurées les colomnes.

CHAP. II.

De toute colomne, l'vne des bafes multipliée par la hauteur de ladite colomne, produict le contenu folide d'icelle.

COmme foit premierement le prifme ABCD, duquel la bafe foit vn triangle equilateral, ayant pour chacun cofté 8 : il eft certain que tel triangle pourra contenir enuiron 28 ; lefquels multipliez par

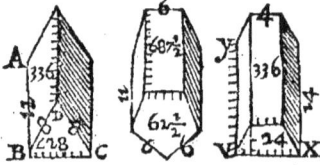

la hauteur A B, (que nous poferons de 12) produiront 336 pieds cubes, pour le contenu du prifme. La raifon eft, que fi la bafe eft reduite en rectangle, la colomne quadrangulaire de mefme hauteur, efleuée orthogonellement fur iceluy rectangle, fera egalle au prifme donné.

Soit encores la colomne pentagonalle, de laquelle la bafe ayant pour chacun cofté 6, & eftant mefurée, *par le ch. 8. du liure precedent*, contiendra 62 & demy, lefquels auffi multipliez par la hauteur 11, produiront en fin 687 & demy, pour le contenu de toute la colomne : *& ce par les raifons prealeguées* : & ainfi feront facilement mefurées toutes autres colomnes regulieres.

Soit auffi à mefurer le prifme trapeze VXYZ, duquel le cofté de la bafe V X contienne 8 pieds, & celuy qui luy eft oppofé 4. Et la ligne perpendiculaire de l'vn à l'autre foit auffi 4. il eft manifefte, *par le chap. 7. du fecond liure*, que la fuperficie de telle bafe fera de 24 pieds, lefquels multipliez par la hauteur V Y (que nous pofons de 14) produiront 336 pieds cubes pour tout le contenu du prifme trapeze donné.

Par la mefme facilité fera auffi mefurée la colomne, de laquelle la bafe eft figure irreguliere, comme tablette : fçauoir en reduifant icelle bafe en deux triangles, comme ABC, ACD, defquels la fuperficie fera mefurée, *comme il a efté monftré au liure fecond en traittant des triangles.*

Si donc AB contient en longueur 6, B C 4, A C 9, D A 5, D C 6 : le triangle A B C pourra contenir enuiron 9 pieds , & le triangle A C D 14 : lefquels ioincts feront 23 pour toute la fuperficie de la figure A B C D : icelle multipliée par la hauteur perpendiculaire A E (que nous pofons de 7) produira 161 pieds folides pour tout le contenu du corps E C. Et pour mefurer la fuperficie.

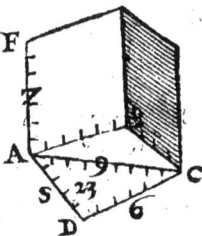

De toute colomne efleuee orthogonellement fur la bafe (hors les deux bafes) faut multiplier la circonference de la bafe par la hauteur d'icelle colomne, & le produit fera egal à la fuperficie des coftez.

Eft icy à notter qu'il faut que la bafe de tout corps propofé à mefurer foit trouuee le plus exactement que faire fe pourra , d'autant que peu d'erreur en icelle fe multiplie par la hauteur du folide, & par confequent l'erreur fe rendra tant plus fenfible que ladite hauteur fera grande : Ainfi noftre autheur prefuppofant que l'aire de la bafe triangulaire B C D eft 28 , trouue pour le contenu du prifme ABCD 336, & il ne peut eftre que 331½ peu plus : car la bafe eft feulement 27 $\frac{13}{16}$: Pareillement pofant que la bafe pentagonale ayant 6 de chafque cofté eft de 62½, le contenu folide de toute la colomne eft 687½, & il ne peut feulement eftre 681 $\frac{5}{12}$: car ladite bafe n'eft pas qu'enuiron 61 $\frac{55}{58}$: Tellement qu'en ces deux exemples-là noftre autheur excede de beaucoup la iufte mefure : mais au dernier exemple de la colomne A B C D E, qui a pour bafe la tablette ABCD, noftredit autheur luy baille 5 moins qu'il ne faut : car il trouue que ledit corps contient en fa folidité feulement 161, & il en contient prefque 166 : pource que fa bafe ayant fes coftez felon qu'ils font coftez, contiedra en fa furface enuiron 23 $\frac{79}{112}$. Il eft donc manifefte par ces exemples de combien il importe que la bafe de tout corps propofé à mefurer foit exactement fupputee : Ce que nous dirons feulement icy pour ne le repeter en plufieurs endroits de ce liure où noftre autheur ne f'arrefte guere aux penibles & ennuyeufes fupputations, lefquelles toutefois i'eftime vtiles & neceffaires aux chofes reelles & materielles, efquelles eft befoin de conferuer le droict à vn chacun de ceux à qui l'affaire touche & preiudicie.

Comment font mefurez les Rhomboïdes folides.

CHAP. III.

De tout Rhomboïde, ayant les deux bafes paralleles, & egales, la fuperficie de l'vne multipliee par la perpendiculaire qui tombe de l'vne defdites bafes à l'autre, produit le contenu folide de tout le Rhomboïde.

X iij

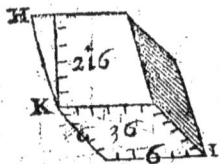

POur exemple, foit du Rhomboide H I (qui a fes deux bafes paralleles & egales) la fuperficie de l'vne d'icelles mefuree, comme K I, laquelle foit quarree & de 6 pieds de chacun cofté: icelle contiendra 36, laquelle multipliee par la perpendiculaire qui tombe de l'vne à l'autre (comme O K, que nous pofons auffi de fix pieds) produira 216, pour tout le tout le contenu folide du Rhomboïde H I. La raifon eft que la colomne quadrangulaire qui aura fa bafe egale à celle du Rhomboïde, & fa hauteur auffi egale à O K, le contenu fera egal au contenu du Rhomboïde H I : *comme on peut colliger par la 31. du 11.*

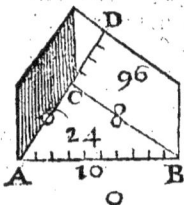

Si le Rhomboide a fa bafe triangulaire, de laquelle les coftez foient 6, 8, & 10, comme A B C, tel triangle fera rectangle, *par la 47. du 1.* & contiendra 24, lefquels multipliez par D C (qui eft la perpendiculaire entre les deux bafes, & qui contiendra 4) produirons 96, pour le contenu folide du Rhomboïde A B C D.

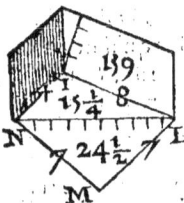

Mais fi quelqu'autre Rhomboïde auoit fa bafe irreguliere, comme N I L M, lors conuiendroit la reduire en deux triagles, ainfi qu'il eft icy monftré. Et pofons que l'vn ait pour trois coftez 4, 8, & 10, & l'autre 7, 7, & 10 : ceftuy-cy pourra contenir 24 & demy, & l'autre enuiron 15 & 1 quart: lefquels ioints enfemble font 39 & 3 quarts, multipliez par l'efpeffeur du Rhomboïde, c'eft à dire, par la ligne perpendiculaire, qui tombe d'vne des bafes fur l'autre I O, (que nous pofons de 4 pieds) produiront 159 pieds cubes, pour le contenu vniuerfel du Rhomboïde N I L M O. Et ainfi feront mefurez tous autres folides, qui auront leurs bafes paralleles, egales, & de plufieurs angles, foient reguliers ou irreguliers, Rhomboides, ou non.

Mais quant aux autres folides compris de plufieurs fuperficies planes & irregulieres, & non paralleles, ils feront mefurez en les reduifant premierement en pyramides, lefquelles on pourra facilement mefurer, fi leurs coftez peuuent eftre diftinguez & cogneus, comme il fera monftré cy après: car autrement ne s'en peuuent donner aucuns preceptes.

Comment font mefurees les Pyramides.

CHAP. IV.

De toute Pyramide, la fuperficie de la bafe multipliee par le tiers de la ligne perpendiculaire, qui tombe de la cime & fommet de la Pyramide fur icelle bafe : ou le tiers d'icelle fuperficie multipliee par toute icelle perpendiculaire, produit le contenu folide de la Pyramide.

COmme foit la Pyramide equilatere à mefurer A B CD, de laquelle la bafe foit vn triangle Ifopleure BC D, ayant de chacun cofté 14 pieds : tel triangle pourra contenir enuiron 84. Apres pofons la longueur de chacun cofté de la Pyramide (comme A B) de 17. pieds & demy : il eft manifefte, *par la 47 du 1*, que le quarré de A B eft egal au quarré de la perpendiculaire A E (laquelle tombe du fommet de la Pyramide en angles droits fur le centre de la bafe E) & au quarré de E B. Or E B peut auoir 8 pieds de longueur, le quarré de laquelle 64, fouftrait du quarré de A B, qui eft 306, reftent 242, pour le quarré de la perpendiculaire A E, la racine quarree defquels (fçauoir enuiron 15 & demy) eft la hauteur d'icelle perpendiculaire. Si donc ie multiplie toute la bafe 84 par le tiers de 15 & demi, ou le tiers de la bafe (28) par 15 & demi, il en prouiendra 434 pieds cubes, pour le contenu vniuerfel de la Pyramide propofee. La raifon eft, que cefte Pyramide eft la tierce partie du prifme qui aura mefme bafe & hauteur, *comme il fe collige des Corollaires de la 7. du 12*. Et ainfi feront mefurees toutes autres Pyramides, tant regulieres qu'irregulieres, & ayans leurs bafes de tant d'angles qu'on voudra.

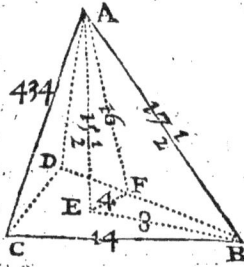

I'eftime que la plus grande difficulté qu'on puiffe rencontrer en la mefure du contenu folide d'vne Pyramide, eft à trouuer la hauteur d'icelle, laquelle on obtiendra, foit qu'on la mefure ainfi qu'il eft enfeigné au premier liure, ou bien qu'on accommode au fommet d'icelle quelque plan parallel à la bafe, duquel tombe quelque plomb ou perpendicle fur le plan de ladite bafe : On obtiendra encore icelle hauteur par la doctrine des triangles rectilignes, ayant mefuré vn des coftez de la Pyramide, & l'inclination d'iceluy à la bafe, foit par le moyen du compas de prop. d'vne Sauterelle, ou autre inftrument à ce propre. Il y a encore quelques autres moyens (mais peculiers feu-

lement à quelques Pyramides) dont les Geomettres se pourront fort bien
seruir,& mettre en pratique lors que l'occasion s'en presentera,comme quãd
la Pyramide a tous ses costez & la base triangulaire , ou de costez egaux , à
cause qu'alors la perpendiculaire tiree du sommet d'icelle Pyramide à la base
va rencontrer le centre du cercle circonscrit ou inscrit en icelle;tellemẽt que
par le moyen d'vn costé de la Pyramide,comme A B,& de la distance du centre du cercle inscrit en la base iusques à l'angle d'icelle , comme E B, ou bien
par le moyen de la perpendiculaire tiree du sommet au plan de l'vn des costez de la Pyramide comme A F, & du semi-diametre dudit cercle inscrit,
comme E F; on obtiendra facilemẽt la perpendiculaire ou hauteur de la Pyramide. Or nous auons enseigné au liure precedent à trouuer lesdites distances E F & E B , c'est pourquoy nous n'en dirons rien icy, mais bien adiou-
sterons en cest endroit vn plus court moyen peculier au Tetraedre, qui est
tel : A cause que par la 13.p.13.le quarré du diametre de la sphere est au quarré du costé du Tetraedre en raison sesquialtere, si on fait que comme 2 est à 3,
ainsi le quarré dudit costé du Tetraedre soit à vn autre, viendra le quarré du
diametre de la sphere,auquel peut estre inscrit iceluy Tetraedre; & partant la
racine quarree de ce 4 nombre proportionnel sera le diametre de ladite sphere,les deux tiers duquel seront la hauteur cherchee par le Corol.de ladite 13.
p.13.

　　Et pour mesurer la superficie des costez de la Pyramide, faut y
proceder comme il a esté monstré és chap.3.& 4.du 2 liure.Ou autrement mesure le triangle qui sera equiangle à la base , & duquel la ligne tiree de son centre en angles droits sur l'vn des costez de la base,
sera la moyenne proportionnelle entre A F & F E : car iceluy sera
egal à la superficie cherchee.Ce qui se monstre ainsi.

　　La base est à la superficie lateralle, comme E F à F A : *par la 1 du 6*,
d'autant qu'elles ont vn mesme multipliant (sçauoir la moytié du
circuit de la base) pour produire leur contenu. Or la base sera au
triangle predit de la moyenne proportionnelle,comme E F à F A
(c'est à dire en raison double des costez) *par la 19 du 6*. Dont s'ensuiura *par la 9.du 5*. que ce triangle sera egal à la superficie laterele de
la Pyramide.

COROLLAIRE I.

Les corps reguliers composez de plusieurs Pyramides regulieres equicru-
res,seront aussi facilement mesurez.

　　Comme soit l'octaedre A B C D E F, lequel est composé de huit
Pyramides trilateres equicrures & egales, ou de deux Pyramides
quadrilateres semblables equicrures & egales: ie pose que la base
　　　　　　　　　　　　　　　　　　　　　　　　　　　　commune

commune de ces deux BCDF, ait pour chacun costé 12 : Icelle base contiendra 144, le
tiers defquels (fçauoir 48) multiplié par la
perpendiculaire A G (c'est à dire 8 & demy)
produira 408 pour le contenu de la moytié
de l'Octahedre : lequel nombre 408 doublé
fera 816 pour le contenu folide de tout l'o-
ctahedre A B C D E F.

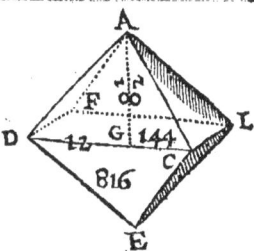

Noftre autheur n'enfeigne point à trouuer la perpendiculaire AG, pource
qu'il est aifé de la cognoistre, estant manifeste par la 47. p. 1. que le quarré
d'icelle est moytié du quarré du costé de l'octahedre propofé. Mais est à notter que fi on multiplie le quarré du costé de l'octahedre propofé par le diametre d'iceluy (qui est le mefme que celuy de la fphere qui peust circonfcrire
ledit octahedre, & lequel on aura fi du double du quarré dudit costé de l'o-
ctahedre on prend la racine quarree par la 14. p. 13.) le tiers du produit donnera encore le contenu folide de tout l'octahedre.

Le Dodecahedre fera auffi facilement mefuré. Comme pour
exemple pofons que l'vn de fes pentagones H I K L M ait pour chacun costé 6 pieds, iceluy pourra contenir en fa fuperficie enuiron 62
& 3 quarts, *comme il est monstré au chap. 8. du 2 liure.* Mais afin de trouuer au plus prés la perpendiculaire qui tombe du centre de tout le
corps fur le centre de chacun pentagone, & les longueurs des lignes
de telle pyramide, qui font incommenfurables, ie mettray icy en
auant ce qui peut estre tiré des elemens d'Euclide. Il faut donc estre
aduerty que la ligne H K fubtendente l'vn des angles du pentagone
est le costé d'vn cube infcrit en la mefme fphere, en laquelle est auffi
infcrit le Dodecahedre, *par le probleme 5 du 13.* C'est à dire que la fuperdiagonalle du cube est le diametre de la mefme fphere, & par
confequent double au costé de la pyramide qui a pour fa bafe le
pentagone H I K L M. Si donc les lignes H K & N K font cogneuës,
il fera facile de trouuer le costé de la pyramide, & par confequent
la perpendiculaire. Mais la fuperdiagonalle de ce cube (c'est à dire
le diametre de la fphere circonfcrite au Dodecahedre) est triple par
puiffance au costé du mefme cube, *par le probleme 3 du 13.* Il conuient
donc multiplier H K (laquelle pourra auoir de longueur enuiron 9
& 4 cinquiefmes) par foy-mefme, le produit fera 96 : lequel produit
triplé fera 288, defquels la racine quarree (qui est quafi 17) fera la longueur du diametre de ladite fphere, double au costé de la pyramide,

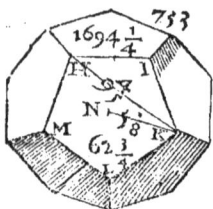

lequel cofté (c'eft à dire 8 & demy) multiplié par foy-mefme fait le nombre 72, egal aux quarrez de N K, & de la perpendiculaire tiree du centre de la figure folide fur le poinct N. *par la* 47 *du* 1.

Si donc nous pofons N K de 5 & 1 huitiefme, fon quarré 26 & 1 quart foubftrait de 72 refte-ront 45 & 3 quarts , defquels la racine quarree (qui eft enuiron 6 & 3 quarts) fera la hauteur de la perpendiculaire cherchee.

Si nous multiplions le pentagone (c'eft à dire 62 & 3 quarts) par le tiers de la perpendiculaire, il en prouiendra 141 & 3 feiziefmes, pour le contenu de l'vne des douzes pyramides du Dodecahedre : iceux 141 & 3 feiziefmes, multipliez par 12, produiront finalement 1694. pieds & 1 quart folides pour tout le contenu vniuerfel du Dodeca-hedre.

Quant à l'Icofahedre, & pour trouuer fa mefure, il faut eftre ad-uerty *par la* 4 *du* 14. Qu'vn mefme cercle comprend & le pentagone du Dodecahedre , & le triangle de l'Icofahedre infcrits en vne mef-me fphere : dont eft euident que les perpendiculaires & les coftez des pyramides de l'vn & de l'autre infcrits en vne mefme fphere, font egaux entr'eux : & par confequent le folide du Dodecahedre au folide de l'Icofahedre fera comme la fuperficie de l'vn, à la fuper-ficie de l'autre : c'eft à dire comme la ligne H K à la ligne O P, *par la* 16 *&* 8 *du* 14. & cecy fe peut aifément demonftrer, fi on diuife les 12 pentagones en 60 triangles : car la moytié du cofté d'vn triangle (c'eft à dire la moytié de 5 & 1 huitiefme) multipliee par la moytié de H K, produit la fuperficie de l'vn des 60 triangles : comme en fem-blable fi les 20 triangles de l'Icofahedre font diuifez en 60 trian-gles, la perpendiculaire d'vn chacun fera la moytié de 5 & 1 huitief-me, laquelle multipliee par la moytié de O P, produira le contenu de l'vn de ces 60 triangles.

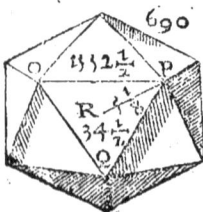

Si donc on mefure la fuperficie de l'vn des triangles, comme O P Q : le cofté duquel eft quafi de 9 pieds, le contenu de ce triangle pourra eftre 34 pieds & demy, multipliez par le tiers de la per-pendiculaire qui tombe du centre de l'Icofahe-dre fur le poinct R , laquelle nous auons trouuee de 6 & 3 quarts, produit 77 pieds folides & 5 huitiefmes,pour le contenu de la pyramide trilatere, qui a fa bafe OPQ: lefquels 77 & 5 huitiefmes multipliez par 20, font 1552 pieds & demy cubes pour tout le contenu vniuerfel de l'Icofahedre.

Dont eft euident que le folide du Dodecahedre 1694 fait 49 parties, defquelles le folide de l'Icofahedre 1552 en fait vn peu moins de 45: comme aufli la fuperficie de l'vn 753 faifant 49 parties, la fuperficie de l'autre 690 en fera peu moins de 45, qui eft quafi comme 12 à 11: & ainfi fera la raifon de la ligne H K à la ligne O P : ce qu'il falloit demonftrer.

Afin de rendre plus intelligible ce que dit icy noftre autheur, touchant la mefure du contenu folide, tant du Dodecahedre que de l'Icofahedre, nous dirons encore quelque chofe fur ce moyen de mefurer, non feulement ces deux corps reguliers, mais aufli l'appliquerons aux trois autres corps reguliers. D'autant que fi du centre de la bafe de quelque corps que cefoit font tirees des lignes droites à chafque angle d'icelle bafe, elle fera diuifee en autant de triangles qu'il y a d'angles ou de coftez en icelle; & partant fi ce nombre de triangle eft multiplié par le nombre des faces ou fuperficies qui comprennent le corps regulier propofé, le produit monftrera le nombre de tout les triangles contenus en toute la fuperficie conuexe dudit corps. Ainfi la bafe quarree d'vn cube A B C D eftant diuifee en quatre triangles par lignes droites menees du centre E aux quatre angles dudit quarré;les fix faces d'iceluy cube contiendront enfemble 24 tels triangles. Item la bafe triangulaire d'vn Tetraedre, Octaedre & Icofaedre A B C, eftant diuifee en trois triangles par lignes droites menees du centre D à chafque angle de ladite bafe;

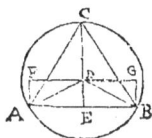

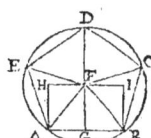

le Tetraedre qui eft compris de 4 faces ou bafes, contiendra en toute fa fuperficie conuexe 12 tels triangles; & l'Octaedre en contiendra 24 en fes 8 bafes: mais l'Icofaedre eftant compris de 20 bafes, aura 60 tels triangles en toute fa furface conuexe. Pareillement le Dodecaedre ayant 12 faces pentagonalles, telles que la bafe A B C D E, laquelle eft diuifee en 5 triangles par lignes droites menees du centre F; aura en toute fa fuperficie conuexe 60 tels triangles. Maintenant puifque deux tels triangles font enfemble egaux au rectangle contenu fous la perpendiculaire tiree du centre de la bafe au cofté, & fous ledit cofté,il y aura 12 tels rectangles en toute la fuperficie du cube : fix en celle du Tetraedre,douze en la furface de l'Octaedre, & 30 tant en la fuperficie du Dodecaedre que de l'Icofaedre. Or eftant tiree en la bafe du cube A B C D la perpendiculaire E F, elle fera egale à la moytié du cofté du cube. Car puis que par ce qui eft demonftré au fcholie de la 26.p.1.la perpendiculaire E F couppe la bafe AB egalement, & que par la 6.p.1. elle eft egale

à A F, il conſte qu'icelle E F eſt egale à la moytié du coſté du cube. Mais eſtant
tiree en la baſe du Tetraedre, Octaedre, & Icoſaedre, vne perpend. DE, elle
ſera moytié du ſemi-diametre C D. Veu donc que par la 12.p.13. le quarré du
coſté A C eſt triple du quarré du ſemi-diametre C D ; ſi on fait que comme 3
eſt à 1, ainſi le quarré du coſté donné AC ſoit à vn autre, ſera produit le quarré du ſemi-diametre C D : & partant la moytié de la racine quarree d'iceluy
produit donnera la perpendiculaire D E. Finàlement eſtant tiree en la baſe
pentagonalle du Dodecaedre la perpendiculaire FG, elle ſera cogneuë oſtant
du quarré du ſemi-diametre AF, le quarré de AG moytiédu coſté de la baſe
pentagonalle du Dodecaedre, ou bien prenant moytié de l'aggregé du ſemi-
diametre A F, & du coſté du decagone inſcrit au cercle ABD par la 1. p. 14.
Ayant donc cogneu le coſté de la baſe d'vn corps regulier , & la perpendiculaire menee du centre d'icelle baſe au coſté, on trouuera la ſuperficie conuexe d'iceluy corps propoſé, laquelle eſtant multipliee par la perpendiculaire tombant du centre d'iceluy corps ſur l'vne de ſes baſes, le tiers du produit
donnera le contenu ſolide dudit corps regulier propoſé.

   Or pour d'autant plus illuſtrer & rendre manifeſte les choſes cy-deſſus,
nous enſeignerons encore à cognoiſtre tant les coſtez des cinq corps reguliers inſcriptibles en vne meſme Sphere , dont le diametre ſoit cognu, que
les perpendiculaires tombantes du centre de la Sphere ſur la baſe de chacun
deſdits corps reguliers, comme auſſi leurs ſuperficies conuexes , & contenus
ſolides, ayant au prealable trouué leſdits coſtez, ſuiuant ce qui eſt dict &
demonſtré en la 18 p.13.

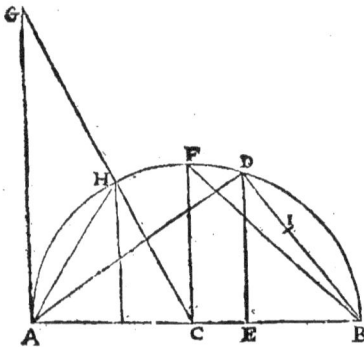

Soit donc la ligne droite A B le diametre d'vne Sphere : Et il faut trouuer
les coſtez des 5 corps reguliers inſcriptibles en icelle. Ayant deſcrit ſur iceluy
diametre AB le demy cercle A D B, ſoit
diuiſé icelui diametre en E, tellemēt que
A E ſoit double de E B , & du poinct E
ſoit eſleuee la perpendiculaire E D, &
menéAD, qui ſera le coſté du Tetraedre:
mais ayant mené BD, icelle ſera le coſté
du cube : en apres du centre C ſoit eſleué à angles droicts le ſemi-diametre C
F, & menee B F, qui ſera le coſté de l'O-
ctaedre : par apres ſoit eſleuee la perpendiculaire A G egale au diametre A
B, & menée C G coupant la periphere en H, & ayant mené AH , elle ſera le
coſté de l'Icoſaedre : Finalemēt ſoit coupé le coſté du cube B D en la moyenne & extréme raiſon en I, & le plus grand ſegment B I ſera le coſté du Dodecaedre.   Maintenant appliquons les nombres à ceſte conſtruction Geometrique.

   Le diametre de la Sphere AB ſoit 12 : la partie AE ſera donc 8 , & E B 4 ;
& partant la moïenne proportionnelle E D ſera √32, dont le quarré 32 eſtant

adiousté au quarré de A E, viendront 96, dont la racine, sçauoir est $\sqrt{96}$, sera pour AD costé de la pyramide ou Tetraedre; lequel sera aussi donné comme dit est cy deuant, si on fait que comme 3 à 2, ainsi 144 quarré du diametre A B soit à vn autre 96: ou bien faisant que côme 3 est à $\sqrt{6}$, ainsi le diametre 12 soit à vn autre $\sqrt{96}$. Et puis que par le corol. de la 12. p. 13. le quarré du costé du triangle equilateral est au quarré du diametre du cercle qui le circonscrit comme 3 à 4; faisant que comme 3 est à 4, ainsi 96 quarré du costé A D soit à vn autre, viendront 128 pour le quarré du diametre du cercle circonscriuât la base du Tetraedre; & partant le semi-diametre sera $\sqrt{32}$, & sa moytié à laquelle est egale la perpendiculaire menee du centre de la base au costé sera $\sqrt{8}$. Mais nous auons dit que la superficie connexe du Tetraedre contient six rectangles faits sous ladite perpendiculaire & le costé: multipliant donc le costé $\sqrt{96}$ par la perpendiculaire $\sqrt{8}$, viendront $\sqrt{768}$; qui multipliez par 6, donneront $\sqrt{27648}$ pour l'aire ou superficie conuexe dudit Tetraedre. Or puis que par le corol. de la 13. p. 13. la perpendiculaire tombant du sommet du Tetraedre au plan de la base, est les deux tiers du diametre de la spere A B, icelle perpendiculaire sera 8; & par le mesme corol. la perpendiculaire tombante du centre de la sphere audit plan de la base est la sixiesme partie dudit diametre A B; partât icelle perpendiculaire est 2, par laquelle estant multiplié la superficie conuexe cy dessus trouuee, viendront $\sqrt{110592}$, dont le tiers est $\sqrt{12288}$, & autant est le contenu solide de tout le Tetraedre.

Maintenant le quarré du costé A D estant osté du quarré du diametre AB, resteront 48, dont la racine quarree $\sqrt{48}$ est le costé du cube B D; lequel seroit aussi donné prenant le tiers du quarré dudit diametre A B. Or il est manifeste que tant la perpendiculaire tombante du centre de la base au costé, que celle tombante du centre cube à ladite base, est egale à la moytié dudit costé; & partant chacune d'icelle sera $\sqrt{12}$: & puis que la superficie conuexe du cube contient 12 rectangles compris sous ladite perpendiculaire, & le costé; multipliant le costé $\sqrt{48}$ par ladite perpendiculaire $\sqrt{12}$, viendront 24, qui multipliez par 12, viendront 288 pour la superficie conueze du cube, laquelle multipliee derechef par la perpendiculaire $\sqrt{12}$, viendront $\sqrt{995328}$, dont le tiers $\sqrt{110592}$ est pour le contenu solide du cube.

Quant à l'Octaedre, le quarré du diametre AB est double du quarré d'iceluy costé de l'Octaedre B F; & partant ledit costé BF est $\sqrt{72}$. Mais par la 12. p. 13. le semidiametre du cercle circonscriuant la base triangulaire dudit Octaedre sera $\sqrt{24}$; & partant la perpendiculaire tiree du centre d'icelle base au costé sera $\sqrt{6}$. Et puis que la superficie conuexe dudit Octaedre est egale à douze fois le rectangle compris sous icelle perpendiculaire, & le costé de la base; multipliant ledit costé $\sqrt{72}$ par icelle perpendiculaire $\sqrt{6}$, viendront $\sqrt{432}$, qui multipliez par 12, viendront $\sqrt{62208}$ pour la superficie conuexe de l'Octaedre, qui multipliee par $\sqrt{12}$, (qui est la superpendic. tombante du centre de la sphere à la base de l'Octaedre; car icelle est la moytié du costé du cube inscrit en vne mesme sphere, ou bien à cause que le quarré du semi-diametre de ladite sphere est triple du quarré perpendiculaire,) & viendront $\sqrt{746496}$, dont le tiers 288 est le contenu solide de l'Octaedre.

Pour le regard du coſté du Dodecaedre, qui eſt B I, il ſera $\surd 60 - \surd 12$, puis qu'il eſt le plus grand ſegment de B D $\surd 48$ couppé en la moyenne & extréme raiſon. Or nous auons trouué au liure precedent, que la raiſon du diametre du cercle au coſté du pentagone inſcrit en iceluy cercle eſt comme 4 à $\surd(10 - \surd 20)$; & partant ſi on fait que comme $10 - \surd 20$ eſt à 4, ainſi $72 - \surd 2880$ quarré du coſté du pẽtagone de la baſe du Dodecaedre ſoit à vn autre, viendront $24 - \surd 115\frac{1}{5}$ pour le quarré du ſemi-diametre du cercle circonſcriuant la baſe pentagonalle du Dodecaedre ; & par conſequent iceluy ſemi-diametre eſt $\surd(24 - \surd 115\frac{1}{5},)$ du quarré duquel eſtant oſté le quarré de la moytié du coſté, ſçauoir eſt $18 - \surd 180$, reſteront $6 - \surd 28\frac{4}{5}$ pour le quarré de la perpendiculaire tombante du centre de la baſe au coſté d'icelle ; & partant icelle perpend. ſera $\surd(6 - \surd 28\frac{4}{5})$, par laquelle eſtant multiplié le coſté de ladite baſe $\surd 60 - \surd 12$, viendront $\surd(720 - \surd 501811\frac{1}{5})$, qui multipliez par 30 (à cauſe que la ſuperficie conuexe du Dodecaedre contient 30 fois ce produit) donneront $\surd(648000 - \surd 406667072000)$ pour toute la ſuperficie conuexe du Dodecaedre, qui a $\surd 60 - \surd 12$ pour chaſque coſté de ſes baſes. Et pour

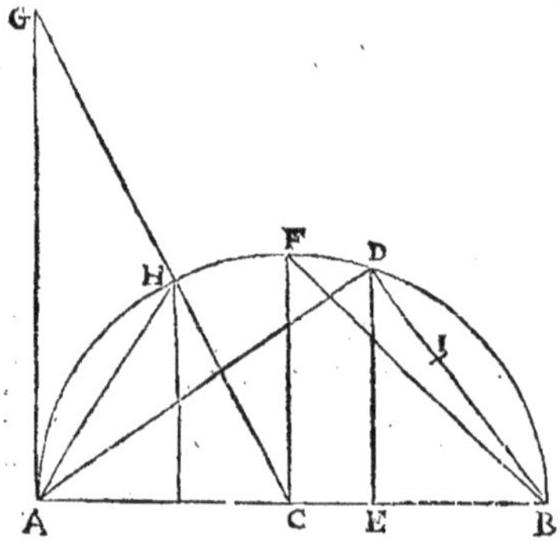

auoir la perpendiculaire tombante du centre de la ſphere ſur chacune d'icelles baſes, ſoit oſté le quarré du ſemi-diametre du cercle qui les circonſcrit de celuy du ſemi-diametre de la ſphere, ſçauoir eſt $24 - \surd 115\frac{1}{5}$ de 36, & reſteront $12 + \surd 115\frac{1}{5}$, pour le quarré de ladite perpendiculaire, qui partant eſt $\surd(12 + \surd 115\frac{1}{5})$, par laquelle ſoit multipliee ladite ſuperficie conuexe trouuee, & le tiers du produit, ſçauoir eſt $\surd(864000 + \surd 597196800000 - \surd 722963683555\frac{5}{9} - \surd 578370946844\frac{4}{9})$ ſera le contenu ſolide dudit Dodecaedre inſcrit en la ſphere qui a 12 pour diametre.

Reſte finalement l'Icoſaedre, dont le coſté eſt A H ; pour trouuer lequel ſoit tiree de H la perpendiculaire H K, afin d'auoir les deux triangles rectangles A G C, K H C equiangles. Et d'autant que A G eſt egal au diametre A B, & A C la moytié d'iceluy, G C ſera $\surd 180$; & faiſant que comme G C $\surd 180$ eſt à G A 12, ainſi C H 6 ſoit à vn autre, viendront $\surd 28\frac{4}{5}$ pour H K ; & partant K C ſera $\surd 7\frac{1}{5}$, qui oſté de A C 6, reſteront $6 - \surd 7\frac{1}{5}$ pour A K, duquel le quarré eſt $43\frac{1}{5} - \surd 1036\frac{4}{5}$, qui adiouſté au quarré de K H $28\frac{4}{5}$, viendront $72 - \surd 1036\frac{4}{5}$ pour le quarré de A H coſté de l'Icoſaedre, & partant iceluy coſté eſt $\surd(72 - \surd 1036\frac{4}{5})$. Et puis que par la 3.p.14. vn meſme cercle circonſcrit le pentagone du Dodecaedre, & le triangle de l'Icoſaedre inſcrit en vne meſme ſpere, le ſemi-diametre du cercle circonſcriuant ledit triangle de l'Icoſaedre ſera $\surd(24 - \surd 115\frac{1}{5})$ du quarré duquel eſtant oſté le quarré de la moytié du coſté, ſçauoir eſt $18 - \surd 64\frac{4}{5}$ reſteront $6 - \surd 16\frac{1}{5}$, pour le quarré de la perpendiculaire menee du centre de l'vne des baſes au coſté d'icelle ; & partant icelle perpẽdiculaire eſt $\surd(6 - \surd 16\frac{1}{5})$, par laquelle eſtãt multiplie ledit coſté de la baſe,

& le produit derechef multiplié par 30, viendrõt $\gamma(505440 - \gamma 7542072000)$ pour toute la superficie de l'Icosaedre. Et puis que par la susdite 3. p. 14. vn mesme cercle circonscrit tant le pentagone du Dodecaedre que le triangle de l'Icosaedre, il s'ensuit que les perpendiculaires tombantes du centre de la sphere sur la base de l'vn & l'autre solide sont egales: icelle est donc telle que dessus, sçauoir est $\gamma(12 + \gamma 115\frac{1}{5})$, par laquelle estant multipliee la superficie cy dessus trouuee, & pris le tiers du produit, viendront $\gamma(6065280 + \gamma 3633$ $34533120 - \gamma 13408128000 - \gamma 10726502400)$ pour le contenu solide de l'Icosaedre, dont A H est le costé.

COROLLAIRE II.

Toute pyramide reguliere equicrure, & recindee par vn plan semblable & parallele à la base, sera mesuree auec la mesme facilité.

Car continuant les costez d'icelle iusques à ce qu'ils se rencontrent en vn mesme sommet, la pyramide sera parfaite, & pourra estre mesuree cõme il a esté monstré: comme aussi sera mesuree à part la petite pyramide qu'on aura adioustee dessus la pyramide recindee & imparfaite, cõme dit est.

Pour exemple. Soit la pyramide imparfaite à mesurer BCDEFG quadrilatere, equicrure, recindee & couppee par le plan B D, semblable & parallele à la base: de laquelle base vn chacun costé soit 12: & de l'autre plan B D vn chacun costé de 6. Il est manifeste, que telle raison qu'a G F à B C, telle & semblable a la toute F C A à A C, & par consequent H I A à A I, & L K A à K A, *par la 2. du 6. & par les* 1. & 2. *problesmes du mesme.* Que si G F est double à B C, la ligne A H sera double à A I, & A L à A K: & s'ensuit, que si H I contient 16, I A contiendra aussi 16, & sera par ce moyen la pyramide coupee par la moytié de sa hauteur iustement. Et pource que du quarré de HA 1024, faut soustraire le quarré de L H 36, afin que la racine quarree de ce qui restera soit la hauteur de L A, *par la 47. du premier.* Il est euident qu'icelle L A pourra estre de 31 & demy: la moytié desquels sont 15 & 3 quarts pour la hauteur L K, ou K A.

Or la base G E contient 144, le tiers desquels (sçauoir 48) multiplié par 31 & demy produira 1512, pour le contenu vniuersel de toute la pyramide A G E.

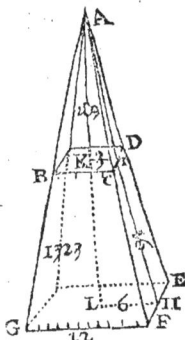

Apres conuient mefurer la petite pyramide A B D, la bafe de la-quelle contient 36:le tiers (fçauoir 12) multiplié par 15 & 3 quarts pro-duira 189, lefquels fouftraits de 1512, refteront 1323 pieds folides pour le contenu de la pyramide imparfaite propofee B D F G. Or pour mefurer la fuperficie d'icelle (excepté les deux bafes) cela a efté mon-ftré en la mefure des trapezes: car les coftez font quatre trapezes.

Ou autrement mefure le quarré qui aura fon demi-diametre egal à la moyenne proportionnelle entre la ligne I H, & la compofee de K I, L H: car iceluy fera egal à la fuperficie des coftez. La raifon eft, que pour mefurer les deux bafes, il faut multiplier la moytié de la compofee par le tour & circuit d'icelles bafes: & pour mefurer la fuperficie des coftez faut multiplier la moytié de L H par les mef-mes circuits: ce qui eft euident: dont s'enfuit *par la premiere du 6*, que la fuperficie des coftez a telle raifon aux bafes que I H a la com-pofee de K I, L H: la figure donc femblable & equiangle à l'vne des bafes, & de laquelle le demi-diametre fe trouuera moyen entre I H, & la compofee de K I, L H, fera egale à la fuperficie des coftez, *par la 19. du 6*.

Si noftre autheur auoit demonftré que pour mefurer les deux bafes G E, B D, il faut multiplier la moytié de la compofee de L H, K I par le tour & circuit d'icelles bafes, la confequence qu'il tire par la 1. p. 6. pourroit bien auoir lieu; mais cela ne pouuant eftre, ladite confequence demeure nulle; ce que nous difons feulement en paffant afin que perfonne ne f'ahurte en ceft endroit, nous eftant contenté de corriger en quelque façon les fautes qui f'e-ftoient gliffees és precedentes impreffions en plufieurs endroits de ce Corol. 2. tant par le changement de deux lettres en la figure qu'autrement.

COROLLAIRE III.

Par mefme moyen auffi font mefurees les pyramides Rhomboïdes.

Comme foit la pyramide Rhomboïde A B C D, de laquelle la bafe contienne 35, & la hauteur perpendiculaire 15: laquelle hauteur foit iuftement fur le poinct C: c'eft à dire que le cofté A C foit or-thogonel: ie multiplie 35 par 5, ou 11 & 2 tiers par 15, & le produit 175, eft le contenu folide de la pyramide Rhomboïde A B C, la raifon eft qu'iceluy eft egal à la pyramide equicrure de mefme bafe & hau-teur, *par la 5. & 6. du 12*.

Et ainfi fe mefureront toutes autres pyramides Rhomboïdes plus panchantes & enclinees (c'eft à dire, defquelles la perpendiculaire

tombera

tombera du sommet hors la base): car elles auront tousiours mesme raison à autres pyramides de mesme hauteur, que leurs bases auront l'vne à l'autre: *par les mesmes.*

Et pour trouuer telles perpendiculaires, quand elles tombent hors la base, il sera facile à celuy qui aura bien entendu comment se trouue la perpendiculaire qui tombe hors de la base d'vn triangle ambligone: *comme il a esté monstré au Corollaire troisiesme du troisiesme chap. du second liure.*

Comment sont mesurez les corps compris des superficies circulaires, & premierement le cylindre.

CHAP. V.

De tout cylindre la base multipliee par la hauteur orthogonelle d'iceluy, produit le contenu solide du mesme cylindre.

Comme pour exemple le cylindre A B C D ait pour base 86 & 5 huitiesmes, (estant son diametre 10 & demy) il faut multiplier 86 & 5 huitiesmes par la hauteur orthogonelle du cylindre, que nous posons de 16 : le produit 1386 est le contenu solide dudit cylindre. La raison est que le rectangle solide de base & hauteur egale, luy est aussi egal en son contenu, *par le Corollaire de la septiesme du 12.*

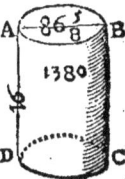

Quant à sa superficie (hors les bases) elle sera trouuee en multipliant la circonference de la base par icelle haulteur orthogonelle: car le produit sera egal à la superficie cherchee: la raison de ce est euidente. Ou autrement d'autant que la mesme superficie a telle raison à la base que BC au quart du diametre de la mesme base, *par la 1. du 6,* mesure le cercle, duquel le quart du diametre soit moyen entre BC, & le quart du diametre de la base du cylindre: car iceluy sera egal à la superficie du costé dudit cylindre, *par la 19. du 6.*

Par la 13. p. du liure de la sphere & cylindre d'Archimede, ladite superficie conuexe du cylindre est egale au cercle duquel le demi-diametre est moyen proportionnel entre la hauteur du cylindre & le diametre de la base d'iceluy: Ce qui me semble plus aisé que ce que dessus. Or nous aduertirons encore le lecteur, que nostre autheur n'ayant pris la peine de faire ses supputations exactes, nous les auōs corrigees en plusieurs endroits de ce liure esquels les fautes estoient sensibles, comme on pourra voir és figures, où les nombres d'icelles supputations sont encores cottez, & ce à cause qu'icelles figures ont

Z

efté taillees fur celles des precedentes impreſſiōs : Comme pour exemple, en
la fupputation du cylindre cy-deſſus, il y auoit feulement 1380, & il y faloit
1386, lefquels 1380 font encore demeúrez en la figure ; & au Corol. fuiuant,
les nombres du difcours ne correfpondent à ceux de la fig. & neantmoins
nous ne les auons voulu changer, eftimât que l'intention de noſtre autheur
a efté de diuerfifier l'exemple precedent ; & partant que l'erreur eſt en la fig.
& non au difcours : le lecteur ne ſaheurtera dōc à ces diuerfitez, mais prendra
peine de fuiure exactement les regles & preceptes y mentionnez. Adiouſtōs
encore icy quelques propofitions fur ce fujeĉt des cylindres.

1. *Eſtant cognen le contenu folide d'vn cylindre, & la bafe d'iceluy ; cognoiſtre le diametre d'icelle bafe, & la hauteur du cylindre.*

Il faut diuifer le contenu du cylindre par la bafe d'iceluy, & viendra fa hauteur ; & quant au diametre de la bafe, il fera trouué par ce qui eſt enfeigné au
5. prob. du 9. chap. du liure precedent. Ainſi le contenu folide d'vn cylindre
eſtant 924, & fa bafe 154 ; pour trouuer fa hauteur ie diuife le contenu 924
par la bafe 154, & viennent 6 pour ladite hauteur : mais faifant que comme 11
eſt à 14, ainfi la bafe 154 foit à vn autre, viendront 196, dont la racine quarree
14, eſt pour le diametre de ladite bafe du cylindre propofé.

2. *Eſtant cognen le contenu folide d'vn cylindre, & la hauteur d'iceluy ; cognoiſtre tant
fa bafe, que fa fuperficie connexe.*

Il faut diuifer le contenu du cylindre par fa hauteur, & viendra fa bafe, la
periphere de laquelle foit trouuee, comme il eſt enfeigné au 5. prob. du chap.
9. du liure precedent : puis foit multipliee icelle periphere par la hauteur
propofee, & viendra la fuperficie connexe du cylindre propofé. Ainſi le contenu d'vn cylindre eſtant 924, & fa hauteur 6 : pour trouuer fa bafe ie diuife le
contenu 924 par la hauteur 6, & viennent 154 pour la bafe du cylindre : mais
faifant que comme 7 eſt à 88, ainfi ladite bafe 154 foit à vn autre nōbre, viendront 1936, dont la racine quarree 44 donne la periphere de la bafe du cylindre propofé.

3. *Eſtant cognen la bafe d'vn cylindre, & fa fuperficie connexe ; trouuer le contenu du
cylindre.*

Soit trouuee la circonference du cercle de la bafe donnee, ainfi qu'il eſt dit
au 5. prob. du 9. chap. du fecond liure : puis par icelle periphere foit diuifee
la fuperficie connexe propofee, & le quotient donnera la hauteur du cylindre, par laquelle eſtant multipliee ladite bafe donnee, viendra le contenu du
cylindre. Ainſi la bafe d'vn cylindre eſtant 154, & la fuperficie connexe 220 :
pour fçauoir le contenu en folidité d'iceluy cylindre, ie trouue premierement
que la periphere de la bafe 154 eſt 44, par laquelle ie diuife la fuperficie 220,
& viennent 5 pour la hauteur du cylindre, par laquelle hauteur ie multiplie
la bafe 154, & viennent 770 pour le contenu folide du cylindre propofé. On
pourroit encore trouuer ladite hauteur du cylindre par le moyen du cercle
egal à la fuperficie connexe, mais il feroit beaucoup plus long & difficile que
par la maniere cy deſſus : Car il faudroit premierement trouuer tant le diametre du cercle egal à la fuperficie connexe donnee, que celuy de la bafe propofee : puis à ce diametre cy, & moytié de celuy là, trouuer vn troifiefme

proportionnel,qui seroit la hauteur requise.

4. *Estant cogneuë la base d'vn cylindre,& la raison d'icelle à la superficie conuexe dudit cylindre ; cognoistre le contenu solide d'iceluy.*

Faisant que comme le terme de la raison donnee correspondant à la base est à l'autre terme,ainsi ladite base soit à vn autre nombre,iceluy sera la superficie conuexe : tellement que la hauteur sera trouuee,comme dit est,au precedent prob. Ainsi la base d'vn cylindre estant 154,& la raison d'icelle à la superficie conuexe d'iceluy soit comme 7 à 10:pour trouuer la hauteur ie fais que comme 7 est à 10,ainsi la base donnee 154 soit à vn autre nombre,& viendra 220,qui sera la superficie conuexe du cylindre : En apres,ie trouue que la periphere du cercle de la base sera 44,par laquelle ie diuise la superficie trouuee 220,& vient 5 pour la hauteur du cylindre : & partant la base 154 estant multipliee par 5,viendront 770 pour le contenu en solidité du cylindre proposé.

5. *Estant cogneuë la superficie conuexe d'vn cylindre,& la raison d'icelle à la base ; cognoistre le contenu du cylindre.*

Faisant que comme le terme de la raison donnee homologue à la superficie est à l'autre terme,ainsi ladite superficie soit à vn autre nombre,viendra la base,de laquelle il faudra trouuer la periphere , comme dit est cy dessus : puis diuiser la superficie donnee par icelle periphere,& viendra la hauteur du cylindre,par laquelle estant multipliee la base, viendra le contenu solide du cylindre:Ce qui est si manifeste & aisé à pratiquer apres l'exemple du precedent prob. qu'il n'est besoin d'en mettre d'autre.

6. *Estant cogneu le contenu solide d'vn cylindre,& la raison du diametre de la base d'iceluy à sa hauteur ; cognoistre tant la base que la hauteur du cylindre.*

Soit vn cylindre le contenu solide duquel soit 924,& que le diametre du cercle de la base d'iceluy soit à sa hauteur comme 7 à 3 : pour trouuer la base & la hauteur du cylindre , ie cherche premierement quel est le contenu en solidité du cylindre , duquel le diametre de la base est 7,& sa hauteur 3 , & trouue que le contenu d'iceluy est 115½ : puis apres ie fais que comme iceluy contenu trouué 115½ est au contenu donné 924, ainsi 3 (terme de la raison donnee homologue à la hauteur) soit à vn autre nombre,& viennent 24 : Finalement ie cherche le premier de deux moyens proportionnaux entre ledit terme 3,& les 24 trouuez,& iceluy est 6 : autant est donc la hauteur du cylindre poposé,par laquelle estant diuisé le contenu donné,viennent 154 pour la base d'iceluy,tellement que son diametre sera 14.

COROLLAIRE I.

Les cylindres Rhomboïdes sont mesurez par vn mesme moyen.

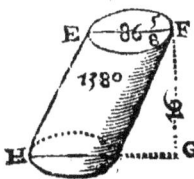

Comme soit le cylindre Rhomboïde EFH,duquel la base contienne 86 & 5 huitiesmes (à cause du diametre de 10 & demy) & la hauteur orthogonelle GF 14.Ie multiplie 86 & 5 huitiesmes par 14,le produit 1212 & 3 quarts *est le contenu cherché par les raisons deuant dites.*

De la mesure des Cones, Rhombes & Rhomboïdes.

CHAPITRE VI.

De tout cone la superficie de la base multipliee par le tiers de la hauteur orthogonelle,ou toute icelle hauteur par le tiers de la base,produit le contenu solide dudit cone.

COmme soit le cone ABC,duquel la base contienne 346 & demy (à cause du diametre qui est de 21) & la hauteur perpendiculaire AD soit de 15 & 3 septiesmes. Ie multiplie 346$\frac{1}{2}$ par 5 & vn septiesme, ou 15 & 3 septiesmes par 115 & 1 tiers,le produit 1782, est le contenu solide d'iceluy cone:parce que le cone est la tierce partie du cylindre qui a base & haulteur egale: *par la* 10. *du* 12.

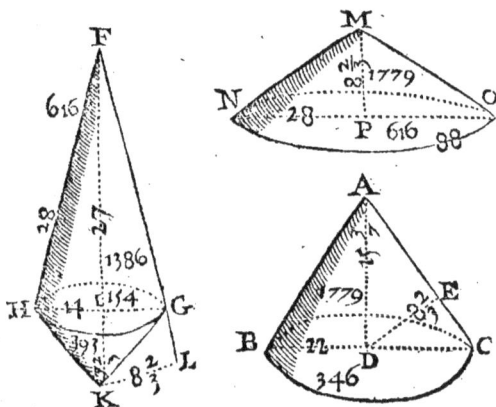

Et pour auoir le contenu de la superficie laterale,multiplie toute la circonference de la base 66 par la moytié du costé AC(c'est à dire par 9 & 1 tiers) ou tout le costé A C 18 & 2 tiers par la moytié de la circonference,& le produit 616,sera egal à la superficie cherchee: car il est euident que telle superficie n'est autre chose qu'vn secteur de cercle qui a son diametre egal à A C.

Ou autrement mesure le cercle,qui aura pour demi-diametre la moyenne proportionnelle entre AC & C D : car iceluy sera egal à la mesme superficie,ce qui se demonstre ainsi.DC multiplié par la moitié de la circonference de la base,produit le contenu d'icelle base: & aussi AC multiplié par la moytié de là mesme circonference,produit la superficie laterale du cone : veu donc que ces deux superficies ont vn mesme multipliant,elles sont l'vne à l'autre comme A C à C D, *par la* 1. *du* 6. Or la moyenne proportionnelle entre D C & C A (c'est à dire 14)décrit vn cercle,duquel la base a telle raison,que D C à C A (c'est à dire raison doublee des costez) *par les Corollaires de la* 19. *& 20.*

du 6,(car les cercles sont l'vn à l'autre comme les quarrez de leurs diametres (*par la 2. du 12.*)Il s'ensuit donc que tel cercle est egal à la superficie lateralle du cone donné *par la 9.du 5.* Il ne sera point inutile
ny des-agreable de donner encores vn autre exemple,pour le regard
de la mesure solide.   Soit le cone MNO,ayant le diametre de sa base 28 : icelle base contiendra 616,& sera egale à la superficie lateralle
du cone ABC,& posons que sa hauteur soit egale à la ligne DE du
premier cone,laquelle est tiree en angles droits du centre de la base
sur le costé AC. Ceste hauteur MP sera donc 8 & $\frac{70}{103}$. Ie dis que ce
cone est egal au premier ABC. Car comme la superficie lateralle 616
du cone ABC est à sa base 346 & demy,ainsi AC à CD (c'est à dire
AD à DE : car les triangles sont equiangles & proportionnaux) *par
la 4. du 6.* Les hauteurs doncques de ces deux cones ont à leurs bases
vne mutuelle proportion & reciproque (c'est à dire que comme la
base NO à la base BC,ainsi AD à MP) il s'ensuiura donc qu'ils seront
egaux,*par la 15. du 12. ou par la 16.du 6* : car de quatre grandeurs proportionnelles,ce qui est fait des extrémes est égal à ce qui est produit
des moyennes.Multiplie aussi 616 par 2 & $\frac{91}{103}$,il en viendra le mesme
nombre 1782.

Tout ainsi qu'és autres chap.nous auons dit quelque chose sur le sujet d'i-
ceux,aussi ferons-nous icy,inserant quelques problesmes concernant le cone
orthogonel.

1. *Estant cogneu le contenu d'vn cone,& la base d'iceluy ; trouuer tant sa hauteur,que
son costé.*

Il n'y a qu'à diuiser le contenu du cone par sa base,& le triple du quotient
sera la hauteur d'iceluy cone:en apres soit trouué le semi-diametre de la base,
comme il est enseigné au 5. prob. du chap. 9. du second liure,& le quarré d'i-
celuy semi-diametre estant joint au quarré de la hauteur trouuee,on aura le
quarré du costé du cone ; & partant iceluy costé sera cogneu. Ainsi vn cone
contenant en sa solidité 616,& en la superficie de sa base 154; pour trouuer la
hauteur d'iceluy,ie diuise le contenu 616 par la base 154,& viennent 4,dont
le triple 12,est la hauteur du cone proposé ; mais pour trouuer le costé d'iceluy,ie fais que comme 11 est à 14,ainsi la base 154 soit à vn autre nombre, &
viennent 196,dont la racine quarree 14 est pour le diametre de la base : tellement que le semi-diametre est 7,duquel le quarré 49 estant joint au quarré
de la hauteur 144,viennent 193,dont la racine quarree est le costé du cone
proposé ; iceluy costé est donc √193.

2. *Estant cogneu le contenu d'vn cone,& la hauteur d'iceluy ; cognoistre tant sa base que
sa superficie conuexe.*

Il faut diuiser le contenu du cone par le tiers de sa hauteur,& viendra au
quotient la base du cone,la periphere de laquelle soit trouuee par le susdit 5.

prob. & puis apres foit trouué le cofté du cone, comme il eft dit cy deffus, par la moytié duquel eftant multipliee la periphere de la bafe, viendra la fuperficie conuexe du cone. Ainfi le contenu d'vn cone eftant 616, & fa hauteur 12; pour trouuer fa bafe ie diuife le contenu 616 par la hauteur 12, & viennent 154 pour ladite bafe: & faifant que comme 7 eft à 88, ainfi la bafe trouuee 154 foit à vn autre nombre, viennent 1936, dont la racine quarree 44 eft la periphere de la bafe: mais faifant que comme 11 eft à 14, ainfi la mefme bafe 154 foit à vn autre nombre, viendroit le quarré du diametre, lequel diametre on aura plus promptement faifant que comme 22 eft à 7, ainfi la circonference trouuee 44, foit à vn autre nombre 14, qui fera le diametre: & partant le quarré du femi-diametre fera 49, qui adioufté à 144, quarré de la hauteur du cone, viennent 193, dont la racine quarree $\sqrt{193}$, eft le cofté du cone, qui multiplié par la moytié de la circonference trouuee, viendront $\sqrt{93412}$ pour la fuperficie conuexe du cone propofé.

3. *Eftant cogneuë la bafe d'vn cone, & fa fuperficie conuexe; cognoiftre le contenu du cone.*

Il faut premierement trouuer tant le diametre du cercle de la bafe que fa periphere: puis par la moytié d'icelle periphere, foit diuifee la fuperficie conuexe du cone, & viendra le cofté d'iceluy, du quarré duquel foit ofté celuy du femi-diametre de la bafe, & reftera le quarré de la hauteur du cone, par le tiers de laquelle hauteur eftant multipliee la bafe, viendra le contenu dudit cone. Parquoy la bafe d'vn cone eftant 254$\frac{4}{7}$, pour trouuer le contenu d'vn cone, ie trouue, comme dit eft cy deffus, que le diametre de la bafe fera 18, & fa periphere 56$\frac{4}{7}$, par la moitié de laquelle periphere 28$\frac{2}{7}$, ie diuife la fuperficie conuexe donnee 424$\frac{2}{7}$, & viennent 15 pour le cofté du cone, dont le quarré eft 225, duquel i'ofte 81 quarré du femi-diametre de la bafe, & reftent 144, dont la racine quarree 12, eft la hauteur du cone, par le tiers de laquelle hauteur ie multiplie la bafe donnee 254$\frac{4}{7}$, & viennent 918$\frac{2}{7}$ pour le contenu folide du cone propofé.

4. *Eftant cogneuë la bafe d'vn cone, & la raifon d'icelle à la fuperficie conuexe du cone; cognoiftre le contenu folide d'iceluy cone.*

Faifant que comme le terme de la raifon donnee homologue à la bafe eft à l'autre terme, ainfi ladite bafe foit à vn autre nombre, viendra la fuperficie laterale: tellement que nous aurons la bafe, & la fuperficie conuexe d'vn cone cogneus: & partant le contenu d'iceluy fera trouué, comme il eft dit au precedent probl. Ce qui eft fi manifefte, & facile à operer, qu'il n'eft befoin d'exemple, non plus que fi la fuperficie conuexe eftoit cogneuë, & la raifon d'icelle à la bafe.

5. *Eftant cogneu le contenu folide d'vn cone, & la raifon du diametre de la bafe à la hauteur d'iceluy; cognoiftre tant la bafe que la hauteur du cone.*

Soit vn cône le contenu duquel eft 616, & le diametre du cercle de la bafe d'iceluy foit à fa hauteur comme 7 à 6: pour trouuer tant la bafe que la hauteur du cone, ie cherche premierement le contenu folide du cone, dont le diametre du cercle de la bafe feroit 7, & fa hauteur 6, & trouue que le contenu d'iceluy cone feroit 77: Secondement ie fais que comme iceluy nombre trouué 77 eft au donné 616, ainfi 6 (terme de la raifon donnee homologue à la hauteur) foit à vn autre nombre, lequel eft 48 : En apres ie cherche le premier de deux moyens proportionnaux entre ledit terme 6, & ledit nombre trouué 48, & trouue qu'iceluy eft 12 : autant eft donc la hauteur du cone, par le tiers de laquelle ie diuife le contenu donné, & viennent 154 pour la bafe du cone propofé, & partant fon diametre fera 14.

6. *Eftant cogneuë la bafe d'vn cone & la raifon du diametre de la bafe d'iceluy à fa hauteur; cognoiftre le contenu du cone.*

Veu que le cofté d'vn cone eft l'hypotenufe d'vn triangle rectangle, duquel vn des coftez de l'angle droit eft la hauteur du cone, & l'autre cofté la moytié du diametre du cercle de la bafe dudit cone, nous pourrions inferer icy beaucoup de prob. fur ce fujet des cones : mais d'autant que ceux qui entendront bien ce que nous auons dit jufques icy, les pourront faire d'eux-mefmes, & refoudre à l'ayde des prob. que nous auons inferé à la fin du ch. 2. du fecond liure, nous les delaiffons, nous contentant de celuy-cy, qui fe refoud par le moyen du 16. prob. dudit chap. 2. Soit donc vn cone duquel le cofté eft 15, & la raifon du diametre du cercle de la bafe d'iceluy à fa hauteur foit comme 3 à 2 : & il faut trouuer le contenu d'iceluy cone. Il eft manifefte que le femi-diametre de la bafe fera à la hauteur, comme 3 à 4 : les quarrez d'iceux termes font 9 & 16, mais leur aggregé 25, & le quarré du cofté du cone eft 225 : Faifant donc que comme ledit aggregé 25 eft au quarré du cofté 225, ainfi le quarré du terme homologue au femi-diametre 9 foit à vn autre, viendra 81 pour le quarré dudit femi-diametre, qui partant eft 9 ; & par confequent la hauteur fera 12 : & procedant comme deffus, le contenu folide du cone fera trouué de 918⅘.

COROLLAIRE I.

De là s'enfuit que le tiers de la fuperficie laterale d'vn cone multiplié par la ligne qui tombe perpendiculairement du centre de la bafe fur le cofté du mefme cone produira le contenu folide d'iceluy.

Cecy mefme fe peut demonftrer par les pyramides de plufieurs coftez, lefquelles fe pourront reduire en plufieurs pyramides trilateres, & qui auront vne chacune leur fommet & cime au point D : & lors les pyramides inferites au cone fe trouueront moindres que le cone, & les circonferites plus grandes.

COROLLAIRE II.

Auffi eft euident que la bafe d'vn Rhombe multipliée par le tiers de la hauteur des cones defquels il eft compofé, ou toute icelle hauteur par le tiers de la bafe, produira le contenu dudit Rhombe.

Comme foit le Rhombe E G H K duquel la bafe G H contienne

154, à cauſe du diametre de 14, & le coſté FG 28 : la perpendiculaire FI pourra êſtre de 27, laquelle multipliée par le tiers de la baſe, ou toute la baſe par le tiers de la hauteur FI, produira 1386, pour le contenu ſolide du cone FGH.

Apres poſons la perpendiculaire IK de 7 & 2 tiers : le tiers donc de la baſe multiplié par 7 & $\frac{5}{7}$ ou le tiers de 7 & $\frac{5}{7}$ par toute la baſe, produira 396 pour le contenu de l'autre cone GHK : les deux joints enſemble feront 1782, pour tout le contenu ſolide du Rhombe propoſé.

COROLLAIRE III.

D'où s'enſuiura auſſi que le Rhombe eſt egal au cone, qui aura baſe & hauteur egale.

COROLLAIRE IV.

Le Rhombe auſſi eſt egal au cone duquel la baſe eſt egale à la ſuperficie laterale de l'vn des cones du Rhombe, & la hauteur egale à la ligne qui tombe perpendiculairement du ſommet de l'autre cone ſur le coſté de l'oppoſé.

Soit meſurée la ſuperficie laterale de FGH (comme il a eſté monſtré) icelle contiendra 616, & ſera egale à la baſe du cone MNO. Apres ſoit la ligne KL (procedant du ſômet de l'autre cone oppoſé, & tombant en angles droiɫs ſur le coſté prolongé FGL) egale à la hauteur MP : il eſt euident que la baſe NO à meſme raiſon a la baſe HG, que FG à GI (c'eſt à dire FK à KL) d'autant que les triangles FGI & FKL ſont equiangles & proportionnaux *par la 4. du 6*. Or nous auions mis MP egale à KL : il s'enſuit donc que le cone MNO eſt egal *par la meſme 15. du 12*, au cone qui aura baſe & hauteur egale au Rhombe, c'eſt à dire au Rhombe meſme FGHK.

COROLLAIRE V.

Il s'enſuit que le tiers de la ſuperficie de l'vn des cones d'vn Rhombe multipliée par la ligne qui tombe du ſommet de l'autre cone perpendiculairement ſur le coſté du premier cone, produira le contenu ſolide du Rhombe.

Car les pyramides trilateres Rhomboïdes inſcrites au Rhombe deſquelles le ſommet ſoit au poinɫ K, ſeront moindres que le Rhombe, & les circonſcrites plus grandes, cela eſt euident.

COROL-

COROLLAIRE VI.

Par vn mesme moyen sont mesurez les cones imparfaits & recinde̅z par vn plan parallele à la base.

Comme soit le cone imparfait ADKH, ayant le diametre de l'vne de ses bases H K de 14, & le diametre de l'autre A D de 7, & le costé AH aussi de 7 : il conuient considerer tout le cone parfait en ceste sorte : comme F H est à G A, ainsi toute la ligne F E à E G (c'est à dire H E à E A) *par la 4. du 6.* Or H F est double à GA, il s'ensuit donc que H E est double à E A, & F E double à E G. Ainsi E A sera de 7, & la perpendiculaire E F enuiron 12. Si donc on mesure tout le cone parfait, *par les regles de ce chapitre*, il pourra contenir 616 : desquels faut leuer le petit cone adjousté E D A, qui contiendra 77, ainsi restera 539 pour le contenu solide du cone imparfait A D K H.

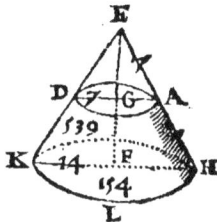

COROLLAIRE VII.

De là est manifeste qu'ayant osté vn Rhombe de quelque cone, le residu pourra facilement estre mesuré.

Comme soit le cone M N Q, ayant chacun costé de 14, & le diametre de la base N Q aussi 14 : l'autre diametre V X de 7 : il est euident *par le Corollaire precedent*, que M Z sera egale à Z S, & pourra estre 6. Le cone donc M V X contiendra 77, & le Rhombe M V S X 154 : Lesquels soustraits de tout le cone M N Q (qui contient 616) restera 462 pour le cōtenu solide du residu N V S X Q.

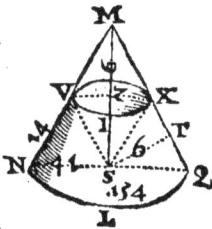

COROLLAIRE VIII.

Il s'ensuit aussi que ce residu est egal au cone qui a base egale à la superficie laterale dudit residu, & sa hauteur egale à la ligne tiree perpendiculairement du centre de la base au costé du mesme residu.

Car les pyramides quadrilateres inscrites en ce residu, desquelles le sommet & cime soit en S, seront ensemble moindres que ledit re-

fidu,& les circonfcrites plusgrandes. Ou autrement foient expofez
trois cones ayans mefme hauteur,fçauoir. S T perpendiculaire fur
X Q, defquels le premier ait fa bafe egale à la fuperficie laterale du
petit cone M V X : le fecond ait auffi la bafe egale à la fuperficie laterale du refidu de queftion : & le troifiefme ait fa bafe egale à la
fuperficie laterale du cone M N Q, c'eft à dire aux bafes des deux autres. Il reftera manifefte que ce troifiefme eftant egal à tout le cone
parfait M N Q *par les demonftrations precedentes*, fera auffi egal au
premier & fecond enfemble : d'où s'enfuiura que fi de ce troifiefme
on ofte le premier qui eft egal au Rhombe M V S X, le fecond fera
egal au refidu N V S X Q.

　　Mais pour mefurer la fuperficie du cone imparfait V X Q N (hors
les deux bafes) il conuient multiplier la ligne X Q par la compofee
de la moitié de la circonference de l'vne des bafes N Q, & de la moitié de l'autre circonference V X : & le produit fera egal à la fuperficie cherchee. Car elle fe mefure comme vn trapeze : *ainfi qu'on peut*
colliger de la mefure du cercle & de fes parties. Ou autrement mefure
le cercle qui aura pour demi-diametre la moyenne proportionnelle
entre X Q, & la ligne compofee des deux demi-diametres : Car iceluy fera egal à la mefme fuperficie cherchee : la raifon eft que M X
multipliant les deux lignes X I V & X Z feparément, les deux produits auront telle raifon l'vn à l'autre que la circonference au diametre *par la 17. du 7.* Auffi X Q multiplié par deux lignes (fçauoir par la
compofee de X I V & Q L N, & par l'autre compofee de X Z & Q S,
les produits auront la mefme raifon que la circonference au diametre *par la 18. du 5.* Or la moyenne entre M X & X I V, eft le cofté du
quarré egal à la fuperficie laterale du petit cone M X V : *par la der-*
niere du 2. la moyenne entre M X & X Z, eft le demi-diametre d'vn
cercle egal à la mefme fuperficie, *comme il a efté monftré.* Il s'enfuit
donc (là moyenne entre X Q & la compofee de X I V & Q L N,
eftant le cofté d'vn quarré egal à la fuperficie laterale du cone imparfait ou du refidu V S Q) que la moyenne entre X Q & la compofee
des deux diametres X Z & Q S, fera le demi-diametre d'vn cercle
egal à cefte mefme fuperficie du cone imparfait V X Q N.

COROLLAIRE IX.

　　Si d'vn Rhombe on fouftrait vn autre Rhombe, le contenu du refidu fe-
ra facilement cogneu.

Comme si le Rhombe B C D E, qui a 14 de chacun costé, & le diametre de la base commune C D aussi de 14, contient 1232 : & d'iceluy on leue l'autre Rhombe B G H E, qui a le diametre de la base commune G H de 7, & qui contient 308 : il restera 924 pour le residu. G C E D H.

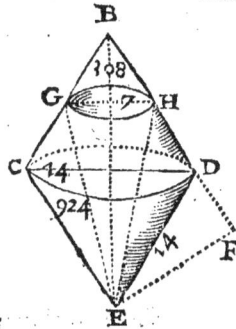

COROLLAIRE X.

Dont s'ensuiura que ce residu est egal au cone qui aura la base egale à la superficie laterale du cone imparfait entre les deux bases, & sa hauteur egale à la ligne tirée du sommet du residu en angles droits sur le costé du mesme cone imparfait.

Car les pyramides quadrilateres Rhomboïdes inscrites en ce residu, desquelles le sommet sera en E, seront moindres que ledit residu, & les circonscrites plus grandes. Ou autrement soient presentez trois cones de mesme hauteur, sçauoir de E F, & que la base du premier soit egale à la superficie laterale de B G H : la base du second soit egale à la superficie laterale entre G H & C D : & la base du troisiesme egale à la superficie du cone BCD (c'est à dire aux bases des deux autres.) Il est manifeste que ce troisiesme sera egal au Rhombe B C D E, *comme il a esté monstré* : mais le premier a aussi esté monstré egal au Rhombe B G H E. Si donc on le soustrait du troisiesme, il restera le second estre egal au residu du Rhombe de question : d'autant que ce troisiesme est egal aux deux premiers.

COROLLAIRE XI.

Le contenu solide des cones Rhomboïdes est mesuré de mesme que le contenu des cones equicrures.

Comme soit le cone Rhomboïde K L M ayant la base 38 & demy (à cause du diametre qui est de 7) & sa hauteur perpendiculaire K N de 12. Il faut multiplier 38 & demy par 4, ou 12 & 5 sixiesmes par 12, & le produit 154 sera egal au cone Rhomboïde donné : la raison est que ce cone Rhomboïde est egal au cone equicrure qui a base & hauteur egale *par la 11. du 12.*

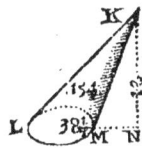

Et pour trouuer la perpendiculaire quand elle tombe hors la ba-
regarde le Corollaire troisiéme du chapitre troisiéme du second liure: car le plus long costé K L, & le plus petit K M, auec le diametre
de la base L M, font vn triangle ambligone, duquel il est facile *par le*
mesme Corollaire de trouuer la perpendiculaire K N.

<h3 style="text-align:center">COROLLAIRE XII.</h3>

Tous solides rectangles, pyramides, cylindres, & cones peuuent estre re-
duits en cube.

D'autant que tout solide rectangle qui a base egale à vne pyramide, & sa hauteur egale à la tierce partie de la hauteur d'icelle, est egal
à icelle mesme pyramide. Il sera necessaire pour seruir aux demonstrations suiuantes, de monstrer par quel moyen tels corps rectāgles
font reduits en cube. Soit donc la plus petite face du solide rectangle
mise en quarré comme IO : apres cherche deux moyennes cõtinuel-
lement proportionnelles entre G I & IN, car la seconde proportionnelle sera le costé d'vn cube egal au solide G N O : d'autant que le
cube de I N a au cube de la seconde moyenne la raison triplee du costé du second cube, *comme on peut colliger par la* 33. & 34. *du* 11. Mais
pour obtenir deux lignes moyennes proportionnelles entre deux
autres lignes, nous n'auons rien de plus exacte que l'inuention de
Hieron & Appollonius, laquelle nous demonstrerons presentement.

Soit donc le mesme solide rectangle G I N O: entre les costez desquels sçauoir G I & I N faut trouuer deux moyennes continuellement proportionnelles. Il conuient tirer la ligne I N iusques à K &
I G iusques à F, en sorte que du centre du parallelogramme G N (sçauoir de E) les lignes E K & E F soient egales, & de telle sorte encor
que la ligne droite tiree de K à F, passe par le poinct H, alors nous ob-

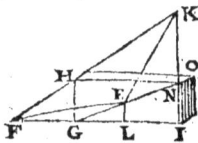

tenons la chose desiree: car soit tiree la perpendiculaire E L, icelle coupera I G en deux egalement: le rectangle donc fait de I F, F G auec le
quarré de G L sera egal au quarré de L F: *par la*
6. du 2, adjoustant le quarré commun E L, le rectangle compris sous I F, FG, auec les deux quarrez de GF, L E sera
egal aux quarrez de F L & L E: c'est à dire au quarré de F E, *par la* 47.
du 1.

Tellement que le rectangle sous I F, F G auec le quarré de G E, se-

ra egal au quarré de FE. Semblablement & par les mesmes raisons
(IN estant diuisee en deux egalement)sera monstré que le rectangle
sous IK,KN,auec le quarré EN,sera egal au quarré de EK (qui est
egale à EF:) Ostant donc les quarrez de GE,EN (qui sont egaux)
le rectangle compris sous IF,FG sera egal au rectangle de IK,KN.
Dont s'ensuit *par la 16.du 6.* que comme FL à IK,ainsi IK à KN &
KN à FG. Or comme FI à IK,ainsi HN à NK *par la 2.du 6*,& FG à
GH. Voila donc entre HN & HG deux moyennes continuellement
proportionnelles,sçauoir KN & GF: tellement que nous pourrons
conclurre *par les choses ainsi demonstrees*, que le cube duquel le costé sera le second proportionnel(sçauoir GF)sera egal au solide GO.
Quant aux cylindres & cones, ils peuuent estre reduits de mesme en
rectangles solides,puis en cube; & de cecy plusieurs personnes en
ont traitté,mais auec les mesmes demonstrations.

Voila donc le moyen d'adjouster à tout cube,pyra-
mide,cylindre ou cone, telle portion qu'on voudra
sans changer la forme : Car le cube de la seconde
moyenne deuenant plus grand, augmentera aussi son
costé,& sera facile d'adjouster aux autres trois lignes
selon la mesme proportion,sçauoir en les disposant paralleles,& que
leurs extremitez soient sous deux lignes droites,comme on void en
ceste figure ABC:Car lors adjoustât à la seconde,& tirant du poinct
A vne autre ligne droite AD,elle adjoustera aux autres la mesme
proportion *par la 4.du 6.* Et lors la plus grande sera le costé de la
base du corps augmenté, en la mesme raison qu'au premier, *cecy est
euident.*

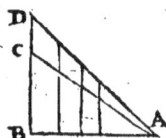

COROLLAIRE XIII.

*De là s'ensuit que toutes pyramides & cones peuuent estre diuisez par
plans paralleles à la base selon la proportion donnee.*

Soit la pyramide HKI à diuiser en deux egalement: & soit fait
vn cube de hauteur egale à la pyramide, comme MI: & soit fait encores vn autre cube ML,qui soit au premier comme la proportion
donnee,ie dis que diuisant le costé de la pyramide par LP parallele à
la base de la pyramide passant par la section coupera ladite pyramide
selon la proportion donnee.

Car la pyramide trilatere MIN (de laquelle la base est vn triangle
rectangle Isoscelle) ayant l'angle droict au poinct I, est la sixiesme

Aa iij

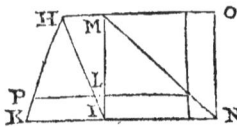

o partie du cube M I N O *par les Corollaires de la*
7. du 12. & est diuisé selon la proportion donnee. Il s'ensuiura aussi que la pyramide H K I,
ayant telle base qu'on voudra, receura aussi la
mesme proportion en ses parties, icelle estant
la sixiéme partie d'vn solide parallelipipede, de mesme hauteur &
largeur, *par les mesmes Corollaires de la 7. du 12.*

La raison des cones est semblable à celle des pyramides, comme il a esté
monstré.

De la mesure de la Sphere.

CHAPITRE VII.

TOut ainsi que le cercle est l'enclos de toutes les figures plaines regulieres, & comme ce qu'elle comprend peut estre mesuré, aussi
tombe-elle sous la mesure, tant pour le regard de sa superficie que
de son contenu solide. Mais pour venir à ce contenu solide, il conuient mesurer premierement la superficie, pour les raisons qui seront cy apres monstrees.

Or la superficie de la Sphere contient quatre fois autant que le plus
grand cercle d'icelle.

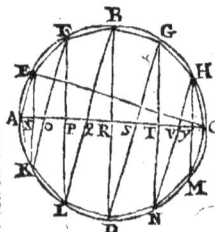

Cecy se preuue ainsi. Soit le plus grand cercle
de la sphere à mesurer A B C D, dans lequel soit
inscrite vne figure reguliere de plusieurs costez
& angles, comme A E F B G H C M N D L K,
le diametre du cercle soit AC : soient aussi tirees
les lignes E K, F L, B D, G N, H M, lesquelles auront telle raison au diametre A C que la ligne
droite de C au premier angle E (sçauoir C E) au
costé E A : car E X a telle raison à X A que K X à X O, *par la 29. du 1,*
& par la 21. du 3. Et ainsi des autres suiuantes : comme F P à P O, ainsi
L P à P Q : B R à R Q : D R à R S : G T à T S : N T à T V : H Y à Y V :
M Y à Y C. Tellement que les toutes conjointes, ont vne mesme
raison à toutes les autres conjointes, (c'est à dire au diametre A C)
comme E X à X A, *par la 18. du 5.* Or comme E X à X A, ainsi C E
à E A, d'autant que le triangle E X A est equiangle au triangle C E A,
par la 8. du 6.

Or si nous presuppofons en la fphere vne figure folide d'autant
d'angles, & compofee de plufieurs cones imparfaits, comme EFLK,
FBDL, BGND, GH M N, & de deux cones entiers comme E A K &
H C M, il fera euident que la fuperficie du cone E A K eſt egale au
cercle qui a pour demi-diametre la moyenne proportionnelle entre
A E & E X : la fuperficie du cone imparfait E L eſt auſſi egale au
cercle duquel le demi-diametre eſt la moyenne proportionnelle entre la ligne E F (c'eſt à dire E A) & la compofee de P L, X E. Le cercle duquel le demi-diametre fera moyen proportionnel entre F B
(c'eſt à dire A E) & la compofee de P L, B R, eſt egal à la fuperficie du
cone imparfait F D. Le cercle auſſi duquel le demi-diametre eſt
moyen proportionnel entre B G (c'eſt à dire E A) & la compofee de
R D, GT, eſt egal à la fuperficie du cone imparfait BN. Le cercle auſſi
qui a fon demi-diametre moyen proportionnel entre G H (c'eſt à dire A E) & la compofee de T N, H Y, eſt egal à la fuperficie du cone
imparfait G M : finalement le cercle duquel le demi-diametre eſt
moyen entre YM & HC (c'eſt à dire E A) eſt egal à la fuperficie du
cone H C M. Toutes ces chofes ont eſté cy deuant amplement demonſtrees. Il eſt donc euident que le cercle duquel le demi-diametre fera moyen porportionnel, entre le coſté E A & la ligne compofee de E K, F L, B D, G N, H M, fera egal à la fuperficie de telle figure folide infcrite en la fphere, comme dit eſt : lequel cercle fera
auſſi moindre que quadruple au plus grand cercle de la fphere, ainſi
qu'il fera prefentement monſtré. Soit donc le demi-diametre de ce
cercle qui eſt egal à la fuperficie de la figure infcrite λε. Il a eſté mon-

ſtré que la ligne compofee predite, eſt à la ligne A C, comme C E à
E A : icelles quatre lignes font donc proportionnelles : tellement que
par la 16. du 6, ce qui eſt fait de la compofee par E A, eſt egal à ce qui
prouient de AC par EC : doncques la moyenne proportionnelle λε
fera auſſi moyenne proportionnelle entre A C & E C (car il n'y a
qu'vn produit *par la 1. commune fentence* d'Euclide.) Mais d'autant
que A C eſt plus grand que E C *par la 15. du 3*, il s'enfuiura auſſi que
la mefme AC fera plus grande que la moyenne proportionnelle λε,
& par confequent le cercle décrit fur le demi-diametre λε moindre
que le cercle duquel le demi-diametre fera A C (qui eſt quadruple
au plus grand cercle de la fphere A B C D) *par la 2. du 12.*

Pareillement fera monſtré que la fuperficie de femblable figure solide circonscrite à l'entour de la sphere, sera plus grande que quadruple au plus grand cercle d'icelle sphere. Soit donc icelle figure circonscrite E K F G H : il est euident *par les raisons deuant dites* que la ligne composee de I K, M N, E G, O P, Q R, a telle raison au diametre F H, que la ligne H K à K F : la superficie donc de la figure circonscrite est egale au produit de la composee par K F (c'est à dire de F H par H K) *par les raisons premises* : la moyenne donc entre F H & H K est plus grãde que H K,

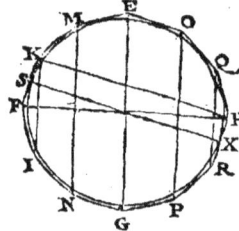

laquelle H K est egale au diametre de la sphere S X, *par la 2. du 6*. Il s'enfuit donc que le cercle duquel le demi-diametre sera egal à la moyenne, sera plus grand que le cercle qui aura son demi-diametre egal au diametre de la sphere, lequel est quadruple au plus grand d'icelle. Veu donc qu'on ne peut inscrire ny circonscrire en la sphere aucune figure solide de laquelle la superficie n'ait plus petite, ou plus grande raison à la superficie d'icelle sphere, que le cercle quadruple au plus grand cercle d'icelle, à la superficie d'icelle mesme sphere : nous conclurrons icelle superficie spherique estre iustement egale au cercle quadruple au plus grand cercle de la sphere. Si donc le diametre de la sphere est 14, la circonference sera 44, & le contenu de ce plus grand cercle 154 : lequel multiplié par 4 produira 616, pour tout le contenu de la superficie de la sphere.

COROLLAIRE I.

Si vne sphere est couppee par vn plan, les superficies conuexes des sections sont l'vne à l'autre comme les parties du diametre (couppé par le mesme plan) sont l'vne à l'autre en longitude.

Soit donc la sphere couppée par A H G, & soit dans l'vne des sections inscrite vne figure solide de plusieurs angles & costez egaux comme A B C D E F G, & soient aussi tirees les lignes C E, B F. Il est euident *par les demonstrations precedentes* que telle raison que la ligne composee de C E, B F, A G, a en la ligne D H, telle aussi a la ligne I C à C D. De ces quatre proportionnelles donc ce qui est faict de la composee par C D, est egal à ce qui est fait de I C par D H, *par la 16. du 6*. Or le cercle qui a son demidiametre egal à la moyenne entre la composée & C D, (c'est à dire entre I C & D H) est egal à la superficie

de

de la figure solide inscrite en la portion de la
Sphere, *par les raisons prealeguées*. Mais tel cercle est moindre que celuy qui a pour demidiametre DA (car icelle DA est moyéne entre DI
& DH) *par la 8. du 6*: lesquelles sont plus grã-
des que IC & HD *par la 15. du 3.* Semblablement si on circonscrit à l'entour de la mesme
section de Sphere vne figure solide semblable,
d'autant d'angles & costez comme OKL, &c. la superficie d'icelle
sera egale au cercle qui aura pour diametre la moyenne entre le costé KL & la ligne composée de toutes les lignes qui conjoindront
les angles (comme il a esté monstré cy deuant). Icelle moyenne sera
aussi moyenne entre XK & LH (qui sont plus longues que IC &
DH) & par consequent plus grandes que AD (qui est la moyenne
proportionnelle entre DI & DH). Veu donc que la superficie de
toute figure solide inscrite en la section de la sphere, est egale à vn
cercle, duquel le demi-diametre est moindre que DA: & que la superficie de toute figure circonscrite à l'entour de la mesme section,
est egale au cercle, duquel le demi-diametre est plus grand que la
mesme DA: nous conclurrons qu'icelle DA est le demidiametre
d'vn cercle egal à la superficie conuexe de la section ACDFG.

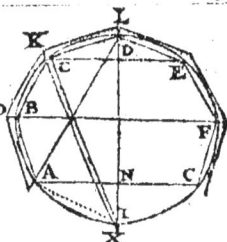

Nous pourrons aussi par les mesmes raisons & demonstrations
prouuer que IA est le demi-diametre d'vn cercle egal à la superficie
conuexe de l'autre section AIG.

Posons donc DI de 14, & DH de 10 & demy: telle raison qu'a
DH à HA, telle obtient aussi AH à HI: *par la 4. & 8. du 6.* Or AD
est à IA, comme AH à HI, *par la mesme*. Mais *par le Corollaire des 19.
& 20. du 6.* comme DH est à HI en longitude, ainsi AH à HI par
puissance (c'est à dire AD à IA aussi par puissance, car les lignes sont
monstrees proportionnelles) dont s'ensuit, que comme DH est à HI
en longitude, ainsi est la superficie conuexe de la grande section
ABDG, à la superficie conuexe de la petite section AIG. Or DH
est posé contenir trois fois autant que HI: la superficie conuexe de
la grande section contiendra donc trois fois autant que la superficie
conuexe de la petite: mais d'autant que la superficie des deux contient 616, la grande sera de 462, & la petite de 154. Ainsi seront facilement mesurees les superficies conuexes de toutes sections: car telle
raison qu'aura la plus grande partie du diametre (couppé par le plan)

à la plus petite en longitude : telle & femblable aura par puiffance la fuperficie conuexe de la plus grande fection à la fuperficie conuexe de la plus petite. Cecy eft par nous traitté plus amplement en la defcription du planifphere.

COROLLAIRE II.

Des chofes cy deuant demonftrees, il s'enfuiura que la fuperficie cōuexe de toute fection de fphere fera egale au cercle, duquel le demi-diametre eft egal à la ligne qui eft tiree du fommet de la fection à la circonference du cercle qui fepare icelle fection du refte de la fphere.

COROLLAIRE III.

Il eft auffi tres-euident, que toute figure plane peut eftre auec quelque facilité fouscrite à la fuperficie de la fphere, rapportant les angles plans aux fpheriques : & conuerfement.

Comme fi fur la fphere nous defirons décrire la figure plane A B C D. Il faudra tracer l'arc G E, en forte que fa corde foit egale à B A, & l'arc G H, qui ait fa corde egale à B D : femblablement l'arc G F, qui ait fa ligne droite egale à B C : & le tout en forte que l'angle fpherique E G H, foit egal à l'angle plan A B D, & ainfi confequemment tous les autres angles qui feront en G, foient egaux aux angles plans qui font en B : & alors fermant la figure aux extremitez des lignes, on obtiendra finalement vne fuperficie egale à la fuperficie donnee, & femblablement defcrite felon le fujet.

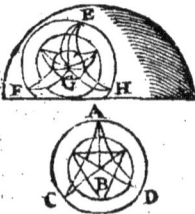

Que fi la figure EFHG, eft plus grande que l'autre : il eft certain que dans icelle fe pourra tracer vne figure de plufieurs pieces de cercle, laquelle fera encores plus grande que A C B D : *par la commune fentence premife.* Ce qui eft abfurde, d'autant que telle figure feroit egale à vne autre figure de plufieurs pieces de cercle infcrite en A C D, *par les precedentes* : & la circonfcrite à EFH, feroit auffi egale à la circonfcrite à l'entour de A C D : il faut donc par neceffité que E F H foit egale à A C D.

Or des circonferences & circuits de telle figure fufcrites à la fuperficie de fphere, on n'en peut donner aucun precepte : mais on ap•

prochera d'autant plus pres de la verité, diuifant la figure plane en plufieurs angles, au poinct B : car la multitude d'iceux reduits fur la fphere, rendront la figure plus precife, *comme il eft par nous plus amplement demonftré au traitté de la mappemonde & planifphere.*

Seconde partie de ce chapitre.

Le contenu folide de la fphere eft quadruple au cone, qui a pour bafe le plus grand cercle de la fphere, & fa hauteur egale au demi-diametre d'icelle.

Faut donc premieremēt demonftrer, que quelconque figure folide compofee de deux cones & cones imparfaicts (comme la deuant dite) infcrite en la fphere, eft egale au cone, duquel la bafe eft egale à la fuperficie d'icelle figure, & la hauteur egale à la ligne tirée perpendiculairement du centre de la figure à l'vn de fes coftez. Soit donc entenduë icelle figure infcrite comme eft la prefente : & foient décrits les cones fur les cercles N F, M G, L H, K I, ayans leurs fommets au centre X. Il a efté monftré au chap. precedent que le cone duquel la bafe eft egale à la fuperficie du cone N A F, & la hauteur à la ligne tirée de l'extremité X en angles droits fur N A, eft egal au Rhombe N A F X. Semblablement que le cone (duquel la bafe eft egale à la fuperficie d'entre les cercles N F, M G, & la hauteur à la ligne tirée de X en angles droits fur M N (ou fur N A) eft egal au refidu compris entre les fuperficies laterales du cone N X F (par dedans) & du cone M X G (par dehors). Auffi que le cone duquel la bafe eft egale à la fuperficie laterale entre les cercles M G & D B, & la hauteur à la ligne tirée de X en angles droits fur D M (ou N A) eft egal au refidu qui eft entre le plus grand cercle D B, & la fuperficie laterale du cone M X G, qui a le fommet en X. Et ainfi a efté & peut eftre demonftré de l'autre hemifphere. Veu doncques que la fuperficie des bafes de ces cones, eft egale à la fuperficie exterieure de telle figure folide infcrite, & la hauteur egale en tous : il s'enfuira, qu'vn feul donc duquel la bafe fera egale à toutes les bafes des autres enfemble, & la hauteur de mefme (c'eft à dire la ligne procedant de X, & tombant perpendiculairement fur N A) fera egal à la figure folide, *comme on peut colliger par la 11. du 12.*

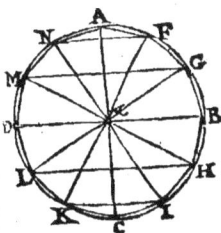

Or la fuperficie de ceste figure infcrite a esté monstree moindre que quadruple au plus grand cercle de la fphere: & la ligne perpendiculaire de X fur N A moindre auffi que le demi-diametre X A. Il s'enfuit donc que ce cone fera auffi moindre que quadruple au cone qui aura pour bafe vn grand cercle & fa hauteur le demidiametre de la fphere.

Semblablement a esté demonstré que la fuperficie d'vne femblable figure circonfcrite à l'entour de la fphere, est plus grande que quadruple au plus grand cercle d'icelle fphere: il s'enfuit donc que le cone, duquel la bafe fera egale à la fuperficie d'icelle circonfcrite, & la hauteur egale à la ligne tiree perpendiculairement fur l'vn des coftez (c'est à dire au demi-diametre de la fphere) fera plus que quadruple à la fphere. Veu donc qu'on ne peut circonfcrire, qui ne foit plus que quadruple au cone qui aura vn grand cercle comme A B C D pour bafe, & fa hauteur X A: nous conclurrons, que ce cone fera egal à la quatriefme partie de la fphere: & fera icelle fphere quadruple au mefme cone; ce qu'il falloit demonstrer.

Si donc le plus grand cercle de la fphere a pour diametre 14, fa circonference fera 44, & fon contenu 154, qui feront pour la bafe du cone qui aura 7 de hauteur: iceux 154 multipliez par le tiers de 7, ou 7 par le tiers de 154, produiront 359, & vn tiers, pour le contenu folide du cone qui fera egal à la quatriéme partie de la fphere. Ce nombre multiplié par 4 produira 1437 & vn tiers pour le contenu vniuerfel de la fphere propofee.

Corollaire I. de la feconde partie de ce chapitre.

Tout fecteur de fphere est egal au cone, duquel la bafe est egale à la fuperficie conuexe d'iceluy fecteur, & fa hauteur au diametre d'icelle fphere.

Car le fecteur M A G X (de la figure folide infcrite en la fphere) est egal au cone, duquel la bafe est egale à la fuperficie exterieure d'iceluy fecteur, & fa hauteur egale à la ligne perpendiculaire de X à l'vn des coftez: l'autre plus grand M C G, est auffi egal au cone, duquel la bafe est egale à la fuperficie exterieure d'iceluy fecteur, & fa hauteur auffi egale à la ligne tiree en angles droits du centre X fur l'vn des coftez, *comme on a peu entendre par le difcours cy deuant.* Or la fuperficie de tels fecteurs est moindre que celle des fecteurs de la fphere: & la fuperficie des fecteurs d'vne figure circonfcrite, est plus grande que la superficie de la mesme sphere : il s'ensuit donc (*par les regles deuant dites*) que la proposition de ce Corollaire est veritable, sçauoir que *Tout secteur de sphere est egal au cone duquel, &c.*

Comme pour exemple, soit le secteur à mesurer A B C E, duquel les lignes droites A B, B C, C E, & E A, soient chacune de 7 pieds, la ligne droite A C pourra estre de 12 & 1 huitiesme. Il a esté mõstré que A B est le demi-diametre d'vn cercle egal à la superficie cambre de la section de la sphere A B C : ce cercle contiendra donc 154 : le tiers desquels multiplié par B E (c'est à dire par 7) sera produit 359 & 1 tiers pour le contenu du secteur de sphere A B C E.

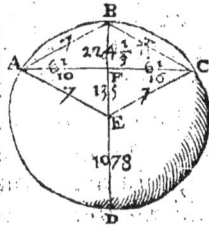

Que si on souftrait 359 & 1 tiers de tout le contenu de la sphere 1437 & 1 tiers, restera 1078, pour l'autre contenu de l'autre plus grand secteur A D C E : auquel, si on adjouste le cone A C E (qui a pour base le cercle couppant les sections, & duquel le diametre est A C) on obtiendra le contenu de la section A D C A.

Soit donc le diametre de la base de ce cone 12 & 1 huitiesme, *comme il a esté posé* : la circonference sera vn peu plus de 38 : le contenu enuiron 116 : lequel contenu multiplié par le tiers de F E c'est à dire par 1 & 1 sixiesme) ou F E par le tiers de 116, qui est 38 & 2 tiers, produira 135, pour le contenu solide du cone A E C, iceux 135 adioustez à 1078, sera fait le nombre 1213, egal à la plus grande section A D C : finalement le mesme nombre 135 leué de 359 & 1 tiers restera 224 & 1 tiers, egal au contenu solide de la plus petite section A B C A.

COROLLAIRE II.

Il est donc manifeste par les choses cy deuant demonstrees, que le cylindre qui a vn grand cercle de la sphere pour base, & sa hauteur egale au diametre de la sphere est sesquialtere à icelle sphere : Et la superficie aussi (y compris les deux bases) est sesquialtere à la superficie de la mesme sphere.

COROLLAIRE III.

La sphere aussi sera auec quelque facilité, diuisee par sections, qui auront l'vne à l'autre telle proportion qu'on voudra.

Comme en la fphere A D C B foit la proportion donnée le grand fecteur F D H K, & le petit F B H K, auquel petit faut faire vne fection egale. Il a efté monftré, que le cone qui aura pour bafe le cercle defcrit fur la ligne droite B F, eftre egal au fecteur F H K. Soit donc faite vne autre ligne droite B A, & de telle longueur, que ce dequoy le cercle defcrit fur icelle excedera le cercle de B F, foit au cercle de la perpendiculaire A G, comme A K eft à K G en longueur: lors ie dis que la fection A I B fera egale au fecteur F H K: d'autant que tel excés, multiplié par le tiers de A K, produit le contenu du folide A K F, qui a efté adioufté à l'entour d'vn premier fecteur F H K, *comme il a efté monftré tant au Corollaire 7. du chap. 6. de ce liure, qu'en ce chap. prefent.* Il s'enfuit donc *par les mefmes*, que le cone A I K fera egal au folide ainfi adioufté: Car la bafe de l'vn eft à la bafe de l'autre, comme la hauteur de l'autre à la hauteur de ceftuy *felon la conftruction.*

Si donc on fouftrait le cone A I K: il reftera la fection A I B egale au fecteur F B H K: mais cecy n'eft point fimplement determiné, & n'a-on encor trouué la raifon entre telles lignes, non plus que du cercle à fon diametre. Et Archimedes n'a point autremét declaré, qu'en ce qu'il dit, qu'au diametre B D faut adioufter D L egale au demi-diametre, & coupper L D felon la proportion donnee, comme L M. Alors diuifant en N, en forte que D B foit à N B par puiffance, comme N L à L M en longueur, la fphere fera auffi couppee felon la proportion deuant dite, par vn plan qui paffera en angles droicts par le poinct N.

Suiuant donc ce qui a efté monftré, la fphere fera auffi couppee felon la proportion donnee par fuperficies fpheriques, tant conuexes que concaues, *felon l'inftruction de la diuifion du cercle.*

COROLLAIRE IV.

Par ces chofes, il s'enfuit qu'on peut augmenter vne fphere felon toute proportion donnee.

Car tout le contenu eftant reduit en cube, on trouuera incontinent la raifon de l'axe de la fphere, laquelle luy fera egale.

De toutes les chofes demonftrees en ce chap. nous auons colligé & recueilly les problemes fuiuans, afin de rendre les operations d'icelles demonftrations tant plus intelligibles:

1. *Le diametre d'vne sphere estant cogneu; trouuer la superficie d'icelle.*

Il faut trouuer l'aire ou surface d'vn cercle, ayant pour diametre celuy de la sphere donné, ainsi qu'il est enseigné en la 3. p. du chap. 9. du second liure, & le quadruple d'icelle superficie sera la surface de la sphere dont le diametre est donné. Ainsi le diametre d'vne sphere estant 12; le contenu du plus grand cercle d'icelle sera 113$\frac{1}{7}$: Car faisant que comme 14 est à 11, ainsi 144 (quarré du diametre 12) soit à vn autre nombre, viennent 113$\frac{1}{7}$ pour l'aire du cercle qui a son diametre de 12, & iceluy multiplié par 4, viennent 452$\frac{4}{7}$ pour la superficie de la sphere proposee: laquelle on obtiendra encore, si ayant trouué la circonference d'vn cercle ayant pour diametre celuy de la sphere donné, on multiplie ladite periphere par ledit diametre; tellement qu'en ceste exemple, faisant que côme 7 est à 22, ainsi le diametre 12 soit à vn autre nombre 37$\frac{5}{7}$, qui multiplié par ledit diametre 12, viendra la mesme superficie 452$\frac{4}{7}$.

2. *Estant cogneuë la circonference d'vn grand cercle de la sphere; cognoistre la superficie conuexe d'icelle.*

Faisant que comme 22 est à 7, ainsi le quarré de la periphere dônee soit à vn autre nombre, iceluy sera la superficie de la sphere proposee. Ainsi la periphere d'vn grand cercle d'vne sphere estant 44; ie fais que comme 22 est à 7, ainsi 1936 soit à vn autre, & viennent 616 pour la superficie conuexe de ladite sphere.

3. *Estant cogneuë la surface d'vne sphere; cognoistre le diametre d'icelle.*

Soit pris le quart de la superficie donnee, puis soit fait que comme 11 est à 14, ainsi ledit quart de la superficie donnee soit à vn autre nombre, & viendra le quarré du diametre de la sphere. Ainsi la superficie conuexe d'vne sphere estant 616, voulant cognoistre le diametre d'icelle, ie fais que comme 11 est à 14, ainsi 154 (quart de la superficie donnee) soit à vn autre, viennent 196, dont la racine quarree 14 est le diametre de la sphere proposee.

4. *Estant cogneu le diametre d'vne sphere; cognoistre le contenu solide d'icelle.*

Soit premierement trouué l'aire ou superficie d'vn cercle, qui ait mesme diametre que le proposé, & icelle superficie estant multipliée par la sixiesme partie dudit diametre de la sphere, sera produit le contenu solide d'vn cone, qui a pour base vn grand cercle de la sphere, & pour hauteur le semidiametre d'icelle, lequel contenu estant multiplié par 4, viendra le contenu solide de la sphere. Ainsi pour trouuer le contenu solide d'vne sphere, de laquelle le diametre est 12, ie fais que comme 14 est à 11, ainsi 144 (quarré du diametre 12) soit à vn autre; & viennent 113$\frac{1}{7}$, que ie multiplie par 2, (qui est la sixiesme partie du diametre de la sphere) & viennent 226$\frac{2}{7}$, que ie multiplie par 4, & sont produits 905$\frac{5}{7}$ pour le contenu solide de la sphere, dont le diametre est 12: lequel on peut encore obtenir par diuerses autres manieres, desquelles j'estime la suiuante plus prompte & aisee à pratiquer que nulle autre. Soit fait que comme 21 est à 11, ainsi le cube du diametre de la sphere proposee (qui est icy 1728) soit à vn autre nombre, qui sera le requis: viendra donc comme deuant 905$\frac{5}{7}$ pour le contenu solide de la sphere proposee.

5. *La periphere d'vn grand cercle de la sphere estant cogneuë; trouuer le contenu solide d'icelle sphere.*

Soit fait que comme 2904 est à 49, ainsi le cube de la circonference donnee soit à vn autre, & viendra ladite solidité de la sphere proposee. Ainsi pour trouuer le contenu solide d'vne sphere de laquelle la circonference d'vn grand cercle d'icelle est 44; ie fais que comme 2904 est à 49, ainsi 85184 (cube de la periphere donnee 44) soit à vn autre, & viennent 1437 ¹⁄₃ pour le contenu solide de la sphere proposee.

6. *Estant cogneuë la superficie d'vne sphere ; cognoistre le contenu solide d'icelle.*

Soit trouué le diametre de la sphere, comme dit est cy dessus; puis soit multipliee la moytié de la superficie donnee par le tiers du diametre trouué, ou bien le tiers de ladite superficie par ledit semi-diametre, & viendra la solidité de la sphere. Parquoy la superficie conuexe d'vne sphere estant 616; pour en sçauoir le contenu solide, ie fais que comme 11 est à 14, ainsi 154 (qui est le quart de la superficie donnee) soit à vn autre nombre, qui sera 196, dont la racine quarree 14 est le diametre de la sphere, par la moytié duquel ie multiplie 205 ¹⁄₃, (qui est la troisiesme partie de la superficie donnee), & viennent 143 ¹⁄₃ pour le contenu solide de la sphere, dont la superficie conuexe est 616.

7. *Estant cogneu le contenu solide d'vne sphere; cognoistre le diametre d'icelle.*

Soit fait que comme 11 est à 21, ainsi le contenu solide proposé soit à vn autre nombre, duquel la racine cubique donnera le diametre requis : Ainsi le contenu d'vne sphere estant 905 ⁵⁄₇ ; pour en obtenir le diametre, ie fais que comme 11 est à 21, ainsi la solidité donnee 905 ⁵⁄₇ soit à vn autre nombre 1728, duquel la racine cube 12 est le diametre requis.

8. *Estant cogneu le diametre du cercle qui sert de base à vne portion de sphere, & la hauteur d'icelle portion; cognoistre la superficie conuexe de ladite portion spherique.*

Soit adiousté le quarré du semi-diametre de la base au quarré de la hauteur de la portion spherique proposee, & viendra le quarré du semi-diametre du cercle egal à la superficie conuexe de ladite portion, par le moyen duquel semi-diametre sera trouué le requis. Ainsi voulant trouuer la superficie conuexe d'vne section de sphere, dont le diametre de la base est 8, & la hauteur, ou partie du diametre de la sphere coupee à angle droit par ladite base 3; i'adiouste 16 & 9 (quarrez du semi-diametre 4 & hauteur 3) & viennent 25, que ie quadruple, & font 100 : puis ie fais que comme 14 est à 11, ainsi le nombre trouué 100 soit à vn autre, & viendront 78 ⁴⁄₉ pour le contenu de la superficie conuexe de la portion proposee. Soit encore proposé à trouuer la superficie d'vne autre portion de sphere, dont le diametre du cercle de sa base soit pareillement 8, mais sa hauteur 5 ¹⁄₃; les quarrez de 4, & 5 ¹⁄₃ seront 16 & 28 ⁴⁄₉, qui adioustez ensemble font 44 ⁴⁄₉, dont le quadruple est 177 ⁷⁄₉ : & faisant que comme 14 est à 11, ainsi 177 soit à vn autre, viendront 139 ⁴¹⁄₆₃ pour la superficie conuexe de l'autre portion spherique. Or ces deux superficies iointes ensemble font 218 ¹⁶⁄₆₃, qui est pour la surface de toute la sphere, dont le diametre sera composé des hauteurs des deux portions spheriques cy dessus 3 & 5 ¹⁄₃ : car trouuant, comme dit est cy dessus, la superficie conuexe de la

sphere,

fphere, dont le diametre eſt 8⅓, viendra le meſme nombre 218¹⁶⁄₆₃.

9. *Eſtant cogneu le diametre d'vne ſphere, & celuy de la baſe d'vne portion d'icelle, cognoiſtre la ſuperficie connexe de ladite portion ſpherique.*

Veu que le ſemi-diametre de la baſe d'vne portion de ſphere, eſt la moyenne de trois proportionnelles, dont la compoſee des extrémes eſt le diametre de la ſphere; ayant trouué l'vne deſdites extrémes, (ſçauoir eſt la moindre, ſi la portion ſpherique eſt propoſee moindre que l'hemiſphere, mais la grande, ſi c'eſt vne ſection maieur) on aura cogneu le diametre de la baſe de la ſection & ſa hauteur: partant la ſuperficie conuexe d'icelle portion ſera trouuee, comme dit eſt au precedent probl. Ainſi eſtant propoſé à trouuer la ſuperficie conuexe d'vne portion mineure de ſphere, dont le diametre eſt 13, & le diametre de la baſe ou plan coupant la ſphere 12: i'oſte le quarré du ſemi-diametre de la baſe, du quarré du demi-diametre de la ſphere, & reſte ²⁵⁄₄, dont la racine 2½ eſtant oſtee du ſemi-diametre de la ſphere, reſtent 4 pour la hauteur de la portion ſpherique propoſee, dont le quarré eſt 16, qui adiouſté au quarré du ſemi-diametre de la baſe 36, viennent 52, dont le quadruple eſt 208, & faiſant que comme 14 eſt à 11, ainſi 208 ſoit à vn autre, viendront 163²⁄₇ pour la ſuperficie conuexe de la portion de ſphere propoſee. Mais la portion eſtãt propoſee plus grande que l'hemiſphere, i'adiouſte la racine 2½ au demi-diametre de la ſphere 6½, & viennent 9 pour la hauteur de ladite portion maieur, le quarré de laquelle hauteur eſtant adiouſté au quarré du ſemi-diametre 36, viennent 117, dont le quadruple eſt 468: & faiſant que comme 14 eſt à 11, ainſi 468 ſoit à vn autre, viendront 367²⁄₇ pour la ſuperficie conuexe de ladite portion ſpherique: laquelle ſuperficie eſtant iointe à celle de la portion mineure, ſera produit 531²⁄₇ pour la ſuperficie conuexe de toute la ſphere: car le meſme nombre eſt auſſi produit, faiſant comme il eſt enſeigné en la premiere prop. ſçauoir eſt, que comme 7 eſt à 22, ainſi le diametre 13 ſoit à vn autre nombre 40⁶⁄₇, & multipliant iceluy par le meſme diametre 13.

10. *Eſtant cogneuë la baſe d'vne portion de ſphere, & la ſuperficie connexe d'icelle, cognoiſtre le diametre de la ſphere.*

Soit premierement trouué tant le ſemi-diametre de la baſe, que de la ſuperficie conuexe donnee, ainſi qu'il eſt enſeigné en la 5. prop. du chap. 9. du ſecond liure: en apres ſoit oſté le quarré du moindre ſemi-diametre de celuy du plus grand, & reſtera le quarré de la hauteur de la portion ſpherique, qui ſera vne des extrémes de trois proportionnelles, dont le ſemi-diametre de la baſe eſt la moyenne: & partant l'autre extréme ſera aiſément trouuee, & par conſequent tout le diametre de la ſphere cogneuë. Comme ſi la ſuperficie conuexe d'vne portion de ſphere eſt 78²⁄₇, & le contenu de ſa baſe ou plan coupant la ſphere 50²⁄₇, pour trouuer le diametre de la ſphere d'icelle portion, ie fais que comme 11 eſt à 14, ainſi 78²⁄₇ ſoit à vn autre nombre, & encore 50²⁄₇ à vn autre, & viennent 100, & 64, la difference du quart deſquels deux nombres eſt le quarré de la hauteur de la portion ſpherique propoſee, qui partant eſt 3, par laquelle eſtant diuiſé 16 quart dudit nombre 64, viennent 5⅓ pour la hauteur de la portion maieure, qui adiouſtee à la hauteur 3, donne 8⅓ pour tout le diametre de la sphere, dont la portion donnee est coupee.

11. *Estant cogneu le diametre d'vne sphere, & la superficie conuexe de la portion sphe-rique d'vn secteur d'icelle sphere; cognoistre le contenu solide dudit secteur.*

Cecy est aisé, puis que pour auoir la solidité d'vn secteur de sphere, il faut trouuer la superficie conuexe de la portion spherique, laquelle estant multi-pliee par le tiers du semi-diametre de la sphere, ou bien le tiers de ladite su-perficie par tout le semi-diametre, est produit ladite solidité du secteur. Ainsi pour obtenir le contenu solide d'vn secteur de sphere, de laquelle le diame-tre est 12, & la superficie conuexe de la portion spherique d'iceluy secteur 180: Ie multiplie la superficie 180 par 2, & viennent 360 pour le contenu du secteur proposé. Que si au lieu de la superficie conuexe de la portion de la sphere, estoit cogneu le diametre, ou la periphere du cercle seruant de base à ladite portion spherique, on pourroit aussi trouuer ladite solidité du secteur, moyennant qu'on sçache s'il est moindre ou plus grand que l'hemisphere: Car par le moyen d'iceluy diametre, ou periphere on pourra trouuer la su-perficie conuexe, comme dit est cy dessus.

12. *Estant cogneu le diametre d'vne sphere, & aussi celuy de la base d'vne portion d'i-celle; cognoistre le contenu solide d'icelle portion.*

Si la portion proposee est moindre que l'hemisphere, ayant trouué le con-tenu du secteur d'icelle portion, en soit osté le contenu d'vn cone ayant mes-me base que la portion, mais pour hauteur la perpendiculaire tombante du centre de la sphere en ladite base, & restera la solidité de la portion spherique proposee: Mais si ladite portion estoit plus grande que l'hemisphere, au con-tenu du secteur soit adiousté le contenu dudit cone, & viendra la solidité de la portion maieure. Ainsi soit vne portion mineure d'vne sphere, dont le dia-metre est 13, & le diametre de la base 12: Il faut trouuer la solidité d'icelle por-tion. Il appert par le 9. prob. que la superficie conuexe de ceste portion sphe-rique sera $163\frac{1}{7}$, & aussi que la ligne perpendiculaire tombante du centre de la sphere sur la base de la portion proposee sera $2\frac{1}{2}$: Multipliant donc ladite superficie conuexe $163\frac{1}{7}$ par $2\frac{1}{6}$, (qui est le tiers du semi-diametre de la sphere) viendront $354\frac{4}{21}$ pour le contenu solide du secteur. Reste donc à cognoistre le contenu solide d'vn cone, dont le diametre de la base est 12, & la hauteur $2\frac{1}{2}$, qui par le chap. 6. sera trouué de $94\frac{2}{7}$, lequel osté du contenu solide du secteur $354\frac{4}{21}$, resteront $259\frac{17}{21}$ pour le contenu solide de la moindre portion de sphe-re proposee. Mais pour auoir la solidité de la portion maieur, ie trouue que sa superficie conuexe est $367\frac{5}{7}$, laquelle multipliee par le tiers du semi-dia-metre de la sphere, viendront $796\frac{5}{9}$ pour le contenu solide du secteur maieur, auquel estant adiousté le cone susdit $94\frac{2}{7}$, viendront 891 pour la solidité de ladite portion maieure. Que si on adiouste ensemble le contenu solide d'icel-les deux portions spheriques, viendront $1550\frac{17}{21}$, à quoy deura estre egale la solidité de toute la sphere, & icelle sera trouuee d'autant par le 4. probl.

Des corps compris de superficies ouales. Et premierement du cylindre ouale.

CHAP. VIII.

De tout cylindre ayant ses bases ouales, l'vne d'icelles multipliee par la hauteur orthogonelle du mesme cylindre, produit le contenu solide d'iceluy.

Comme soit le cylindre, duquel la base estant ouale (ayant son plus long diametre 7, & le plus petit 3 & demy) contienne 19 & 1 quatriéme : & la hauteur d'iceluy cylindre soit 8 : il conuient multiplier la base 19 & 1 quatriéme par 8 : & le produit 154 est egal au contenu solide du cylindre ouale donné.

De la mesure du cone ouale.

CHAP. IX.

De tout cone ouale la base multipliee par le tiers de la hauteur orthogonelle d'iceluy, produit le contenu solide du mesme cone.

Comme soit le cone duquel la base est ouale semblable & egale à la base du cylindre precedent., & la hauteur orthogonelle de 9 pieds : il faut multiplier le tiers de la base par 9, ou le tiers de 9 par toute la base, & le produit 57 & 3 quarts est egal au contenu solide du cone proposé.

Quant aux autres cylindres, & cones ouales, rhomboïdes, ils seront mesurez facilement, si on obserue diligemment la ligne perpendiculaire qui tombe du sommet de chacun corps sur la base, ou sur la continuation directe d'icelle, *comme il a esté monstré és autres cylindres & cones precedens.* Et le tout neantmoins fondé sur les raisons par nous cy deuant alleguees, que ie ne repeteray à cause de briefueté.

De la mesure du Spheroïde.

CHAP. X.

Le contenu solide du spheroïde oblong est double au Rhombe, qui a pour

hauteur le plus long diametre (c'est à dire l'axe du Spheroïde) & la base com-
mune sur le cercle du plus petit diametre.

COmme soit le Spheroïde G D A K, duquel l'axe soit G A, & le
plus petit diametre D K. Il faut monstrer que le spheroïde est
double au rhombe duquel la base est le cercle N Q I R, & la hauteur
G A, c'est à dire quadruple au cone qui aura
le mesme cercle pour base, & la hauteur G M.
Soit donc inscrite au demi-cercle Q N R vne
figure reguliere de tant de costez qu'on voudra comme Q P O N T S R , & soient tirees
les lignes O T, P S, Q R, paralleles. Apres soit
coupé le demi-diametre GM en mesme raison
que N V, sçauoir comme X N à E G, ainsi N V
à G M : & ainsi des autres parties, & soient tirees les lignes B H, C L, D K. Icelles seront
egales aux lignes O T, P S, Q R, *comme il a esté*
monstré au chap. 10. *du* 2. *liure en la mesure de l'o-*
uale. Finalement soient aussi tirees les lignes
droites D C B G H L K.

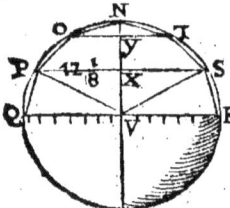

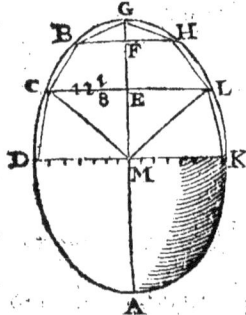

Si donc nous presupposons en l'hemisphere
Q N R , & au demi-spheroïde vne figure solide d'autant d'angles & costez, composee de
cones & cones imparfaits, il est manifeste, *par les choses cy deuãt demon-*
strees, que le cone O T N a au cone B H G telle raison que Y N à F G:
par la 14. *du* 12, *c'est à dire* N V à G M. Secondement le cone imparfait
P O T S a mesme raison au cone imparfait C B H L, que Y X à F E
(qu'est N V à G M) ainsi est le cone imparfait Q S au cone imparfait
D L: d'autant que le cone imparfait de la sphere estant acheué le diametre du cercle coupant le cone, aura au diametre de la base telle
raison que la perpendiculaire du cone adiousté à la perpendiculaire
de tout le cone parfait *par la* 4. *du* 6. (Ainsi est des cones imparfaits du
spheroïde, s'ils sont acheuez.) Les hauteurs donc de tous les cones
parfaits de la sphere auront mesme raison aux hauteurs des cones
parfaits du spheroïde, que les restes Y X, X V à F E , E M (c'est à dire
N V à G M) *par la conuerse de la* 11. *du* 7.

Toute figure solide inscrite en la sphere, a donc la mesme raison à
l'autre inscrite au spheroïde, que N V à G M: & la raison sera de mesme és figures solides circonscrites : *ainsi qu'on peut colliger du* 7. *chap. de*

ce liure. Dont eſt manifeſte que la ſphere aura auſſi au ſpheroïde la meſme raiſon, ſçauoir de N V à G M.

Or il a eſté monſtré que l'hemiſphere eſt double au cone qui a le cercle N Q I R pour ſa baſe & la hauteur N V. Mais ce cone a au co-ne qui a le meſme cercle pour ſa baſe, & ſa hauteur G M, la meſme raiſon que N V à G M *par la* 14. *du* 12. Il s'enſuit donc que la moytié du ſpheroïde eſt double au cone, qui a ſa hauteur G M, & ſa baſe le cer-cle duquel le diametre eſt D K. Ainſi ſera monſtré de l'autre hemi-ſphere Q I R, & de l'autre moytié de ſpheroïde D A K. Si donc nous poſons D K de 14, & G A de 28, la ſphere de laquelle l'axe eſt 1 ⅓, con-tiendra en ſon contenu ſolide 1437 & 1 tiers : & le ſpheroïde 2874 & 2 tiers, qui eſt le double de la ſphere, d'autant que G M eſt double à D K.

COROLLAIRE I.

Des choſes cy deuant demonſtrees, il s'enſuit que le ſecteur & la ſection de la ſphere ont meſme raiſon au ſecteur & ſection du ſpheroïde, que le plus pe-tit diametre du ſpheroïde à l'axe d'iceluy ſpheroïde.

Comme ſoit la ſection de la ſphere P N S, laquelle coupe la ligne N V au poinct X, en meſme raiſon comme la ſection du ſpheroïde C G L coupe la ligne G M au poinct E. Il eſt euident que dans l'vne & l'autre ſection peuuët eſtre inſcrites certaines figures ſolides d'au-tant de coſtez & angles l'vne que l'autre, & en ſorte que celle inſcrite en la ſection de ſphere, aura meſme raiſon à l'autre inſcrite à la ſe-ction du ſpheroïde, que N V à G M : comme auſſi pourront eſtre cir-conſcrites à l'entour d'icelles ſections ſemblables figures, qui auront l'vne à l'autre la meſme raiſon, *cela a eſté monſtré au chap.* 7. Or le cone duquel le diametre de la baſe eſt P S, & la hauteur X V, a meſme rai-ſon au cone duquel le diametre de la baſe eſt G L, & la hauteur E M que D M à G M. Il s'enſuit donc que le ſecteur & la ſection de la ſphe-re, ont meſme raiſon au ſecteur & ſection du ſpheroïde, que D M à G M. Si donc nous poſons la hauteur de la ſection de ſphere N X eſtre le quart de I N : il s'enſuiura *par le premier Corollaire du chap.* 7. *de ce liure,* que la ſuperficie conuexe de la ſection, ſera le quart de la ſuper-ficie de la ſphere : tellement que le cone qui aura ſa baſe egale à icel-le ſuperficie de ſection, & ſa hauteur le demi-diametre N V, ſera la quatriéme partie de la meſme ſphere, & egal au ſecteur P N S V, qui contiendra par ce moyen 359 & 1 tiers. Or le ſecteur du ſpheroïde

C G L M est demonstré double à iceluy secteur de sphere. Il s'ensuit donc qu'il contiendra 718. & 2 tiers: duquel secteur C G L M si on oste finalement le cone C L M, qui contient 270., il restera 448 & 2 tiers, pour le contenu solide de la section du spheroïde C L G.

Seconde partie.

La superficie du Spheroïde est à la superficie de la sphere inscrite, comme la circonference de l'vn à la circonference de l'autre.

D'autant que les superficies des cones imparfaits, tant inscrits que circonscrits, sont les vnes aux autres comme leurs costez, cecy est manifeste. Si donc nous posons la circonference GDAK de 62, icelle multipliee par 14 produira 868 pour la superficie du spheroïde. Or que la circonference du spheroïde à la circonference de la sphere ait mesme raison que le grand diametre au petit, cela est manifeste en la demonstration du cylindre coupé par vn plan non en angles droits.

COROLLAIRE II.

Le spheroïde se diuisera ausi selon toute proportion donnee, par plans qui couperont l'axe en angles droits.

Car si la sphere inscrite est diuisee premierement (comme il a esté monstré) selon la proportion donnee, il s'ensuiura (diuisant l'axe du spheroïde en semblable raison que l'axe de la sphere aura esté diuisé) que les sections de l'vn auront mesme raison aux sections de l'autre, *par les demonstrations precedentes.*

Or pour mettre fin à la mesure des spheroïdes, ie mettray encores en auant comment se peuuent mesurer les muids & tonneaux, qui sont vases & corps les plus fameux entre tous les autres. Posons donc la pinte (ou autre mesure commune) contenir autant que le cube qui aura 5 poulces de chacun costé, laquelle longueur (pour plus facile intelligence) nous appellerons poignee. Maintenant soit le tonneau duquel la longueur G K est de 21 poignees, la hauteur C B 14, & le diametre de l'vne des faces coupee K I 9 & 1 tiers: maintenant il conuient sçauoir la longueur de D L, pour laquelle obtenir, mettons la ligne D P egale à H K, & soit imaginee la ligne droite P K : soit aussi tiré le demi-diametre D S, egal à D B : le quarré d'iceluy sera 49, egal aux quarrez de P D & P S, *par la 47. du 1.* Si donc de 49 on leue le quarré de P D (c'est à dire 21 & 7 neufiémes) resteront 27 & 2 neufiémes, la

racine quarree desquels est enuiron 5 & 1 quart, pour la longueur de
la ligne P S. Mais il a esté monstré, que telle raison que P S a à P K,

telle aussi a BD à DL. Il s'ensuit donc que P K est double à P S, & D L aussi double à B D. Soit donc mesuré
le rhöbe duquel la base commune est le cercle qui a son
diametre B C (c'est à dire 14)
& l'axe ou hauteur la ligne
M L, (c'est à sçauoir 28) iceluy contiendra 1437 & 1 tiers, egal à la
sphere de laquelle le diametre est B C : ce nombre doublé fait 2874
& 2 tiers egal au sphe: oïde, *comme il a esté monstré.* Apres soit imaginee
la sphere coupee par vne superficie plane, en sorte que le diametre
d'icelle sphere soit aussi coupee en mesme raison que M H, HL : la superficie conuexe de telle section sera la huitiéme partie de la superficie de la sphere, (car H L est la huitiéme partie de l'axe M L), &
par consequent le secteur compris sous icelle superficie sera aussi la
huitiéme partie solide de la mesme sphere, *cela a esté monstré.* Dont est
euident, que le secteur du spheroïde D I L K, est la huitiéme partie
de tout le corps parfait, & contiendra 359 & 1 tiers : duquel secteur si
on oste & soustrait le cone duquel la base est le cercle K I, & la hauteur H D, le reste sera le contenu de la section K I L retranchee du
tonneau. Soit donc mesuré le cone, duquel le diametre de la base est
9 & 1 tiers, en ceste sorte: multiplie la circonference d'icelle base (c'est
à dire enuiron 29) par le quart de 9 & 1 tiers (sçauoir par 2 & 1 tiers) le
produit sera 67 & 2 tiers. Derechef, multiplie ce produit par le tiers
de H D (c'est à dire par 3 & demy) le produit sera presque 237, lequel
leué & soustrait de 359 & 1 tiers restera le nombre 122, lequel est egal
au contenu de la section K I L. Les deux sections donc K I L & G
O M leuees de tout le spheroïde (c'est à dire 244 de 2874 & 2 tiers) restera le nombre 2630 & 2 tiers, qui est le contenu du tonneau au proposé : c'est à dire qu'il contiendra 2630 poignees cubes, pintes, ou autres mesures communes que tu auras posé auec deux tierces parties,
ce qu'il falloit demöstrer.

Des corps desquels les bases sont spiralles.

CHAP. XI.

De toute colomne, de laquelle la base sera enclose en vne spirale, la mesme base multipliee par la hauteur orthogonelle d'icelle colomne produira le contenu solide de la mesme colomne.

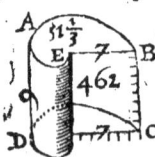

COmme pour exemple soit la colomne ABCDE, de laquelle l'vne des bases spiralles soit de 51 & 1 tiers de pied, à cause de la ligne E B (qui est de 7) qui monstre que le cercle ayant pour demi-diametre E C contiendra 154 *par le chap. 9. du 2. liure*, le tiers desquels est 51 & 1 tiers pour la superficie enclose en la spirale *par le chap. 11. du 2. liure*. Iceux 51 & 1 tiers multipliez par la hauteur C B (qui est de 9) produiront 462 pieds, à quoy se monte le contenu solide du corps ABCD.

Du cone spiral.

CHAP. XII.

De tout cone, duquel la base sera enclose en vne spiralle, la mesme base multipliee par le tiers de la hauteur orthogonelle du cone, produira le contenu solide du mesme cone.

COmme soit le cone spiral, duquel la base contienne 51 & 1 tiers, & la hauteur orthogonelle 9: icelle base multipliee par 3 produira 154 pieds solides, pour le contenu du mesme cone.

Si ces corps (desquels les bases sont spiralles) sont rhomboïdes & panchans, ils seront mesurez, si on obtient leur hauteur orthogonelle, comme il a esté dit des autres corps rhomboïdes, *le tout par les raisons tant de fois alleguees en la mesure des cylindres & cones.*

De la mesure des corps irreguliers.

CHAP. XIII.

QVant aux autres corps irreguliers, nous n'en auons aucune chose precise, sinon suiuant l'inuention qu'Archimedes trouua

contre

contre la tromperie de l'orfeure, qui auoit falſifié la couronne d'or
dediée aux Dieux par le Roy Hieron.

Ceſte inuention eſt telle. Soit preparé vn vaiſſeau
rectangle parallelipipede (comme A B C D) dans lequel y ait de l'eau à ſuffiſance.

{ Et ſoit le corps irregulier G à meſurer, lequel conuient mettre au vaiſſeau en ſorte qu'il ſoit couuert
d'eau : & lors l'eau ſe hauſſant (comme pour exemple
depuis E iuſques à A) monſtrera le contenu de G : car il eſt tres - euident que le rectangle ſolide qui aura les meſmes dimenſions que ce
hauſſement d'eau A E F B, ſera egal au corps irregulier.

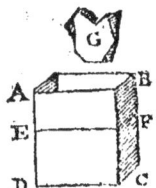

De la maniere de peſer.

CHAP. XIV.

D'Autant que la ſcience de peſer depend de la Geometrie, il ne
ſera inutile de monſtrer comment on peut par vn ſeul poids &
par vne ſeule balance cognoiſtre les peſanteurs. *Archimedes* au Theoreme ſixiéme du premier liure *de æque ponderantibus*, dit que deux peſanteurs inegales ſeront en equilibre, ſi elles ſont miſes & conſtituées
en diſtances ſelon la proportion de leurs poids.

Si donc en la balance B E H, les deux corps
inegaux F, G ſont egalement balancez, il faut
que la ligne E C ſoit à C D, comme la peſanteur
G à F : tellement que l'vn des poids eſtant co-
gneu, comme poſons F eſtre vne liure, & la ligne E C double à C D,
il eſt certain que le poids G ſera double au poids F *par la conuerſe de ce*
theoreme. Et cecy eſt general, que telle proportion qu'il y aura aux lignes de coſté & d'autre de l'examen B C, telle & ſemblable ſera aux
poids ſuſpendus.

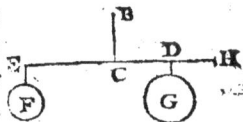

Il y a encor vne autre maniere de peſer en vne balance pluſieurs
liures auec peu de poids : mais la ſubiection y eſt plus grande qu'en
ceſte-cy, & pourtant nous la laiſſerons, à cauſe de briefueté : & pour
mettre fin à ceſt œuure, nous declarerons & demonſtrerons encore
ceſte noſtre inuention, de la maniere de diſtinguer les metaux de
ſemblable forme, & de peſanteur egale mis & cachez en autres corps
egaux & ſemblables, tant pour reſpondre à ceux qui eſtiment choſe

Dd

impoſſible au ſeruiteur de l'Empereur de pouuoir choiſir ſans difficulté ny doute la boite plaine d'or , & laiſſer celle plaine de plomb,
que pour orner & enrichir ceſte fin de liure d'vne telle inuention,
de laquelle dependent pluſieurs belles & gentilles ſubtilitez , qui ne
ſeront inutiles aux amateurs & ſtudieux de ceſte ſcience. Il faut donc
premierement eſtre aduerty que

*Deux metaux de meſme forme , & egale peſanteur, ne ſont pas d'egale
grandeur.*

L'experience nous a fait aſſez cognoiſtre que l'or eſt le plus peſant de tous les metaux occupant le moins de place : il s'enſuiura
donc que meſme peſanteur de plomb occupera plus de lieu.

Si donc on preſente deux globes de bois, ou autre matiere, ſemblables & egaux, dans l'vn deſquels, & au milieu y ait vn autre globe
de plomb peſant vne liure (comme C) & au milieu de l'autre y ait
auſſi vn autre globe d'or peſant vne liure (comme B :) il eſt euident,
que les centres des peſanteurs ſeront auſſi les centres des globes, ſoit
neantmoins le tout fait en ſorte que la boete & le contenu d'vn coſté ſoit egal & de meſme peſanteur à la boete & contenu de l'autre.

Et pour ſçauoir auquel des deux eſt l'or, prends vn inſtrument en
forme de compas crochu, & pince par les pointes d'iceluy vne partie
du globe comme tu vois d'vn coſté D , alors fiche dans le globe au
milieu des deux pointes du compas vne aiguille, ou autre choſe ſemblable de certaine grandeur (comme E K) au bout de laquelle mets
vn poids G, tel qu'il ſoit en equilibre auec le globe premier ſuſpẽdu
ſur les poinctes du meſme
compas. Fais le meſme en
l'autre globe : lors ſi tu ne
trouue aucune difference
entre les diſtances du poids
ſuſpendu à l'aiguille de chacun globe, prends dauanta-
ge de circonference auec les pointes dudit compas, & en fin tu pourras auſſi comprendre partie du globe interieur, où les pointes ſeront
iuſtemẽt ſur l'extremité d'iceluy globe interieur, comme pour exemple en D : & poſons que le poids G ſoit en equilibre auec tout le reſte : il eſt certain qu'en l'autre où ſera le plomb, les pointes eſtant de
meſme ouuerture, & tenant le globe ſuſpendu, comme au poinct
F, comprendront partie du globe interieur de plomb, & ceſte partie

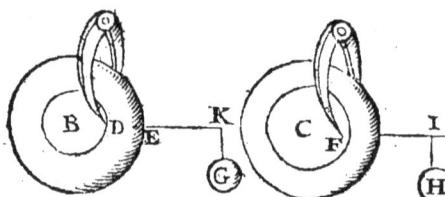

de plomb entre F & N, aidera au poids H, & diminuera de l'autre costé C: Qui sera cause, que pour rendre H en equilibre auec C, la distance N I ne sera si grande que E K, *par le theoreme precedent.* De là
nous conclurrons, que là où sera la plus petite distance entre le poids
suspendu en l'aiguille & la circonference du globe, là dedans sera le
plomb, & en l'autre, l'or.

Soit encor pro-
posee vne boete
en forme de cylin-
dre qui ait pour
diametres de ses
bases B C, F G, en
laquelle soient mis
deux globes de di-

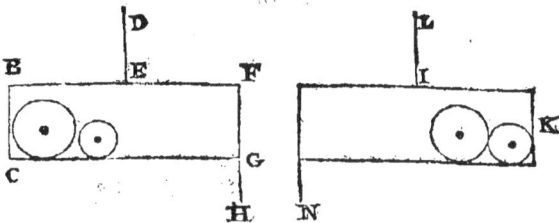

uers metaux (comme d'or & de cuiure) egaux en poids : & soit l'or le
plus petit (comme il a esté dit cy deuant) & le plus proche de l'examen D E que nous posons au milieu de la ligne B F, (qui est le costé
de la boete) & le poids H tenant icelle boete en equilibre. Il est euident, si l'or change de lieu, & se trouue le plus esloigné du mesme
examen comme en K, & le mesme poids H soit suspendu de l'autre
costé comme en N, que l'examen L I ne pourra pas estre au milieu du
costé de la boete, comme il estoit premierement pour tenir le tout
en equilibre, ains sera plus proche de K, d'autant que le centre de la
grauité des deux globes est plus esloigné du milieu de la boete qu'en
la premiere figure : tellement que l'examen demeurant tousiours au
milieu, il faudroit augmenter le poids N pour auoir l'equilibre desiré, & cognoistre qu'en ceste sorte l'or est le plus esloigné dudit
examen, & en l'autre, le cuiure.

Et ainsi ces regles seront generales & vniuerselles pour toutes autres formes : car on trouuera tousiours en fin quelque difference en
l'equilibre, qui fera cognoistre non seulement les metaux cachez en
quelques boetes, mais aussi l'ordre de leur situation, à celuy qui sera
accort & subtil au maniement de telle affaire.

O R voila (amy Lecteur) les trois liures de la Geometrie du sieur Errard : sur les derniers chapitres desquels nous n'auons rien annotté,

pource qu'il y a tant de chofes à dire & demonftrer fur le fujet d'iceux, que
cela merite bien vn traitté particulier, lequel attendant tu receuras en bonne part ce que ledit fieur Errard te donne en ces trois liures: Quant à ces
miennes annotations que tu y trouueras, ie te les prefente, (afin qu'ainfi que
i'ay commencé par vne fimilitude prife de Mr du Vair auffi ie finiffe) comme
Appelles & Polyclette faifoient leurs tableaux & images, le pinceau
& le cifeau encore à la main preft à amender & reformer
tout ce qu'vn plus fubtil & ingenieux
y trouuera à redire.

FIN

www.ingramcontent.com/pod-product-compliance
Lightning Source LLC
Chambersburg PA
CBHW070538200326
41519CB00013B/3071